高等职业教育土建类"十三五"规划教材

建筑工程项目管理

主　编　陈　正　穆新盈

副主编　侯　赟　毛云亭　柳雄文

主　审　李汉华

东南大学出版社
SOUTHEAST UNIVERSITY PRESS
·南京·

内容提要

本书以现行国家标准《建设工程项目管理规范》(GB/T 50326—2006)为依据,结合国家注册建造师考试大纲的要求,重点介绍了建筑工程项目管理的基本理论和相关知识。

全书共分为 10 章,主要包括建筑工程项目管理组织、建筑工程项目合同管理、建筑工程项目进度管理、建筑工程项目质量管理、建筑工程项目成本管理、建筑工程职业健康安全与环境管理、建筑工程项目资源管理、建筑工程项目风险管理、建筑工程项目信息管理、建筑工程项目收尾管理。每个章节都引入多个案例并有复习思考题。

本书可作为高职高专建筑工程技术、工程管理、工程监理、工程造价等专业的教材,也可供施工现场管理人员参考和使用。

图书在版编目（CIP）数据

建筑工程项目管理/陈正，穆新盈主编. 店南京：东南大学出版社，2017.1（2023.2 重印）

ISBN 978-7-5641-6756-1

Ⅰ．①建… Ⅱ．①陈…②穆… Ⅲ．①建筑工程店工程项目管理 Ⅳ．①TU71

中国版本图书馆 CIP 数据核字（2016）第 219893 号

建筑工程项目管理

出版发行	东南大学出版社
出 版 人	江建中
责任编辑	张 莺 曹胜玫
社 址	南京市四牌楼 2 号
邮 编	210096
网 址	http://press.seupress.com
经 销	各地新华书店
印 刷	丹阳兴华印务有限公司
开 本	787mm×1092mm 1/16
印 张	22
字 数	528 千字
版 次	2017 年 1 月第 1 版
印 次	2023 年 2 月第 3 次印刷
书 号	ISBN 978 - 7 - 5641 - 6756 - 1
印 数	10001-12500 册
定 价	43.00 元

*本社图书若有印装质量问题，请直接与营销部联系。电话：025-83791830。

前　　言

　　"建筑工程项目管理"是建筑工程技术、工程管理、工程监理、工程造价等专业核心课程之一,同时也是注册一、二级建造师考试课程之一。它主要研究建筑工程项目管理的科学规律、理论和方法。学生通过本课程的学习,应掌握建筑工程项目管理的理论和方法,具备从事建筑工程项目管理的初步能力,同时为参加工作后能够顺利通过注册建造师考试打下良好的基础。

　　本教材根据全国高职高专教育土建类专业教学指导委员会制定的教育标准和培养方案及主干课程教学大纲,紧扣《建设工程项目管理规范》(GB/T 50326—2006)的同时,结合二级建造师《建设工程施工管理》科目考试大纲(2016年)进行编写,基本体现了《建设工程项目管理规范》的结构和知识体系,注重实用性和可操作性。

　　本教材共分10章,主要介绍了建筑工程项目的组织、合同管理、进度管理、质量管理、成本管理、安全生产管理、资源管理、风险管理、信息管理、收尾管理等内容,并附有建造师执业资格考试办法、招投标管理办法、合同示范文本及施工成本组成等,由浅入深,系统全面,理论联系实际。

　　在内容上,本教材吸收当前建筑工程行业发展的最新成果,系统阐述了建筑工程项目管理的科学规律、理论、方法和知识体系,教学理论经过精选,尽量避免长篇大论,满足"必需,够用"的基本要求。同时,注重理论和实践的结合,引入了项目管理领域的最新理论方法和项目管理工作实践经验。

　　本教材在编写体例上也进行了大胆创新,每章根据授课需要,首先是"导入案例",既引起了学生的兴趣,又导入了知识点。教材在介绍重点内容的同时,还附有针对性的"应用案例",并进行相关的"知识拓展"。"应用案例"和"知识拓展"的大量采用,既锻炼了学生解决实际问题的能力,也开拓了学生的视野。在每章结束时,设置了"综合案例",使学生通过案例对本章的知识重点进行总结并融会贯通。在每章后面设置了单选题、多选题、简答题和案例分析题,帮助学生复习巩固所学知识。

　　本教材的编写人员，一是来自具有丰富教学经验的教师，因此教材内容更加贴近教学实际需要，方便"老师的教"和"学生的学"，增强了教材的实用性；二是来自工程项目管理领域的工程师和专家学者，在编写内容上更加贴近项目管理的需要，保证了学生所学的知识就是工程实际中需要的知识，真正做到"学以致用"。

　　本教材由陈正教授（江西省建筑业法律工作委员会主任、江西建设职业技术学院建设工程与房地产法律研究中心主任）、穆新盈（江西建设职业技术学院讲师、一级建造师）担任主编；侯赟（浙江省杭州市建设工程质量与安全监管总站高级工程师、一级建造师）、毛云亭（江西建设职业技术学院副教授、江西省建筑业法律工作委员会委员）、柳雄文（江西省南昌县人民法院法官、江西省建筑业法律工作委员会特聘专家）担任副主编、仲峥（江西省第四建筑工程有限公司工程经营管理顾问、江西省建筑业法工委主任助理）担任参编；全书由李汉华（江西建筑职业技术学院副院长、教授、一级注册建造师、一级注册结构师）担任主审。

　　本教材在编写过程中，虽经反复推敲核证，但建筑行业飞速发展，同时限于笔者水平有限，不足之处在所难免，恳请广大读者批评指正。

编　者

2016.8

目 录

教材结构示意

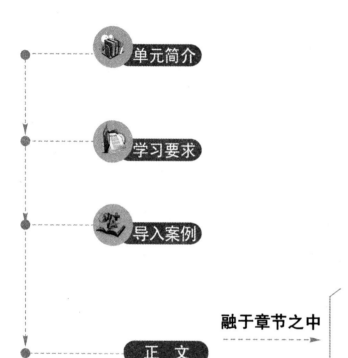

单元简介

学习要求

导入案例

正文 —— 融于章节之中 ——

 应用案例

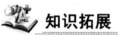 知识拓展

 综合案例

本章小结

练习题

1 建筑工程项目管理组织

 单元简介

　　项目组织的建立是项目实施阶段的第一个工作,本单元主要介绍了项目管理组织的基本内容,主要有:建筑工程项目管理机构组织的基本概念;建筑工程施工项目经理部的建立的原则与方法;项目经理在施工项目中的责任和权力;介绍了目前项目管理中的执业资格制度。

　　通过本章的学习,使学生掌握组织方面的基础知识,理解组织的形式和组织的管理模式的特征和设置原则,在此基础上要求学生对于某一具体的项目设置相应的组织管理模式。同时,掌握建筑工程项目经理在整个工程建设中的作用和职责;理解建立项目经理责任制在整个工程建设过程中的必要性。

 学习要求

知识结构	学习内容	能力目标	笔记
1.1　建筑工程项目管理机构组织	1. 组织的概念 2. 工程项目组织的概念 3. 组织的设置原则 4. 组织的结构模式	1. 了解组织的基本概念 2. 理解工程项目管理组织 3. 理解工程项目管理机构模式	
1.2　建筑工程施工项目经理部	1. 项目经理部的概念 2. 项目经理部在施工企业中的地位 3. 项目经理的概念 4. 项目经理部的设置原则 5. 项目经理部的规模确定 6. 项目经理部的解体条件	1. 了解理解项目经理部的概念 2. 了解项目经理部在施工企业中的地位 3. 掌握项目经理的概念 4. 理解项目经理部的作用 5. 了解项目经理部的运行程序(设置、运行、解体)	

知识结构	学习内容	能力目标	笔记
1.3　建筑工程施工项目经理责任制	1. 施工项目经理责任制的概念 2. 项目经理的素质要求 3. 项目经理的地位 4. 项目经理的责权利关系	1. 了解施工项目经理责任制的概念 2. 了解项目经理责任制实施的条件 3. 掌握项目经理的素质要求 4. 理解项目经理的责任、权力与利益	
1.4　建筑工程执业资格制度	1. 建筑工程执业制度 2. 建造师的概念 3. 建造师的考试和执业	1. 了解工程执业制度 2. 掌握建造师的考试科目和执业要求	

某省周转房建设工程项目组织机构设立

1. 项目名称

某市中心城区 2013 年地直周转房建设工程。

2. 工程概述

某市中心城区 2013 年地直周转房建设工程位于本区住建局院内，为剪力墙结构，基础为钢筋混凝土筏板基础，建筑层数为九层，建筑面积 3 447.06 m²，工程等级为三级，耐火等级为二级，抗震设防烈度 7 度，屋面防水等级为 Ⅱ 级，设计使用年限为 50 年。本工程由于地处市中心城区，施工场地不大，工程开工前，必须对整个现场进行综合考虑，统一布置，分办公、生活、生产及材料堆放区域，场地全部硬化，施工道路两边考虑排水措施，为确保文明工地创造有利条件。基础设施：本工程地处市中心城区，交通便利，道路通畅，现场供水、供电已由建设单位接入。

注意事项：由于本工程地处市中心城区，因此在施工过程中要减少扰民噪音、降低环境污染，同时需注意地下管线及其他地下地上公共设施的保护加固工作等。

建设方：某市中心城区住房和城乡建设局。

施工单位：某省建筑工程有限公司。

3. 任务要求

组建本次施工项目部并明确人员岗位职责及数量。

4. 任务实施

由于本工程的建筑面积只有 3 447.06 m²，是小型工程且要求施工效率高的特点，现决定采用部门控制式项目组织结构。成立具有丰富施工经验的项目经理部，各个单位工程项目施工管理在项目经理的直接指挥下，做到有计划地组织施工、管理，确保工程项目的工期、质量、安全、成本及文明工地取得高水平、高效益,把本工程建成业主满意的优质工程。拟组建本工程项目管理机构模式如图 1-1 所示,项目部人员安排如表 1-1 所示。

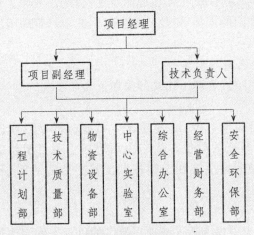

图 1-1 本工程项目管理机构模式图

表 1-1 本工程项目组织人员安排表

序号	管理人员	人数	具体安排	备注
1	项目经理	1	总体负责所有施工	
2	施工员	6	每一个人负责一个班组施工	
3	安全员	2	监督整个施工过程的安全	
4	采购员	1	统计采购材料	
5	造价员	2	估算、预算整个工程的所需要的价格	
6	财务会计	2	统筹、总管整个公司的财务	
7	办公室主任	1	管理整个公司运作	
8	文秘	1	协助他们完成工作	

1.1 建筑工程项目管理机构组织

1.1.1 工程项目组织

(一)工程项目组织的概念

按照《质量管理——项目管理质量指南》(ISO10006),项目组织指从事项目具体工作的组织。工程项目组织主要是由负责完成项目分解结构图中的各项工作(直到工作包)的人、单位、部门组合起来的群体。

工程项目组织通常包括业主、项目管理单位（监理单位）、施工单位和设计、供应单位等，有时还包括为项目提供服务或与项目有某些关系的部门，如政府部门等。它可以用项目组织结构图表示，它受项目系统分解结构限定，按项目工作流程（网络）进行工作。其成员各自完成规定（由合同、任务书、工作包说明等定义）的任务和工作。项目管理是项目中必不可少的工作，它由专门的人员（单位）来完成，因此项目管理组织也必然作为一个组织单元包括在项目组织中。

（二）工程项目组织层次的内容

在工程项目过程中，项目管理工作又分为如下几个层次：

1. 战略决策层

战略决策层是项目的投资者（或发起者），可能包括项目所属企业的经理、对项目投资的财团、参与项目融资的单位。战略决策层居于项目组织的最高层，在项目的前期策划和实施过程中做战略决策和宏观控制工作。战略决策层的组成由项目的资本结构决定。

2. 战略管理层

投资者通常委托一个项目主持人或项目建设的负责人作为项目的业主。业主以所有者的身份进行工程项目全过程总体的管理工作，保证项目目标的实现。战略管理层主要承担如下工作：

（1）确定生产规模，选择工艺方案。

（2）制订总体实施计划，确定项目组织战略。

（3）委托项目任务，选择项目经理和承包单位。

（4）批准项目目标和设计文件，以及实施计划等。

（5）审定和选择工程项目所用材料、设备和工艺流程等；提供项目实施的物质条件，负责与环境、决策层等方面的协调。

（6）各子项目实施次序的决定。

（7）对项目进行宏观控制，给项目管理层以持续的支持。

3. 项目管理层

项目管理层承担在项目实施过程中的计划、协调、监督、控制等一系列具体的项目管理工作，通常由业主委托项目管理公司或咨询公司承担。在项目组织中它是一个由项目经理领导的项目经理部（或小组），为业主提供有效的、独立的项目管理服务。项目管理层的主要责任是实现业主的投资目的，保护业主利益，保证项目整体目标的实现。

4. 项目实施层

项目实施层由完成项目设计、施工、供应等工作的单位构成，也完成相应的项目管理工作。

在项目的不同阶段，上述四个层次承担项目的任务不一样。在项目的前期策划阶段，主要由投资者或上层组织做目标设计和高层决策工作，在该阶段的后期（主要在可行性研究中）会有业主和咨询工程师加入；项目一旦被批准立项，工作的重点就转移到项目管理层和设计单位，业主也要参与方案的选择、审批和招标等决策工作。

1.1.2　工程项目管理组织

（一）工程项目管理组织的概念

工程项目管理组织主要指项目经理部、项目管理小组等。广义的项目管理组织是在整个项目中从事各种具体的管理工作的人员、单位、部门组合起来的群体。项目管理公司、承包人、设计单位、供应商等在项目组织中仅是一个组织单元，他们都有自己的项目经理部和人员。项目管理组织根据具体对象的不同，可以分为业主的项目管理组织、项目管理公司的项目管理组织、承包人的项目管理组织，这些组织之间有各种联系，有各种管理工作、责任和任务的划分，形成项目总体的管理组织系统。

（二）项目管理组织机构的构成要素和设置原则

1. 项目组织的构成要素

组织结构由管理层次、管理幅度、管理部门、管理职责四大相互关联的因素组成。在进行组织结构设计时，应综合考虑这些因素之间的关系。

（1）管理层次。管理层次是指从最高管理者到最低层操作者的等级层次的数量。合理的层次结构是形成合理的权力结构的基础，也是合理分工的重要方面。管理层次多，信息传递就慢，而且会失真，并且层次越多，所需要的人员和设备也越多，协调的难度就越大。

（2）管理幅度。管理幅度是指一个上级管理者能够直接管理的下属的人数。幅度大，管理人员的接触关系增多，处理人与人之间关系的数量随之增大，管理者所承担的工作量也增多。管理幅度与管理层次相互联系、相互制约，两者呈反比例关系。

（3）管理部门。部门的划分是将具体工作合并归类，建立起负责各类工作的相应管理部门，并赋予一定的职责和权限。部门的划分应满足专业分工与协作的要求。组织部门划分有多种方法，如按职能、产品、地区划分等。

（4）管理职责。在确定部门职责时应坚持专业化的原则，提高管理的效率和质量，同时应授予与职责相应的权力和利益，以保证和激励部门完成其职责。

2. 组织结构设计的原则

组织结构设计关系到建筑工程项目管理的成败，所以项目组织结构的设计应遵循一定的组织原则。

（1）目的性原则。建筑施工项目组织结构设计的根本目的是实现项目管理的总目标。从这一根本目标出发，因目标而设事，因事设人、设机构、分层次，因事定岗定责，因责授权。

（2）精简高效原则。在保证必要职能得到履行的前提下，尽量简化机构，做到精干高效。人员配置要力求一专多能、一人多职。

（3）集权与分权统一原则。集权是指把权力集中在上级领导的手中，而分权是指经过领导的授权，将部分权力分派给下级。在一个健全的组织中不存在绝对的集权和分权。合理的分权既可以保证指挥的统一，又可以保证下级有相应的权力来完成自己的职责，能发挥下级的能动性。

（4）管理幅度与层次合理原则。适当的管理幅度加上适当的层次划分和适当的授权是建立高效组织的基本条件。在建立项目组织时，每一级领导都要保持适当的管理幅度，以便集中精力在职责的范围内实施有效的领导。

（5）系统化管理原则。建筑工程项目是一个开放的系统，是由众多的子系统组成的有机整体，这就要求项目组织也必须是一个完整的组织结构系统，否则就会导致组织和项目系统之间不匹配、不协调。

（6）弹性和流动性原则。建筑工程建设项目的单件性、阶段性、露天性和流动性是施工项目生产活动的主要特点，必然带来生产对象数量、质量和地点的变化，带来资源配置的种类和数量变化。于是要求管理工作和组织机构随之进行调整，以使组织机构适应施工任务的变化。这就是说，要按照弹性和流动性的原则建立组织结构，不能一成不变。

1.1.3　工程项目管理机构模式的类型

建筑工程项目的组织结构形式是指在建筑工程项目管理组织中处理管理层次、管理跨度、部门设置和上下级关系的组织结构的类型。建筑施工单位在实施工程项目的管理过程中，常用的组织结构形式有下面几种。

1. 直线式组织结构

直线式组织结构，项目管理组织中各种职能均按直线排列，项目经理直接进行单线垂直领导，任何一个下级只能接受唯一上级的指令，如图 1-2 所示。

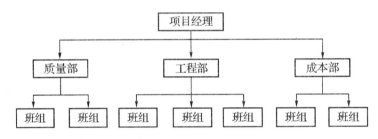

图 1-2　直线式组织结构

优点：组织结构简单，隶属关系明确，权力集中，命令统一，职责分明，决策迅速。

缺点：项目经理的综合素质要求较高。

因此，比较适合于中小型项目。

2. 职能式组织结构

职能式组织结构，项目管理组织中设置若干职能部门，并且各个职能部门在其职能范围内有权直接指挥下级，如图 1-3 所示。

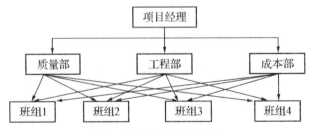

图 1-3　职能式组织结构

优点:充分发挥了职能机构的专业管理作用,项目的运转启动时间短。

缺点:容易产生矛盾的指令,沟通、协调缓慢。

因此,一般适用于小型或单一的、专业性较强、不需要涉及许多部门的项目,在项目管理中应用较少。

3. 直线职能式组织结构

直线职能式组织结构,项目管理组织呈直线状,并且设有职能部门或职能人员,如图1-4所示。图中的实线为领导关系,虚线为指导关系。

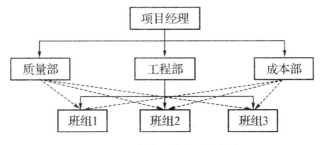

图1-4 直线职能式组织结构

优点:既保持了直线式的统一指挥、职责明确等优点,又体现了职能式的目标管理专业化等优点。

缺点:职能部门可能与指挥部门产生矛盾,信息传递线路较长。

因此,主要适用于中小型项目。

4. 矩阵式组织结构

矩阵式组织结构是一种较新的组织结构形式,项目管理组织由公司职能、项目两个维度组成,并呈矩阵状。其中的项目管理人员由企业相关职能部门派出并进行业务指导,接受项目经理直接领导,如图1-5所示。

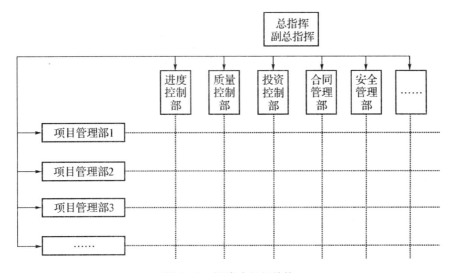

图1-5 矩阵式组织结构

优点：加强了各职能部门的横向联系，体现了职能原则与对象原则的有机结合；组织具有弹性，应变能力强，能有效地利用人力资源，有利于人才的全面培养。

缺点：员工要同时面对两个上级，纵向、横向的协调工作量大，可能产生矛盾指令，经常出现项目经理的责任与权力不统一的现象，对于管理人员的素质要求较高，协调较困难。

因此，主要适用于大型复杂项目或多个同时进行的项目。

5．事业部式组织结构

企业成立事业部，事业部对企业内来说是职能部门，对企业外来说享有相对独立的经营权，可以是一个独立单位，具有相对独立的经营权，有相对独立的利益和相对独立的市场，这三者构成事业部的基本要素，如图 1 - 6 所示。

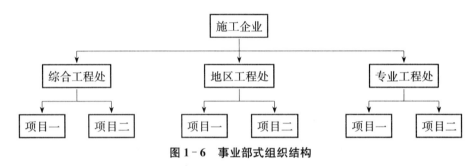

图 1 - 6　事业部式组织结构

优点：适用于大型经营性企业的工程承包，特别是适用于远离公司本部的工程承包；有利于延伸企业的经营职能，扩大企业的经营业务，便于开拓企业的业务领域，有利于迅速适应环境变化以加强项目管理。

缺点：企业对项目经理部的约束力减弱，协调指导的机会减少，故有时会造成企业机构松散。

因此，它主要适用于在一个地区有长期的市场或拥有多种专业施工能力的大型施工企业。

6．项目管理机构模式的选择原则

选择什么样的项目机构模式，应将企业的素质、任务、条件、基础同工程项目的规模、性质、内容、要求的管理方式结合起来分析，选择最适宜的项目组织机构，不能生搬硬套某一种形式，更不能盲目地做出决策。项目管理机构模式选择的原则包括：

（1）大型综合企业，人员素质好，管理基础强，业务综合性强，可以承担大型任务，宜采用矩阵式或者事业部式的项目组织机构。

（2）简单项目、小型项目、承包内容专一的项目，应采用直线控制式或者职能控制式项目组织机构。

（3）在同一企业内可以根据项目情况采用几种组织形式，如将事业部式与矩阵式的项目组织结合使用，或将直线控制式与事业部式结合使用等。

应用案例 1 – 1

某公司组织机构图如图 1 – 7 所示。

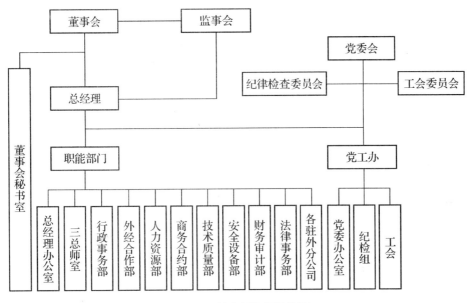

图 1 – 7   某公司组织机构图

本公司运用职能式组织模式,其优势在于鼓励职能部门规模经济,规模经济是指组合在一起的员工可以共享一些设施和条件。例如,本公司可以用一个人力资源部进行公司的招聘及绩效管理等,提高利用效率。职能式结构的主要劣势是对外界环境变化的反应太慢,而这种反应又需要跨部门的协调,因此在使用过程中要谨慎选择。

1.2   建筑工程施工项目经理部

1.2.1   项目经理部

(一)项目经理部概述

项目经理部是由项目经理在企业法定代表人授权和职能部门的支持下按照企业的相关规定组建的、进行项目管理的一次性的组织机构。它在一定的约束条件(如工期、投资、质量、安全、施工环境等)下,担负着施工项目从开工到竣工全过程的生产经营管理工作。它既是企业的一个下属单位,必须服从企业的全面领导,又是一个施工项目机构独立利益的代表,同企业形成一种经济责任内部合同关系。项目经理部是施工现场管理的一次性具有弹性的施工生产经营管理机构,随着项目的立项而产生,随着项目的终结而解体。它一方面是企业施工项目的管理层,另一方面又对劳务作业层担负着管理和服务的双重职能。

项目经理部由项目经理、项目副经理及各种专业技术人员和相关管理人员组成。项目部成员的选聘,应根据各企业的规定,在企业的领导、监督下,以项目经理为主,以实现项目目标为宗旨,由项目经理在企业内部或面向社会(企业内部紧缺专业)根据一定的劳动人事管理程序进行择优聘用,并报企业领导批准。

(二)项目经理部在施工企业中的地位

1. 所处地位

(1)项目经理部直属项目经理领导,接受企业业务部门的指导、监督、检查和考核,是项目管理工作的具体执行机构和监督机构,是在项目经理领导下的施工项目管理层。

(2)项目经理部对施工项目从开工到竣工实行全过程的综合管理。

(3)项目经理部是施工项目管理的中枢,是项目职责、权利的落脚点。

①相对于企业来讲,施工项目经理部是隶属于企业的项目责任部门,就一个施工项目的各方面活动对企业全面负责。

②相对于项目内部成员而言,项目经理部是项目独立利益的代表者和保证者,同时也是项目的最高直接管理者。

③相对于建设单位来说,项目经理部是建设单位成果目标的直接责任者,是建设单位直接监督控制的对象。

2. 地位的确立

确立项目经理部的地位,关键在于正确处理项目经理与项目经理部之间的关系。施工项目经理是施工项目经理部的一个成员,但由于其地位的特殊性,一般都把施工项目经理同项目经理部并列。

(三)项目经理部的作用

项目经理部是施工项目管理的工作班子,在项目经理的领导下开展工作。在施工项目管理中,项目经理部主要发挥如下作用:

(1)负责施工项目从开工到竣工的全过程施工生产经营的管理,对作业层负有管理与服务的双重职能。作业层工作的质量取决于项目经理的工作质量。

(2)为项目经理决策提供信息依据,当好参谋,同时又要执行项目经理的决策意图,向项目经理全面负责。

(3)项目经理部作为组织主体,应完成企业所赋予的基本任务——项目管理任务;凝聚管理人员的力量,调动其积极性,促进管理人员的合作;协调部门之间、管理人员之间的关系,发挥每个人的岗位作用,为共同目标进行工作;影响和改变管理人员的观念和行为,使个人的思想、行为变为组织文化的积极因素;实行责任制,搞好管理;沟通部门之间、项目经理部与作业队之间、与公司之间、与环境之间的关系。

(4)项目经理部是代表企业履行工程承包合同的主体,对项目产品和建设单位全面、全过程负责,使每个施工项目经理部成为市场竞争的主体成员。

(四)项目经理部的设置原则和设立步骤

1. 项目经理部的设置原则

(1)根据设计的项目组织形式设置项目经理部。项目组织形式不仅与企业对施工项目的管理方式有关,而且与企业对项目经理部的授权有关。不同的组织形式对项目经理部的管理力量和管理职责提出了不同要求,同时也提供了不同的管理环境。

(2) 应建立有益于项目经理部运转的工作制度。

(3) 项目经理部的人员配置应面向现场,满足现场的计划与调度、技术与质量、成本与核算、劳务与物资、安全与文明施工的需要;而不应设置专管经营与咨询、研究与发展、政工与人事等与项目施工关系较少的非生产性管理部门。

(4) 要根据施工项目的规模、复杂程度和专业特点设置项目经理部。如果项目的专业性强,可设置专业性强的职能部门,如水电处、安装处、打桩处等。

(5) 项目经理部是一个具有弹性的一次性管理组织,应随着工程项目的开工而组建,随着工程项目的竣工而解体,不应搞成一个固定性组织。

(6) 项目经理部不应有固定的作业队伍,而应根据施工的需要,在企业的组织下,从劳务分包公司吸收人员并进行动态管理。

2. 项目经理部的设立步骤

项目经理部应按下列步骤设立:

(1) 根据企业批准的"项目管理规划大纲",确定项目经理部的管理任务和组织结构。

(2) 根据"项目管理目标责任书"进行目标分解与责任划分。

(3) 确定项目经理部的组织设置。

(4) 确定人员的职责、分工和权限。

(5) 制定工作制度、考核制度与奖惩制度。

项目经理部经过企业法定代表人批准正式成立后,应以书面文件通知发包人和总监理工程师。项目经理部所制定的规章制度,应报上一级组织管理层批准。

项目经理部的组织形式应根据施工项目的规模、结构复杂程度、专业特点、人员素质和地域范围确定,并应符合下列规定:

(1) 大型项目宜按矩阵式项目管理组织设置项目经理部。

(2) 远离企业管理层的大中型项目宜按事业部式项目管理组织设置项目经理部。

(3) 中小型项目宜按直线职能式项目管理组织设置项目经理部。

(4) 项目经理部的人员配置应满足施工项目管理的需要。

大型项目的项目经理必须具有一级项目经理资质,管理人员中的高级职称人员不应低于10%。

可以单独设立项目经理部的工程有:

(1) 公共建筑、工业建筑工程规模在 5 000 m^2 以上的,住宅建设小区工程规模在 10 000 m^2 以上的。

(2) 其他工程投资在 500 万元以上的。

1.2.2 项目经理部的工作制度、工作运行及解体

(一) 项目经理部的工作制度

项目经理部的工作制度应围绕计划、责任、监理、奖惩、核算等方面。计划制是为了使各方面都能协调一致地为施工项目总目标服务,它必须覆盖项目施工的全过程和所有方面,计划的制订必须有科学的依据,计划的执行和检查必须落实到人。责任制建立的基本要求是:一个独立的职责,必须由一个人全权负责,应做到人人有责可负。监理制和奖惩

制的目的是保证计划制和责任制贯彻落实,对项目任务完成进行控制和激励。它应具备的条件是有一套公平的绩效评价标准和方法,有健全的信息管理制度,有完整的监督和奖惩体系。核算制的目的是为落实上述四项制度提供基础,了解各种制度执行的情况和效果,并进行相应的控制。要求核算必须落实到最小的可控制单位上;要把人员职责落实的核算与按生产要素落实的核算、经济效益和经济消耗结合起来,建立完整的核算体系。

项目经理部的工作制度包括:

(1) 项目经理部业务系统化管理办法。

(2) 工程项目成本管理办法。

(3) 工程项目效益核实与经济活动分析办法。

(4) 项目经理部内外关系处理的有关规定。

(5) 项目经理部值班经理负责制实施办法。

(6) 项目经理部社会、经济效益奖罚规定。

(7) 项目经理部解体细则。

(8) 栋号承包责任制实施办法。

(9) 工程项目可控责任成本管理办法。

(10) 栋号承包成本票证使用管理办法。

(11) 项目经理部支票管理规定。

(12) 项目经理部现金管理规定。

(13) 项目经理部业务招待费管理规定。

(14) 工程项目施工生产计划管理规定。

(15) 工程项目质量管理与控制办法。

(16) 项目经理部施工生产调度有关规定。

(17) 工程项目现场文明施工管理办法。

(18) 工程项目计量管理办法。

(19) 工程项目技术管理办法。

(20) 工程项目职业健康安全管理办法。

(21) 施工作业职业健康安全技术交底管理规定。

(22) 栋号承包限额领料管理办法。

(23) 施工现场材料管理办法。

(二) 项目经理部的工作运行

1. 工作内容

(1) 项目经理部在项目经理领导下制定"项目管理实施规划"及项目管理的各项规章制度。

(2) 项目经理部对进入项目的资源和生产要素进行优化配置和动态管理。

(3) 项目经理部有效控制项目工期、质量、成本和安全等目标。

(4) 项目经理部协调企业内部、项目内部以及项目与外部各系统之间的关系,增进项目有关各部门之间的沟通,提高工作效率。

(5) 项目经理部对项目目标和管理行为进行分析、考核和评价,并对各类责任制度执行结果实施奖罚。

2. 运行机制

（1）项目经理部的工作应按制度运行，项目经理应加强与下属的沟通。

（2）项目经理部的运行应实行岗位责任制，明确各成员的责、权、利，设立岗位考核指标。

（3）项目经理应根据项目管理人员岗位责任制度对管理人员的责任目标进行检查、考核和奖惩。

（4）项目经理部应对作业队伍和分包人实行合同管理，并应加强目标控制与工作协调。

（5）项目经理是管理机制有效运行的核心，应做好协调工作，并能够严格检查和考核责任目标的实施状况，有效调动全员积极性。

（6）项目经理应组织项目经理部成员认真学习项目的规章制度，及时检查执行情况和执行效果，同时应根据各方面的信息反馈对规章制度、管理方式等及时地进行改进和提高。

3. 动态管理

项目经理部的组织和人员构成不应一成不变，而应随项目的进展、变化以及管理需求的改变及时进行优化调整，从而使其适应项目管理新的需求，使得部门的设置始终与目标的实现相统一，这就是所谓的动态管理。项目经理部动态管理的决策者是项目经理，项目经理可根据项目的实施情况及时调整经理部的构成，更换或任免项目经理部成员，甚至改变其工作职能，总的原则是确保项目经理部运行的高效化。

（三）项目经理部的解体

1. 解体的条件

项目经理部是一次性并具有弹性的现场生产组织机构，工程竣工后，项目经理部应及时解体，同时做好善后处理工作。

项目经理部解体的条件有：

（1）工程项目已经竣工验收，已经验收单位确认并形成书面材料。

（2）与各分包单位已经结算完毕。

（3）已协助组织管理层与发包人签订了"工程质量保修书"。

（4）"项目管理目标责任书"已经履行完成，经过审计合格。

（5）项目经理部在解体之前应与组织职能部门和相关管理机构办妥各种交接手续。

（6）项目经理部在解体之前应做好现场清理工作。

2. 解体后的效益评价与债权债务处理

（1）项目经理部解体、善后工作结束后，项目经理离任、重新投标或受聘前，必须按规定做到人走场清、账清、物清。

（2）项目经理部的工程结算、价款回收及加工订货等债权债务处理，一般情况下由留守小组在三个月内完成。若三个月未能全部收回又未办理任何法定手续，其差额作为项目经理部成本亏损额的一部分。

（3）项目经理部的工程成本盈亏审计以该项目工程实际发生成本与价款结算回收数为依据，由审计牵头，预算、财务和工程部门参加，于项目经理部解体后第四个月内写出审计评价报告，交公司经理办公会审批。

（4）由于现场管理工作需要，项目经理部自购的通信、办公等小型固定资产，必须如实建立台账,折价后移交企业。项目经理部与企业有关职能部门发生矛盾时,由企业经理办公室裁决。项目经理部与劳务、专业分公司及栋号作业队发生矛盾时,按业务分工由企业劳动人事管理部、经营部和工程管理部裁决。所有仲裁的依据,原则上是双方签订的合同和有关的签证。

知识拓展

西游记——最成功的项目团队

古代有一个最成功的项目团队,那就是西游记的取经团队。

为了完成西天取经任务,四位组成取经团队,成员有唐僧、孙悟空、猪八戒、沙和尚。其中唐僧是项目经理,孙悟空是技术核心,猪八戒和沙和尚是普通成员。这个团队的高层领导是观音(图1-8)。

图 1-8　西游记剧照

这个团队的组成很有意思,唐僧作为项目经理,有很坚韧的品性和极高的原则性,不达目的不罢休,又很得上司支持和赏识(直接得到唐太宗的任命,既给袈裟,又给金碗;又得到以观音为首的各路神仙的广泛支持和帮助)。

这个团队最关键的是孙悟空。孙悟空是这个取经团队里的核心,但是他的性格极为恃才傲物,普通的项目经理无法驾驭,但是取经项目要想成功实在缺不了这个人,只好采用些手腕来收复他。首先,把他给弄得很惨(压在五指山下500年);在他绝望的时候,又让项目经理去解救他于水火之中以使他心存感激;当然光收买人心是不够的,还要给他许诺美好的愿景(取完经后高升为正牌仙人);当然最主要的是为了让项目经理可以直接控制好他,给他戴个紧箍,不听话就念咒惩罚他。

猪八戒这个成员,看起来好吃懒做,贪财好色,又不肯干活,最多牵一下马,好像留在团队里没有什么用处,其实他的存在还是有很大用处的,因为他性格开朗,能够接受任何批评而毫无负担压力,在项目组中承担了润滑油的作用。

沙和尚言语不多,任劳任怨,承担了项目中挑担这种粗笨无聊的工作,他代表了大多数的基层员工,是必不可少的人员。

在取经项目中,各个人员分工明确。一旦唐僧被妖怪掳走,工作计划就会马上制订下来:有负责降妖除魔的,有负责看行李的,有负责搬救兵的。另外,分配工作时,还能照顾到每个人的特长,比如,水里的妖怪通常由沙僧出面降服。

在取经的项目实施的过程中,除了自己的艰辛劳动外,这个团队非常善于利用外部的资源,只要有问题搞不定,马上向领导汇报(主要是直接领导观音),或者通过各种关系,找来各路神仙帮忙(从哪吒到如来佛),以搞定各种难题。

正是有这样一支分工明确、精诚团结的项目队伍,才保证了西天取经项目的顺利完成。

1.3 建筑工程施工项目经理责任制

1.3.1 项目经理

(一)项目经理的概念及其所需素质

1. 项目经理的概念

施工企业通过投标获得工程项目后,就要围绕该项目设立项目经理部,并通过一定的组织程序聘任或任命项目经理。项目经理上对企业和企业法定代表人负责,下对工程项目的各项活动和全体职员负责。项目经理既是实施项目管理活动的核心,担负着对施工项目各项资源(如机械设备、材料、资金、技术、人力资源等)的优化配置及保障施工项目各项目标(如工期、质量、安全、成本等)顺利实现的重任,又是企业各项经济技术指标的直接实施者,在现代建筑企业管理中具有举足轻重的地位。从一定意义上讲,项目经理素质的高低,在一定程度上决定着整个企业的经营管理水平和企业整体素质。

项目经理是指企业法定代表人在建设工程项目上的授权委托代理人。项目经理受企业法定代表人委托和授权,在建设工程项目施工中担任项目经理岗位职务,是直接负责工程项目施工的组织实施者,对建设工程项目实施全过程、全面负责的项目管理者。项目经理是建设工程施工项目的责任主体。

2. 项目经理所需的素质

项目经理是决定项目管理成败的关键人物,是项目管理的柱石,是项目实施的最高决策者、管理者、协调者和责任者,因此必须由具有相关专业执业资格的人员担任。

项目经理必须具备以下良好的素质:

(1)具有较高的技术、业务管理水平和实践经验。

(2)有组织领导能力,特别是管理人的能力。

(3)政治素质好,作风正派,廉洁奉公,政策性强,处理问题能把原则性、灵活性和耐心结合起来。

(4)具有一定的社交能力和交流沟通能力。

(5)工作积极热情,精力充沛,能吃苦耐劳。

(6)决策准确、迅速,工作有魄力,敢于承担风险。

(7)具有较强的判断能力、敏捷思考问题的能力和综合概括的能力。

3. 项目经理的选择方法

项目经理是决定"项目法"施工的关键,在推行项目经理责任制时,首先应研究如何选择出合格的项目经理。选择项目经理一般有以下四种方式:

(1)行政派出,即直接由企业领导决定项目经理人选。

（2）招标确定，即通过自荐，宣布施政纲领，群众选举，领导综合考核等环节产生。

（3）人事部门推荐、企业聘任，即授权人事部门对干部、职工进行综合考核，提出项目经理候选人名单，提供领导决策，领导一经确定，即行聘任。

（4）职工推选，即由职工代表大会或全体职工直接投票选举产生。

（二）项目经理的基本工作

1. 规划施工项目管理目标

（1）施工项目经理应当对质量、工期、成本、安全等目标做出规划。

（2）应当组织项目经理班子成员对目标系统做出详细规划，绘制目标系统展开图，进行目标管理。规划做得如何，从根本上决定了项目管理的效能。

2. 选用人才

一个优秀的项目经理，必须下一番功夫去选择好项目经理班子成员及主要的业务人员。项目经理在选人时，首先要掌握"用最少的人干最多的事"的最基本效率原则，要选得其才，用得其能，置得其所。

3. 制定规章制度

项目经理要负责制定合理而有效的项目管理规章制度，从而保证规划目标的实现。规章制度必须符合现代管理基本原理，特别是"系统原理"和"封闭原理"。规章制度必须面向全体职工，使他们乐意接受，以有利于推进规划目标的实现。

项目经理除上述所说的基本工作外，还有日常工作，主要包括以下内容：

（1）决策。项目经理对重大决策必须按照完整的科学方法进行。项目经理不需要包揽一切决策，只有如下两种情况要做出及时明确的决断：一是出现了例外性事件；二是下级请示的重大问题，即涉及项目目标的全局性问题，项目经理要明确及时做出决断。项目经理可不直接回答下属问题，只直接回答下属建议。决策要及时、明确，不要模棱两可。

（2）联系群众。项目经理必须密切联系群众，经常深入实际，这样才能发现问题，便于开展领导工作。要帮助群众解决问题，把关键工作做在最恰当的时候。

（3）实施合同。对合同中确定的各项目标的实现进行有效的协调与控制，协调各种关系，组织全体职工实现工期、质量、成本、安全、文明施工目标，提高经济利益。

（4）学习。项目管理涉及现代生产、科学技术、经营管理，它往往集中了这三者的最新成就。故项目经理必须事先学习，干中学习。事实上，群众的水平是在不断提高的。项目经理如果不学习提高，就不能很好地领导水平已经提高了的下属，也不能很好地解决出现的新问题。项目经理必须不断抛弃陈旧的知识，学习新知识、新思想和新方法。要跟上改革的形势，推进管理改革，使各项管理能力与国际惯例接轨。

（三）项目经理的地位

1. 项目经理是施工工程中责、权、利的主体

（1）项目经理是项目中人、财、物、技术、信息和管理等所有生产要素的组织管理人，他不同于技术、财务等专业的负责人，必须把组织管理职责放在首位。项目经理首先必须是项目实施阶段的责任主体，是实现项目目标的最高责任者，而且目标的实现还应该不超出限定的资源条件。其责任是实现项目经理责任制的核心，责任构成了项目经理工作的压力，是确定项目经理权力和利益的依据。对项目经理的上级管理部门来说，最重要的工作之一就是把项目经理的这种压力转化为动力。

（2）项目经理必须是项目的权利主体。权力是确保项目经理能够承担起责任的条件与手段，所以权力的范围必须视项目经理责任的要求而定。如果没有必要的权力，项目经理就无法对工作负责。项目经理还必须是项目的利益主体。利益是项目经理工作的动力，是因项目经理负有相应的责任而得到的报酬，所以利益的形式及利益的多少也应该视项目经理的责任而定。项目经理必须处理好与项目经理部、企业和职工之间的利益关系。

2. 项目经理是各种信息的集散中心

自上、自下、自外而来的信息通过各种渠道汇集到项目经理，项目经理又通过报告和计划等形式对上反馈信息，对下发布信息。通过信息的集散达到控制的目的，使项目管理取得成功。

3. 项目经理是协调各方面关系的桥梁与纽带

项目经理对项目承担合同责任，履行合同义务，执行合同条款，处理合同纠纷，是协调各方面关系的桥梁与纽带。

4. 项目经理是项目实施阶段的第一责任人

从企业内部看，项目经理是施工项目实施过程中所有工作的总负责人，是项目动态管理的体现者，是项目生产要素合理投入和优化组合的组织者。

从对外方面看，企业法定代表人不直接对每个建设单位负责，而是由项目经理在授权范围内对建设单位直接负责。由此可见，施工项目经理是项目目标的全面实现者，既要对建设单位的成果性目标负责，又要对企业的效益性目标负责。

知识拓展

一头狮子带领一群羊，每只羊都变成一头狮子；

一只羊带领一群狮子，每头狮子都变成一只羊。

——拿破仑

（四）项目经理的职责、权限与利益

1. 职责

（1）按"项目管理目标责任书"处理项目经理部与国家、企业、分包单位以及职工之间的利益分配。

（2）代表企业实施施工项目管理，贯彻执行国家法律、法规、方针、政策和强制性标准，执行企业的管理制度，维护企业的合法权益。

（3）建立质量管理体系和安全管理体系并组织实施。

（4）组织编制项目管理实施规划。

（5）履行"项目管理目标责任书"规定的任务。

（6）在授权范围内负责与企业管理层、劳务作业层、各协作单位、发包人、分包人和监理工程师等的协调，解决项目中出现的问题。

（7）对进入现场的生产要素进行优化配置和动态管理。

（8）进行现场文明施工管理，发现和处理突发事件。

（9）参与工程竣工验收，准备结算资料和分析总结，接受审计，处理项目经理部的善后工作。

（10）协助企业进行项目的检查、鉴定和评奖申报。

2. 权限

（1）参与项目招标、投标和合同签订。

（2）参与组建项目经理部。

（3）主持项目经理部工作。

（4）决定授权范围内的项目资金的投入和使用。

（5）参与选择物资供应单位。

（6）参与选择并使用具有相应资质的分包人。

（7）制定内部计酬办法。

（8）在授权范围内协调与项目有关的内、外部关系。

（9）法定代表人授予的其他权力。

3. 利益

项目经理最终的利益是项目经理行使权力和承担责任的结果，也是市场经济条件下责、权、利、效相互统一的具体体现。项目经理享有的利益主要表现在以下几个方面：

（1）获得基本工资、岗位工资和绩效工资。

（2）除按规定获得物质奖励外，还可获得表彰、记功、"优秀项目经理"等荣誉称号和其他精神奖励。

（3）项目经理经考核和审计，未完成"项目管理目标责任书"确定的责任目标或造成亏损的，按有关条款承担责任，并接受经济或行政处罚。

1.3.2　项目经理责任制

项目经理责任制是指企业制定的，以项目经理为责任主体，确保项目管理目标实现的责任制度。项目经理责任制是项目管理目标实现的具体保障和基本条件，用以确定项目经理部与企业、职工三者之间的责、权、利关系。项目经理责任制是以施工项目为对象，以项目经理全面负责为前提，以"项目管理目标责任书"为依据，以创优质工程为目标，以求得项目产品的最佳经济效益为目的，实行从施工项目开工到竣工验收的一次性全过程的管理。项目经理责任制作为项目管理的基本制度，是评价项目经理绩效的依据。项目经理责任制的核心是项目经理承担实现项目管理目标责任书确定的责任。项目经理与项目经理部在工程建设中应严格遵守和实行项目管理责任制度，确保项目目标全面实现。施工企业在推行项目管理时，应实行项目经理责任制，注意处理好企业管理层、项目管理层和劳务作业层的关系，并应在"项目管理目标责任书"中明确项目经理的责任、权力和利益。企业管理层、项目管理层和劳务作业层的关系应符合下列规定：

（1）企业管理层应制定和健全施工项目管理制度，规范项目管理。

（2）企业管理层应加强计划管理，保持资源的合理分布和有序流动，并为项目生产要素的优化配置和动态管理服务。

（3）企业管理层应对项目管理层的工作进行全过程指导、监督和检查。

（4）项目管理层应该做好资源的优化配置和动态管理，执行和服从企业管理层对项目管理的监督检查和宏观调控。

（5）企业管理层与劳务作业层应签订劳务分包合同。项目管理层与劳务作业层应建立共同履行劳务分包合同的关系。

企业管理层对整个企业行使管理职能；而项目管理层只是对自身项目进行管理。企业管理层可以同时管理各个项目；而项目管理层的管理对象是唯一的。

企业管理层对项目所进行的指导和管理，目的是为了保证项目的正常实施，保证项目目标的顺利实现，这一目标既包括工期、质量，同时又包括利润和安全；而项目管理层对项目所进行的管理是直接管理，其目的是保证项目各项目标的顺利实现。项目管理层是成本的控制中心；而企业管理层是利润的保证中心。二者之间对于施工项目的实施来说是直接与间接的关系，对于施工项目管理工作来说是微观与宏观的关系，对于企业经济利益来说是成本与利润的关系，其最终目的是统一的，都是为了实现施工项目的各项既定目标。

项目管理层与劳务作业层应建立共同履行劳务分包合同的关系，而劳务分包合同的订立，则应由企业管理层与劳务公司进行。

项目管理层应是施工项目在实施期间的决策层，其职能是在"项目管理目标责任书"的要求下，合理有效地配置项目资源，组织项目实施，对项目各实施环节进行跟踪控制，其管理对象就是劳务作业层。劳务作业层是施工项目的具体实施者，它是按照劳务合同，在项目管理层的直接领导下，从事项目劳务作业。项目经理与企业法人代表之间应是委托与被委托的关系，也可以概括为授权与被授权的关系。项目经理与企业法人代表之间不存在集权和分权的问题。

 **应用案例 1-2**

某项目部的内部管理

某公司承建一大型项目，抽调一批人员组建了项目经理部。项目部人员安排见表1-2所示。

表 1-2 项目部人员安排表

人员	原部门职务	人物特点	现项目部职务
赵某	公司技术部	年富力强的技术骨干	项目部经理
王某	公司采购部	从事采购工作多年，有强大的关系网	采购部经理
李某	公司工程部	长期从事施工现场管理	工程部经理
张某	公司预算部	年轻的工程师	预算部经理

施工初期，王某和李某在公司工作多年，对项目部经理赵某颇不以为然……

在施工中，王某和李某发生了矛盾，王某抱怨工程部的计划提交不及时，总是等急需时才提交计划；而李某也抱怨王某的物资供应总是拖延。

在施工高峰阶段,市场上突然出现了物资短缺的情况,令采购部措手不及。而雪上加霜的是,由于张某(预算部)工作失误,导致当月从业主那里少得到30%预付款,由此导致工期很难保障,项目部可能因工期延误罚款而无法赢利,此时,项目部团队几乎丧失信心,士气极其低落!

如果你是项目经理,应该怎么办?

这时,项目经理出面了,首先,向大家检讨自己对项目缺乏足够的前瞻性,为此承担主要责任! 同时,鼓励预算部经理从容面对挫折;然后,告诉团队成员,相信自己和团队成员有能力战胜困难,合理组织团队成员解决问题。

受到项目经理的激励,项目部重拾信心,并制定了详细的应对措施。王某利用他的关系网赊销了短缺的材料;李某发挥多年现场管理经验,合理调整进度计划;张某抓住业主失误多次索赔成功,不但弥补了以前的过错,还为项目部赢得了额外的利润。

最后,工程按期完成,顺利竣工,工程质量得到了业主方赞誉,项目部获得了较好的效益。

1.4　建筑工程执业资格制度

1.4.1　建筑工程执业资格制度概述

《中华人民共和国建筑法》(简称《建筑法》)第十四条规定:"从事建筑活动的专业技术人员,应当依法取得相应的执业资格证书,并在执业资格证书许可的范围内从事建筑活动。"按照《建筑法》的要求,我国在建设领域已设立了注册建筑师、注册结构工程师、注册监理工程师、注册造价工程师、注册房地产估价工程师、注册规划师、注册岩土工程师等执业资格。2002年12月5日,人事部、建设部联合下发了《关于印发〈建造师执业资格制度暂行规定〉的通知》(人发〔2002〕111号),标志着我国建立建造师执业资格制度的工作正式启动。

1.4.2　建造师与项目经理的区别

(一)本质区别

(1)建造师是从事建设工程管理包括工程项目管理的专业技术人员的执业资格,按照规定具备一定条件,并参加考试合格的人员,才能获得这个资格。获得建造师执业资格的人员,经注册后可以担任工程项目的项目经理及其他有关岗位职务。

(2)项目经理是建筑业企业实施工程项目管理设置的一个岗位职务,项目经理根据企业法定代表人的授权,对工程项目自开工准备至竣工验收实施全面全过程的组织管理。项目经理的资质由行政审批获得。

(二)定位不同

1. 建造师

(1)建造师执业资格制度是政府对某种责任重大、社会通用性强、关系公共安全利益的专业技术工作实行的市场准入控制,是专业技术人员从事某种专业技术工作学识、技术和能力的必备条件。所以要想取得建造师执业资格,就必须具备一定的条件,比如规定的学历、从事工作年限等,同时还要通过全国建造师执业资格统一考核或考试,并经国家主管部门授权的管理机构注册后方能取得建造师执业资格证书。建造师从事建造活动是一种执业行为,取得资格后可使用建造师名称,依法单独执行建造业务,并承担法律责任。

（2）建造师是一种证明某个专业人士从事某种专业技术工作知识和实践能力的体现。这里特别注重"专业"二字。所以,一旦取得建造师执业资格,提供工作服务的对象有多种选择,可以是建设单位（业主方）,也可以是施工单位（承包人）,还可以是政府部门、学校科研单位等,从而从事相关专业的工程项目管理活动。

2. 项目经理

（1）经理或项目经理与建造师不仅是名称不同,其内涵也不一样。经理通常解释为经营管理,这是广义概念;狭义的解释即负责经营管理的人,可以是经理、项目经理和部门经理。作为项目经理,理所当然是负责工程项目经营管理的人,对工程项目的管理是全方位、全过程的。对项目经理的要求,不但在专业知识上要求有建造师资格,更重要的是还必须具备政治和领导素质、组织协调和对外洽谈能力以及工程项目管理的实践经验。

（2）项目经理是企业法定代表人在项目上的一次性授权管理者和责任主体。项目经理从事项目管理活动,通过实行项目经理责任制,履行岗位职责,在授权范围内行使权力,并接受企业的监督考核。项目经理资质是企业资质的人格化体现,从工程投标开始,就必须出示项目经理资质证书,并不得低于工程项目和业主对资质等级的要求。

1.4.3　建造师与项目经理的联系

建造师与项目经理定位不同,但所从事的都是建设工程的管理。

建造师执业的覆盖面较大,可涉及工程建设项目管理的许多方面,担任项目经理只是建造师执业中的一项,且项目经理仅限于企业内某一特定工程的项目管理。建造师选择工作相对自由,可在社会市场上有序流动,有较大的活动空间;项目经理岗位则是企业设定的,项目经理是由企业法人代表授权或聘用的一次性的工程项目施工管理者。

 **综合案例一**

北京奥运村工程项目组织管理

北京城建集团有限责任公司

1　项目概况

北京奥林匹克公园（B区）奥运村工程是为2008年奥运会及残奥会建设的非竞赛场馆服务设施,奥运会期间负责接待204个国家和地区的16 000名运动员和官员,残奥会期间负责接待147个国家和地区的7 500名运动员和官员。奥运村由42栋板式公寓楼及配套建筑等组成,占地27 hm^2,共有单体建筑48栋,总建筑面积53万 m^2。工程于2005年6月开工,2008年4月竣工。本案例阐述该工程项目的组织管理。北京奥运村位置示意见图1-9所示。

图1-9　北京奥运村位置示意图

2　特点及难点

2.1　施工面积大,建设工期紧迫

由于工期紧迫,不能流水作业,必须进行平行施工,故施工作业面大,交叉作业多,给项目组织管理带来了困难。

2.2　科技含量高,协调难度大

奥运村是迄今为止乃至国际上绿色环保技术应用最多的住宅小区,大量先进技术的应用,以及环保、防火和质量标准的提高,给技术质量管理工作突出了更高的要求。

2.3　参施单位多,协调难度大

奥运村参施单位在高峰期仅专业分包单位就有48家,各单位的人员配备、管理水平良莠不齐,给总包的统一协调管理加大了难度。

2.4　功能多样化,设备系统复杂

奥运村不同于普通住宅的最大特点在于设备系统的复杂多样。为了满足赛时运动员居住和赛后绿色住区的双重需要,奥运村共设有直饮水系统、能量回收式新风系统、地源热泵系统、太阳能热水等27个专业系统,是国内目前为止系统设置最全的住宅工程。设备系统的复杂多样,给施工组织带来了很大的难度。

2.5　项目管理目标

2.5.1　质量目标

确保结构工程获"北京市建筑结构长城杯金奖",群体工程获"北京市建筑工程长城杯金奖",争创国家优质工程"鲁班奖"。

2.5.2　工期目标

根据合同及入住工期要求,分析工程施工难点、制约点和风险点,施工组织计划做到"科学性、周密性、预见性、严肃性及可操作性"相统一,在保证安全、质量的前提下按期交付。

2.5.3　成本目标

以科技创新、精细管理及先进的经营理念为核心,提高企业核心竞争力,实现经济效益与社会效益的"双赢"。

3 管理过程及方法

在本项目工程管理模式中确立以总包为核心与区域负责的管理模式。针对奥运村不能流水作业、采取平行施工、专业分包多的特点,确立以总承包方在整个施工生产经营过程中的主导地位。现场有48家专业分包单位,其中:由总承包方在集团内部招标、有较大实力成员企业22家,负责基础、结构、二次装修、机电安装等85％的工程量,其余为业主协商总包指定的专业分包单位承担15％的工程量。管理协调难度自然是很大的。总承包方为减少垂直协调48家专业分包可能带来管理盲区的诸多风险,在征得业主、设计、监理同意和支持下,广泛征求48家专业分包单位的意见,总承包方将奥运村工程施工划分为八个管理区域,区域管理者由所在区域承担专业分包量最大、管理协调能力强、区域内诸专业分包信服的专业分包项目经理担任。

奥运村建筑工程项目组织结构形式见图1-10所示。

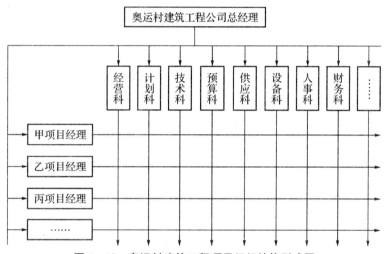

图1-10 奥运村建筑工程项目组织结构形式图

4 管理成效

4.1 社会成效

奥运村在2008年奥运会及残奥会期间,以史无前例的"零"投诉、"零"伤亡、"零"故障运行,受到了各国政要、国际奥委会、社会媒体的高度评价。国际奥委会主席罗格先生2008年8月26日称赞说:"这是历史上最好的奥运村,自从1968年墨西哥奥运会以来,这是最棒的一个奥运村!"国际残奥会主席克雷文先生评价说:"北京残奥村超级棒!设计得特别好。残奥村条件之优越,史无前例"。

4.2 管理业绩

先后获得美国能源部颁发的"LEED"金奖、北京市结构"长城杯"金质奖及建筑"长城杯"金质奖、国家优质工程"鲁班奖"、第八届中国土木工程"詹天佑大奖"及2008年"詹天佑优秀住宅小区金奖"、2007年度国家建筑设计"绿色生态节能金奖"及"绿色生态建筑白金奖"、第六批全国建筑业新技术应用示范工程、北京市市级工法一项、第四届全国建筑工程优秀项目管理成果一等奖。

本 章 小 结

本章介绍了建设工程项目的基本概念,如项目、建设工程项目以及建设工程项目的组成和特点;建设工程项目管理组织的有关知识。

工程项目管理组织的内容,主要包括项目管理组织分对象管理,有业主的项目管理、施工方项目管理、设计方项目管理。

工程项目管理组织设置的原则包括:管理跨度与管理分层统一的原则;项目组织弹性、流动的原则;高效精干的原则;业务系统管理和协作一致的原则;因事设岗。

工程项目管理机构模式的类型,主要包括:直线式、职能式、矩阵式、事业部式等。

练 习 题

一、单项选择题

1. 施工方项目经理在承担工程项目施工管理过程中,以( )身份处理与所承担的工程项目有关的外部管理。
   A. 施工企业决策者　　　　　　　　 B. 施工企业法定代表人的代表
   C. 施工企业法定代表人　　　　　　 D. 建设单位项目管理者

2. 关于项目管理工作任务分工表特点的说法,正确的是( )。(2014 年二建)
   A. 每一个部门只能有一个主办部门
   B. 每一个任务只能有一个协力部门和一个配合部门
   C. 项目运营部应在项目竣工后介入工作
   D. 项目管理工作任务分工表应作为组织设计文件的一部分

3. 关于线性组织结构的说法,错误的是( )。(2014 年二建)
   A. 每个工作部门的指令源是唯一的
   B. 高组织层次部门可以向任何低组织层次下达指令
   C. 在特大组织系统中,指令路径会很长
   D. 可以避免相互矛盾的指令影响系统运行

4. 下列工作中,不属于施工项目目标动态控制程序中的工作是( )。(2014 年二建)
   A. 目标分解　　　　　　　　　　　 B. 目标计划值搜集
   C. 目标计划值与实际值比较　　　　 D. 采取措施纠偏

5. 项目经理在承担工程项目施工的管理工程中,其管理权力不包括( )。
   (2014 年二建)
   A. 组织项目管理班子　　　　　　　 B. 指挥项目建设的生产经营活动
   C. 签署项目参与人员聘用合同　　　 D. 选择施工作业队伍

6. 对建设工程项目施工负有全面管理责任的是( )。(2014 年二建)
   A. 企业法定代表人　　　　　　　　 B. 项目经理
   C. 项目总工程师　　　　　　　　　 D. 总监理工程师

7. 建设工程项目供货方的项目管理主要在(   )阶段进行。(2015 年二建)

    A. 施工   B. 设计   C. 决策   D. 保修

8. 根据《建设工程施工合同(示范文本)》(GF—2013—0201),项目经理确需离开施工现场时应取得(   )书面同意。(2015 年二建)

    A. 承包人   B. 监理人

    C. 建设主管部门   D. 发包人

9. 《建设工程施工合同(示范文本)》(GF—2013—0201),项目经理因特殊情况授权其下属人员履行某项工作职责时,应至少提前(   )天书面通知监理人。(2015 年二建)

    A. 5   B. 7   C. 14   D. 28

二、多项选择题

1. 根据《建设工程项目管理规范》(GB/T50326—2006),施工项目经理应履行的职责有(   )。(2014 年二建)

    A. 对资源进行动态管理   B. 建立各种专业管理体系

    C. 参与工程竣工验收   D. 主持编制项目目标责任书

    E. 进行授权范围内的利益分配

2. 关于施工项目经理任职条件的说法,正确的有(   )。(2014 年二建)

    A. 通过建造师执业资格考试的人员只能担任项目经理

    B. 项目经理必须由承包人正式聘用的建造师担任

    C. 项目经理每月在施工现场的时间可自行决定

    D. 项目经理不得同时担任其他项目的经理

    E. 项目经理可以由取得项目管理师资格证书的人员担任

3. 根据《建设工程施工合同(示范文本)》(GT—2013—0201)施工合同签订后,承包人应向发包人提交的关于项目经理的有效证明文件包括(   )。(2015 年二建)

    A. 劳动合同   B. 缴纳社保证明

    C. 身份证   D. 职称证明

    E. 注册执业证书

4. 根据《建设工程项目管理规范》(GB/T50326—2006),关于项目经理权限的说法正确的有(   )。(2015 年二建)

    A. 参与制订内部计酬办法   B. 参与项目招标、投标和合同签订

    C. 参与组建项目经理部   D. 参与选择工程分包人

    E. 参与选择物资供应单位

三、简答题

1. 工程项目组织的管理层次有哪些内容?

2. 项目管理组织的概念是什么?

3. 项目经理部设置的原则是什么?

4. 建造师和项目经理有什么不同?

5. 简述现代工程项目对项目经理的要求。

四、案例分析题

［案例一］

某施工公司承担了 50 km 高等级公路施工阶段的施工业务,该工程包括路基、路面、桥梁、隧道等主要项目。针对工程特点和本工程属大中型项目,业主分别将工程分为路基路面工程、桥梁工程、隧道工程发包给三家承包商,有三份承包合同。

问题:

1. 说明施工项目组织形式有哪些?

2. 说明本次项目的施工项目部组织结构应采用何种形式? 它的优缺点是什么?

［案例二］

小王最近刚当项目经理就碰到了头疼事。他刚进入一家新的公司没多久,就被任命为项目经理,他的项目组里面有个员工比小王资格老得多而且技术很好,小王一直很想跟这位员工搞好关系,但是他俩的关系好像一直不冷不热,小王给他安排工作他反应也不是很热心,后来有几次因为技术问题他俩发生过几次争执,谁也说服不了对方,小王觉得他有点倚老卖老,结果后来没多久这位员工就辞职离开公司了。

这位员工的离开对项目造成了很大的损失,因为一时找不到像他技术这么好的人,搞得小王很被动,小王心里也挺难受的,领导也有微词,后来小王遇到这位员工时跟他聊,问他是不是因为自己才离开的,他说不是,是因为他遇到了更好的机会,但是小王觉得似乎没那么简单。

问题:

1. 你觉得小王在团队建设上是否有错?

2. 请你结合管理理论,谈谈如果你遇上这种情况该如何解决?

附件一

建造师执业资格制度简介

《建造师执业资格制度暂行规定》对我国工程项目管理实行项目经理责任制产生了重大影响。《建造师执业资格制度暂行规定》的主要内容包括下列几个方面。

1. 总则

（1）为了加强建设工程项目管理，提高工程项目总承包及施工管理专业技术人员素质，规范施工管理行为，保证工程质量和施工安全，根据《中华人民共和国建筑法》《建设工程质量管理条例》和国家有关职业资格证书制度的规定，制定本规定。

（2）本规定适用于从事建设工程项目总承包、施工管理的专业技术人员。

（3）国家对建设工程项目总承包和施工管理关键岗位的专业技术人员实行执业资格制度，纳入全国专业技术人员执业资格制度统一规划。

（4）建造师分为一级建造师和二级建造师。英文分别译为：Constructor 和 Associate Constructor。

（5）人事部、建设部共同负责国家建造师执业资格制度的实施工作。

2. 考试

（1）一级建造师执业资格实行统一大纲、统一命题、统一组织的考试制度，由人事部、建设部共同组织实施，原则上每年举行一次考试。

（2）建设部负责编制一级建造师执业资格考试大纲和组织命题工作，统一规划建造师执业资格的培训等有关工作。

（3）培训工作按照培训与考试分开、自愿参加的原则进行。

（4）人事部负责审定一级建造师执业资格考试科目、考试大纲和考试试题，组织实施考务工作；会同建设部对考试考务工作进行检查、监督、指导并确定合格标准。

（5）一级建造师执业资格考试，分综合知识与能力和专业知识与能力两个部分。其中，专业知识与能力部分的考试，按照建设工程的专业要求进行，具体专业划分由建设部另行规定。

（6）凡遵守国家法律、法规，具备下列条件之一者，可以申请参加一级建造师执业资格考试：

①取得工程类或工程经济类大学专科学历，工作满6年，其中从事建设工程项目施工管理工作满4年。

②取得工程类或工程经济类大学本科学历，工作满4年，其中从事建设工程项目施工管理工作满3年。

③取得工程类或工程经济类双学士学位或研究生班毕业，工作满3年，其中从事建设工程项目施工管理工作满2年。

④取得工程类或工程经济类硕士学位，工作满2年，其中从事建设工程项目施工管理工作满1年。

⑤取得工程类或工程经济类博士学位，从事建设工程项目施工管理工作满1年。

（7）参加一级建造师执业资格考试合格，由各省、自治区、直辖市人事部门颁发人事部统一印制，人事部、建设部用印的《中华人民共和国一级建造师执业资格证书》。该证书在全国范围内有效。

（8）二级建造师执业资格实行全国统一大纲，各省、自治区、直辖市命题并组织考试的制度。

（9）建设部负责拟定二级建造师执业资格考试大纲，人事部负责审定考试大纲。各省、自治区、直辖市人事厅（局）、建设厅（委）按照国家确定的考试大纲和有关规定，在本地区组织实施二级建造师执业资格考试。

（10）凡遵纪守法并具备工程类或工程经济类中等专科以上学历并从事建设工程项目施工管理工作满 2 年，可报名参加二级建造师执业资格考试。

（11）二级建造师执业资格考试合格者，由省、自治区、直辖市人事部门颁发由人事部、建设部统一格式的《中华人民共和国二级建造师执业资格证书》。该证书在所在行政区域内有效。

3. 注册

（1）取得建造师执业资格证书的人员，必须经过注册登记，方可以建造师名义执业。

（2）建设部或其授权的机构为一级建造师执业资格的注册管理机构。省、自治区、直辖市建设行政主管部门或其授权的机构为二级建造师执业资格的注册管理机构。

（3）申请注册的人员必须同时具备以下条件：

①取得建造师执业资格证书。

②无犯罪记录。

③身体健康，能坚持在建造师岗位上工作。

④经所在单位考核合格。

（4）一级建造师执业资格注册，由本人提出申请，由各省、自治区、直辖市建设行政主管部门或其授权的机构初审合格后，报建设部或其授权的机构注册。准予注册的申请人，由建设部或其授权的注册管理机构发放由建设部统一印制的《中华人民共和国一级建造师注册证》。

二级建造师执业资格的注册办法，由省、自治区、直辖市建设行政主管部门制定，颁发辖区内有效的《中华人民共和国二级建造师注册证》，并报建设部或其授权的注册管理机构备案。

（5）人事部和各级地方人事部门对建造师执业资格注册和使用情况有检查、监督的责任。

（6）建造师执业资格注册有效期一般为 3 年，有效期满前 3 个月，持证者应到原注册管理机构办理再次注册手续。在注册有效期内，变更执业单位者，应当及时办理变更手续。再次注册者，除应符合第（3）条规定外，还须提供接受继续教育的证明。

（7）经注册的建造师有下列情况之一的，由原注册管理机构注销注册：

①不具有完全民事行为能力的。

②受刑事处罚的。

③因过错发生工程建设重大质量安全事故或有建筑市场违法违规行为的。

④脱离建设工程施工管理及其相关工作岗位连续2年(含2年)以上的。

⑤同时在2个及以上建筑业企业执业的。

⑥严重违反职业道德的。

(8)建设部和省、自治区、直辖市建设行政主管部门应当定期公布建造师执业资格的注册和注销情况。

4. 职责

(1)建造师经注册后,有权以建造师名义担任建设工程项目施工的项目经理及从事其他施工活动的管理。

(2)建造师在工作中,必须严格遵守法律、法规和行业管理的各项规定,恪守职业道德。

(3)建造师的执业范围:

①担任建设工程项目施工的项目经理。

②从事其他施工活动的管理工作。

③法律、行政法规或国务院建设行政主管部门规定的其他业务。

(4)一级建造师的执业技术能力:

①具有一定的工程技术、工程管理理论和相关经济理论水平,并具有丰富的施工管理专业知识。

②能够熟练掌握和运用与施工管理业务相关的法律、法规、工程建设强制性标准和行业管理的各项规定。

③具有丰富的施工管理实践经验和资历,有较强的施工组织能力,能保证工程质量和安全生产。

④有一定的外语水平。

(5)二级建造师的执业技术能力:

①了解工程建设的法律、法规、工程建设强制性标准及有关行业管理的规定。

②具有一定的施工管理专业知识。

③具有一定的施工管理实践经验和资历,有一定的施工组织能力,能保证工程质量和安全生产。

(6)按照建设部颁布的《建筑业企业资质等级标准》,一级建造师可以担任特级、一级建筑业企业资质的建设工程项目施工的项目经理;二级建造师可以担任二级及以下建筑业企业资质的建设工程项目施工的项目经理。

(7)建造师必须接受继续教育,更新知识,不断提高业务水平。

2　建筑工程项目合同管理

 **单元简介**

　　合同是具有法律约束力的文件,是工程项目实施和管理的基本依据,合同管理从其本质意义上讲即是以合同为依据对工程项目进行管理,工程项目施工的过程也即是合同履行的过程。

　　合同管理是工程项目管理的重要内容之一。施工合同管理是对工程施工合同的签订、履行、变更和解除等进行筹划和控制的过程,其主要内容有:根据项目特点和要求确定工程施工发承包模式和合同结构、选择合同文本、确定合同计价和支付方法、合同履行过程的管理与控制、合同索赔和反索赔等。

 **学习要求**

知识结构	学习内容	能力目标	笔记
2.1　建筑工程合同管理概述	1. 合同基础知识 2. 建筑工程合同概述 3. 建筑工程项目合同管理及主要合同关系	1. 了解合同的概念和法律关系 2. 理解建筑工程施工合同的概念 3. 掌握建筑工程合同的承发包模式 4. 掌握合同计价分类方法 5. 熟悉建筑工程合同关系	
2.2　建筑工程项目招标与投标	1. 建设工程招标投标概述 2. 建筑工程施工招标 3. 建筑工程施工投标	1. 掌握招投标的概念 2. 掌握工程项目招投标的规模要求和原则 3. 掌握公开投标和邀请投标的概念 4. 熟悉招标和投标程序	

知识结构	学习内容	能力目标	笔记
2.3 建筑工程项目合同管理	1. 建筑工程项目施工合同的订立 2. 建筑工程项目施工合同的实施 3. 施工合同变更 4. 施工合同终止 5. 违约与争议	1. 熟悉合同订立的原则和要求以及合同的示范文本的组成 2. 熟悉合同订立的程序 3. 熟悉分包合同的概念 4. 掌握发包方和承包方在施工合同示范文本中的典型权利和义务 5. 掌握工程变更的原则和程序 6. 熟悉施工合同的终止和违约责任	
2.4 建筑工程项目索赔管理	1. 建筑工程项目索赔概述 2. 建筑工程项目索赔的分类 3. 建筑工程项目索赔的原因 4. 建筑工程项目索赔成立的条件及索赔依据 5. 建筑工程项目索赔程序及报告的编制方法	1. 掌握工程索赔的概念 2. 熟悉工程索赔的分类和索赔的原因 3. 掌握索赔成立的条件和索赔的依据 4. 掌握索赔的程序和索赔报告的组成	

导入案例二

某大型综合体育馆工程,发包方(简称甲方)通过邀请招标的方式确定本工程由承包商乙中标,双方签订了工程总承包合同。在征得甲方书面同意的情况下,承包商乙将桩基础工程分包给具有相应资质的专业分包商丙,并签订了专业分包合同。在桩基础施工期间,由于分包商丙自身管理不善,造成甲方现场周围的建筑物受损,给甲方造成了一定的经济损失,甲方就此事件向承包商乙提出了赔偿要求。

另外,考虑到体育馆主体工程施工难度高、自身技术力量和经验不足等情况,在甲方不知情的情况下,承包商乙又与另一家具有施工总承包一级资质的某知名承包商丁签订了主体工程分包合同,合同约定承包商丁以承包商乙的名义进行施工,双方按约定的方式进行结算。

试分析承包商乙与分包商丙签订的桩基础工程分包合同是否有效?对分包商丙给甲方造成的损失,承包商乙要不要承担责任?承包商乙将主体工程分包给承包商丁在法律上属于何种行为?

学习本章内容后,对以上问题进行讨论。

2.1 建筑工程合同管理概述

2.1.1 合同基础知识

（一）合同的概念

《中华人民共和国合同法》（简称《合同法》）第二条规定，"合同是平等主体的自然人、法人、其他组织之间设立、变更、终止民事权利义务关系的协议"，即具有平等民事主体资格的当事人，为了达到一定目的，经过自愿、平等、协商一致设立、变更、终止民事权利义务关系达成的协议。

（二）合同法律关系的构成要素

合同法律关系是指由合同法律规范调整的、在民事流转过程中所产生的权利义务关系。法律关系都是由法律关系主体、法律关系客体和法律关系内容三个要素构成的，缺少其中任一个要素都不能构成法律关系。由于三个要素的内涵不同，则组成不同的法律关系，如民事法律关系、行政法律关系、劳动法律关系、经济法律关系等。

1. 法律关系主体

法律关系主体主要是指参加或管理、监督建设活动，受建筑工程法律规范调整，在法律上享有权利、承担义务的自然人、法人或其他组织。

（1）自然人。自然人可以成为工程建设法律关系的主体。如建设企业工作人员（建筑工人、专业技术人员、注册执业人员等）同企业单位签订劳动合同，即成为劳动法律关系主体。

（2）法人。法人是指按照法定程序成立，设有一定的组织机构，拥有独立的财产或独立经营管理的财产，能以自己的名义在社会经济活动中享有权利和承担义务的社会组织。法人的成立要满足下述四个条件：依法成立；有必要的财产或经费；有自己的名称、组织机构和场所；能独立承担民事责任。

（3）其他组织。其他组织是指依法成立，但不具备法人资格，而能以自己的名义参与民事活动的经营实体或者法人的分支机构等社会组织。如法人的分支机构、不具备法人资格的联营体、合伙企业、个人独资企业等。

2. 法律关系客体

法律关系客体是指参加法律关系的主体享有的权利和承担的义务所共同指向的对象。在通常情况下，主体都是为了某一客体，彼此才设立一定的权利、义务，从而产生法律关系，这里的权利、义务所指向的事物，即法律关系的客体。

法学理论上，一般客体分为财、物、行为和非物质财富。法律关系客体也不外乎此四类。

（1）表现为财的客体。财一般指资金及各种有价证券。在法律关系中表现为财的客体主要是建设资金，如基本建设贷款合同的标的，即一定数量的货币。

（2）表现为物的客体。法律意义上的物是指可为人们控制的并具有经济价值的生产资料和消费资料。

（3）表现为行为的客体。法律意义上的行为是指人的有意识的活动。

（4）表现为非物质财富的客体。法律意义上的非物质财富是指人们脑力劳动的成果或智力方面的创作,也称智力成果。

3.合同法律关系的内容

合同法律关系的内容即权利和义务。

（1）权利。权利是指法律关系主体在法定范围内有权进行各种活动。权利主体可要求其他主体做出一定的行为或抑制一定的行为,以实现自己的权利,因其他主体的行为而使权利不能实现时有权要求国家机关加以保护并予以制裁。

（2）义务。义务是指法律关系主体必须按法律规定或约定承担应负的责任。义务和权利是相互对应的,相应主体应自觉履行建设义务,义务主体如果不履行或不适当履行,就要承担相应的法律责任。

（三）合同法律关系的产生、变更与终止

1.合同法律关系的产生

合同法律关系的产生,是指法律关系的主体之间形成了一定的权利和义务关系。如某单位与其他单位签订了合同,主体双方就产生了相应的权利和义务。此时,受法律规范调整的法律关系即告产生。

2.合同法律关系的变更

合同法律关系的变更,是指法律关系的三个要素发生变化。

（1）主体变更。主体变更是指法律关系主体数目增多或减少,也可以是主体改变。在合同中,客体不变,相应权利义务也不变,此时主体改变也称为合同转让。

（2）客体变更。客体变更是指法律关系中权利义务所指向的事物发生变化。客体变更可以是其范围变更,也可以是其性质变更。

法律关系主体与客体的变更,必然导致相应的权利和义务,即内容的变更。

3.合同法律关系的终止

合同法律关系的终止,是指法律关系主体之间的权利义务不复存在,彼此丧失了约束力。

（1）自然终止。法律关系的终止,是指某类法律关系所规范的权利义务顺利得到履行,取得了各自的利益,从而使该法律关系达到完结。

（2）协议终止。法律关系协议终止,是指法律关系主体之间协商解除某类工程建设法律关系规范的权利义务,致使该法律关系归于终止。

（3）违约终止。法律关系违约终止,是指法律关系主体一方违约,或发生不可抗力,致使某类法律关系规范的权利不能实现。

2.1.2　建筑工程合同概述

（一）建筑工程合同的概念

建筑工程合同是指由承包方进行工程建设,业主支付价款的合同。我国建设领域习惯上把建筑工程合同的当事人双方称为发包方和承包方,这与我国《合同法》将他们称为发包方和承包方是没有区别的。双方当事人在合同中明确各自的权利和义务,但主要是承包方进行工程建设,发包方支付工程款。

按照《中华人民共和国合同法》的规定,建筑工程合同包括三种:建筑工程勘察合同、建筑工程设计合同、建筑工程施工合同。建筑工程实行监理的,业主也应当与监理方采取书面形式订立委托监理合同。

建筑工程合同是一种双务、有偿合同，当事人双方都应当在合同中有各自的权利和义务，在享有权利的同时也必须履行义务。

（二）建筑工程合同的特点

建筑工程合同除了具有合同的一般性特点之外，还具有不同于其他合同的独有特征：

1. 合同主体的严格性

建筑工程合同主体一般只能是法人。发包方一般只能是经过批准进行工程项目建设的法人，必须有国家批准的建设项目，落实投资计划，并且具备相应的协调能力；承包方必须具备法人资格，而且应当具备相应的勘察、设计、施工等资质。无营业执照或无承包资质的单位不能作为建筑工程合同的主体，资质等级低的单位不能越级承包建筑工程。

2. 合同标的的特殊性

建筑工程合同的标的是各类建筑商品，建筑商品是不动产，其基础部分与大地相连，不能移动。这就决定了每个建筑工程合同标的都是特殊的，相互间具有不可代替性。这还决定了承包方工作的流动性。建筑物所在地就是勘察、设计、施工生产地，施工队伍、施工机械必须围绕建筑产品不断移动。另外建筑产品都需要单独建设和施工，即建筑产品是单体性生产，这也决定了建筑工程合同标的的特殊性。

3. 合同履行期限的长期性

由于建筑工程结构复杂、体积大、建筑材料类型多、工作量大，其合同履行期限都较长。而且，建筑工程合同的订立和履行都需要较长的准备期；在合同履行的过程中，可能因为不可抗力、工程变更、材料供应不及时等原因而导致合同期顺延。所有这些情况决定了建筑工程合同的履行期限具有长期性。

4. 计划和程序的严格性

由于工程建设对国家的经济发展、公民的工作生活都具有重大的影响，因此，国家对建筑工程的计划和程序都有严格的管理制度。订立建筑工程合同必须以国家批准的投资计划为前提，即使国家投资以外的、以其他方式筹集的投资也要受到当年的贷款规模和批准限额的限制，纳入当年的投资规模的平衡，并经过严格的审批程序。建筑工程合同的订立和履行还必须符合国家关于基本建设程序的规定。

（三）建筑工程合同的类型

建筑工程合同按照分类方式的不同可以分为不同的类型。

1. 按照工程建设阶段所完成的承包内容分类

建筑工程的建设过程大体上经过勘察、设计、施工三个阶段，围绕不同阶段订立相应的合同。按照所处的阶段所完成的承包内容进行划分，建筑工程合同可分为：建筑工程勘察合同、建筑工程设计合同和建筑工程施工合同。

（1）建筑工程勘察合同。建筑工程勘察合同即承包方进行工程勘察，业主支付价款的合同。建筑工程勘察单位称为承包方，建设单位或者有关单位称为发包方（也称为委托方）。

（2）建筑工程设计合同。建筑工程设计合同是承包方进行工程设计，委托方支付价款的合同。建设单位或有关单位为委托方，建筑工程设计单位为承包方。

（3）建筑工程施工合同。建筑工程施工合同是建设单位与施工单位，也就是发包方与承包方以完成商定的建筑工程为目的,明确双方相互权利、义务的协议。

2. 按照承、发包方式(范围)分类

(1) 勘察、设计或施工总承包合同。勘察、设计或施工总承包,是指业主将全部勘察、设计或施工的任务分别发包给一个勘察、设计单位或一个施工单位作为总承包方,经业主同意,总承包方可以将勘察、设计或施工任务的一部分分包给其他符合资质的分包人。据此明确各方权利义务的协议即为勘察、设计或施工总承包合同。在这种模式中,业主与总承包方订立总承包合同,总承包方与分包人订立分包合同,总承包方与分包人就工作成果对发包方承担连带责任。

(2) 单位工程施工承包合同。单位工程施工承包,是指在一些大型、复杂的建筑工程中,发包方可以将专业性很强的单位工程发包给不同的承包方,与承包方分别签订土木工程施工合同、电气与机械工程承包合同,这些承包方之间为平行关系。单位工程施工承包合同常见于大型工业建筑安装工程,大型、复杂的建筑工程。据此明确各方权利义务的协议即为单位工程施工承包合同。

(3) 工程项目总承包合同。工程项目总承包,是指建设单位将包括工程设计、施工、材料和设备采购等一系列工作全部发包给一家承包单位,由其进行实质性设计、施工和采购工作,最后向建设单位交付具有使用功能的工程项目。工程项目总承包在实施过程中可依法将部分工程分包。

(4) BOT 合同(又称特许权协议书)。BOT 承包模式,是指由政府或政府授权的机构授予承包方在一定的期限内,以自筹资金建设项目并自费经营和维护,向东道国出售项目产品或服务,收取价款或酬金,期满后将项目全部无偿移交东道国政府的工程承包模式。

3. 按照承包工程计价方式(或付款方式)分类

按计价方式不同,建筑工程合同可以划分为总价合同、单价合同和成本加酬金合同三大类。工程勘察、设计合同一般为总价合同;工程施工合同则根据招标准备情况和建筑工程项目的特点不同,可选用其中的任何一种。

(1) 总价合同。总价合同又分为固定总价合同和可调总价合同。

①固定总价合同。承包方按投标时业主接受的合同价格一笔包死。在合同履行过程中,如果业主没有要求变更原定的承包内容,承包方在完成承包任务后,不论其实际成本如何,均应按合同价获得工程款的支付。

采用固定总价合同时,承包方要考虑承担合同履行过程中的主要风险,因此,投标报价较高。固定总价合同的适用条件一般为:

·工程招标时的设计深度已达到施工图设计的深度,合同履行过程中不会出现较大的设计变更,以及承包方依据的报价工程量与实际完成的工程量不会有较大差异。

·工程规模较小、技术不太复杂的中小型工程或承包工作内容较为简单的工程部位。这样,可以使承包方在报价时能够合理地预见到实施过程中可能遇到的各种风险。

·工程合同期较短(一般为一年之内),双方可以不必考虑市场价格浮动可能对承包价格的影响。

②可调总价合同。这类合同与固定总价合同基本相同,但合同期较长(一年以上),只是在固定总价合同的基础上,增加合同履行过程中因市场价格浮动对承包价格调整的条

款。由于合同期较长,承包方不可能在投标报价时合理地预见一年后市场价格的浮动影响,因此,应在合同内明确约定合同价款的调整原则、方法和依据。常用的调价方法有:文件证明法、票据价格调整法和公式调价法。

(2)单价合同。单价合同是指承包方按工程量报价单内分项工作内容填报单价,以实际完成工程量乘以所报单价确定结算价款的合同。承包方所填报的单价应为包括各种摊销费用后的综合单价,而非直接费单价。

(3)成本加酬金合同。成本加酬金合同是将工程项目的实际造价划分为直接成本费和承包方完成工作后应得酬金两部分。工程实施过程中发生的直接成本费由业主实报实销,另按合同约定的方式付给承包方相应报酬。

成本加酬金合同大多适用于边设计、边施工的紧急工程或灾后修复工程。由于在签订合同时,业主还不可能为承包方提供用于准确报价的详细资料,因此,在合同中只能商定酬金的计算方法。在成本加酬金合同中,业主需承担工程项目实际发生的一切费用,因而也就承担了工程项目的全部风险。而承包方由于无风险,其报酬往往也较低。

按照酬金的计算方式不同,成本加酬金合同的形式有:成本加固定酬金合同、成本加固定百分比酬金合同、成本加浮动酬金合同、目标成本加奖罚合同等。在传统承包模式下,不同计价方式的合同类型比较见表2-1所示。

表2-1　不同计价方式合同类型比较

合同类型	总价合同	单价合同	成本加酬金合同			
			固定百分比酬金	固定酬金	浮动酬金	目标成本加奖罚
应用范围	广泛	广泛	有局限性			酌情
业主方造价控制	易	较易	最难	难	不易	有可能
承包方风险	风险大	风险小	基本无风险		风险不大	有风险

应用案例 2-1

1. 背景

某工程总报价为 300 000 元,投标书中混凝土的单价为 300 元/m³,工程量为 1 000 m³。实际完成工程量 1 100 m³。

2. 问题

(1)这是什么合同?

(2)实际结算价款是多少?

3. 案例分析

(1)本案例中,既约定了总价又约定了单价,根据单价优先原则,本合同应该是单价合同。

(2)实际混凝土的结算价格为:$300 \times 1\ 100 = 330\ 000$ 元。

2.1.3 建筑工程项目合同管理及主要合同关系

建筑工程合同管理是指施工单位依据法律、法规和规章制度,对其所参与的建筑工程合同的谈判、签订和履行、变更进行的全过程的组织、指导、协调和监督。其中最主要的是对与业主签订的施工承包合同的管理。

工程建设是一个极为复杂的社会生产过程,由于现代社会化大生产和专业化分工,许多单位会参与到工程建设之中,而各类合同则是维系这些参与单位之间关系的纽带。在建筑工程项目合同体系中,业主和承包方是两个最主要的节点。

1. 业主的主要合同关系

业主为了实现建筑工程项目总目标,可以通过签订合同将建筑工程项目寿命期内有关活动委托给相应的专业承包单位或专业机构,如工程勘察、工程设计、工程施工、设备和材料供应、工程咨询(可行性研究、技术咨询)与项目管理服务等,从而涉及众多合同关系,包括施工承包合同、勘察设计合同、材料采购合同、工程咨询合同、项目管理合同、贷款合同、工程保险合同等。业主的主要合同关系如图 2-1 所示。

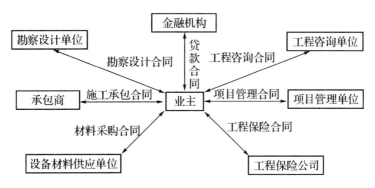

图 2-1　业主的主要合同关系

2. 承包方的主要合同关系

承包方作为工程承包合同的履行者,也可以通过签订合同将工程承包合同中所确定的工程设计、施工、设备材料采购等部分任务委托给其他相关单位来完成,承包方的主要合同关系包括施工分包合同、材料采购合同、运输合同、加工合同、租赁合同、劳务分包合同、保险合同等。承包方的主要合同关系如图 2-2 所示。

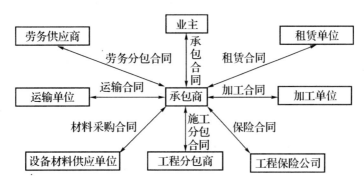

图 2-2　承包方的主要关系图

 **知识拓展**

FIDIC 简介

FIDIC 是国际咨询工程师联合会的法文名字缩写。FIDIC 是由欧洲三个国家的咨询工程师协会于 1913 年成立的。总部设在瑞士洛桑,2002 年迁往日内瓦,是最具权威性的咨询工程师组织。组建联合会的目标是共同促进成员协会的行业利益,以及向成员协会传播他们感兴趣的信息。中国于 1996 年正式加入。

如今,FIDIC 的成员来自于全球各个地区的六十多个国家,代表着全世界大多数私营的咨询工程师。

FIDIC 举办各类研讨会、会议及其他活动,目的在于实现其行业目标:坚持高水平的道德和职业标准;交流观点和信息;讨论成员协会和国际金融机构代表共同关心的问题;以及促进发展中国家工程咨询业的发展。

FIDIC 的出版物包括:各类会议和研讨会的论文集,为咨询工程师、项目业主和国际发展机构提供的信息,资格预审标准格式,合同文件以及客户与咨询单位协议书。

FIDIC 的各专业委员会编制了一系列规范性合同条件,构成了 FIDIC 合同条件体系。1999 年,FIDIC 又出版了 4 份新的合同条件:施工合同条件(简称"新红皮书")、永久设备和设计—建造合同条件(简称"新黄皮书")、EPC 交钥匙项目合同条件(简称"银皮书")和合同的简短格式。

2.2 建筑工程项目招标与投标

2.2.1 建设工程招标投标概述

(一)建设工程招标投标概述

招标与投标,实际上是一种商品交易方式。这种交易方式的成本比较高,但具有很强的竞争性。通过竞争,发包方或买受人在得到质量、期限等保证的同时,享受优惠的价格,当交易数量大到一定规模时,较高的交易成本就可忽略不计,因此在工程项目承发包和大宗物资的交易中应用十分广泛。特别是建设工程的发包,我国的法律法规明确规定除不宜招标的工程项目外,都应当实行招标发包。

我国从 20 世纪 80 年代初开始逐步实行招标投标制度。目前大量的经常性的招标投标业务主要集中在工程建设、机械成套设备、进口机电设备、利用国外贷款等方面,其中又以工程建设为最。

建设工程招标投标是在市场经济条件下,在工程承包市场中围绕建设工程这一特殊商品而进行的一系列特殊交易活动(可行性研究、勘察设计、工程施工、材料设备采购等)。

建设工程招标投标是引入竞争机制订立合同(契约)的一种法律形式。它是指招标人对工程建设、货物买卖、劳务承担等交易业务,事先公布选择分派的条件和要求,招引他人承接,若干或众多投标人做出愿意参加业务承接竞争的意思表示,招标人按照规定的程序和办法择优选定中标人的活动。按照我国有关规定,招标投标的标的,即招标投标有关各方当事人权利和义务所共同指向的对象,包括工程、货物、劳务等。

(二)建设工程招标投标的分类

建设工程招标投标的类型很多,按照不同的标准可作下列分类。

1. 按照工程建设程序分类

按照工程建设程序的不同,建设工程招标投标可以分为以下几类:

(1)建设项目可行性研究招标投标:对建设项目的可行性研究任务进行的招标投标。中标的承包方要根据中标的条件和要求,向发包方提供可行性研究报告,并对其负责。承包方提供的可行性研究报告,应获得发包方的认可。

(2)工程勘察设计招标投标:对工程建设项目的勘察设计任务进行的招标投标。中标的承包方要根据中标的条件和要求,向发包方提供勘察设计成果,并对其负责。

(3)材料设备采购招标投标:对建设项目所需的建筑材料和设备(如电梯、锅炉、空调等)采购任务进行的招标投标。

(4)施工招标投标:对建设工程项目的施工任务进行的招标投标。中标的承包方必须根据中标的条件和要求提供建筑产品。

2. 按照工程建设项目的构成分类

按照工程建设项目构成的不同,建设工程招标投标可以分为如下几类:

(1)全部工程招标投标:对一个工程建设项目的全部工程进行的招标投标。

(2)单项工程招标投标:对一个工程建设项目中所包含的若干单项工程进行的招标投标。

(3)单位工程招标投标:对一个单项工程所包含的若干单位工程进行的招标投标。

(4)分部工程招标投标:对一个单位工程(如土建工程)所包含的若干分部工程(如土石方工程、深基坑工程、楼地面工程、装饰工程等)进行的招标投标。

(5)分项工程招标投标:对一个分部工程(如土石方工程)所包含的若干分项工程进行的招标投标。

3. 按工程承包的范围分类

(1)项目总承包招标:分为两种类型,一种是工程项目实施阶段的全过程招标;一种是工程项目全过程招标。

前者是在设计任务书已经审完,从项目勘察、设计到交付使用进行一次性招标。后者是从项目的可行性研究到交付使用进行一次性招标,业主提供项目投资和使用要求及竣工、交付使用期限,其可行性研究、勘察设计、材料和设备采购、施工安装、职工培训、生产准备和试生产、交付使用都由一个总承包人负责承包,即所谓交钥匙工程。

(2)专项工程承包招标:在对工程承包招标中,对其中某项比较复杂,或专业性强,施工和制作要求特殊的单项工程单独进行招标。

(三)工程项目招标投标应遵循的原则

《中华人民共和国招标投标法》(简称《招标投标法》)规定:"招标投标活动应当遵循公开、公平、公正和诚实信用的原则。"

1. 公开原则

公开原则,即要求建设工程招标投标活动具有较高的透明度。

2. 公平原则

公平原则是指所有当事人和中介机构在建设工程招标投标活动中,享有均等的机会,具有同等的权利,履行相应的义务,任何一方都不受歧视。

3. 公正原则

公正原则是指在建设工程招标投标活动中,按照同一标准实事求是地对待所有的当事人和中介机构。

4. 诚实信用原则

诚实信用原则简称诚信原则,是指在建设工程招标投标活动中,当事人和有关中介机构应当以诚相待、讲求信义、实事求是,做到言行一致、遵守诺言、履行成约,自觉维护市场经济的正常秩序。

2.2.2 建筑工程施工招标

(一)建筑工程招标的概念

建筑工程招标是指招标人率先提出工程的条件和要求,发布招标广告吸引或直接邀请众多投标人自愿参加投标,并按照规定程序从中选择中标人的行为,如勘察招标、设计招标、工程监理招标、施工招标等。建筑工程招标的程序见图2-3所示。

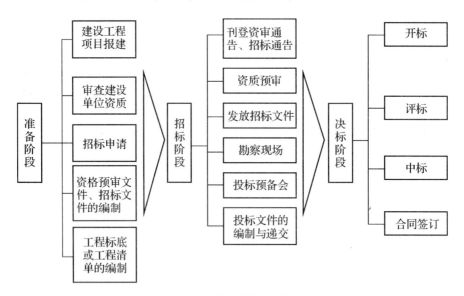

图2-3 建筑工程招标的程序

(二)建筑工程施工招标的必备条件

(1)招标人已经依法成立。

(2)初步设计及概算应当履行审批手续的,已经批准。

(3)招标范围、招标方式和招标组织形式等应当履行核准手续的,已经核准。

(4)有相应资金或资金来源已经落实。

(5)有招标所需的设计图纸及技术资料。

（三）建筑工程招标的范围和规模标准

1. 建筑工程招标的范围

大型基础设施、公用事业等关系社会公告利益、公众安全的项目；全部或部分使用国有资金投资或者国家融资的项目；使用国际组织或外国政府贷款、援助资金的项目；法律和行政法规规定的其他项目。

2. 建筑工程招标的规模标准（额度）

施工单项合同估算价在 200 万元人民币以上的；重要设备、材料等货物的采购，单项合同估算价在 100 万元以上的；勘察、设计、监理等服务，单项合同估算价在 50 万元以上的；单项合同估算价低于前三项规定的标准，但总投资额在 3 000 万元人民币以上的项目，也必须进行招标；各省可以根据实际情况，自行规定本地区必须进行工程招标的具体范围和规模标准，但不得缩小国家规定的必须进行工程招标的范围和规模。

（四）建筑工程招标的方式（竞争程度）

1. 公开招标

公开招标亦称无限竞争性招标，是指招标人以招标公告的方式邀请不特定的法人或者其他组织投标。建筑工程项目一般应采用公开招标方式。

优点：投标的承包商多、范围广、竞争激烈，业主有较大的选择余地，有利于降低工程造价，提高工程质量和缩短工期。

缺点：由于投标的承包商多，招标工作最大，组织工作复杂，需投入较多的人力、物力，招标过程所需时间较长。

因而，此类招标方式主要适用于投资额度大，工艺、结构复杂的较大型工程建设项目。

注意：招标公告应当载明招标人的名称、地址；招标项目的性质和数量；招标项目实施的地点和时间；获取招标文件的办法等。

2. 邀请招标

邀请招标亦称有限招标，是指招标人以投标邀请书的方式邀请特定的法人或者其他组织投标。

邀请招标的基本特点是以投标邀请书的方式邀请指定的法人或者其他组织投标。采用这种招标方式不发布公告，招标人根据自己的经验和所掌握的各种信息资料，向具备承担该项工程施工能力、资信良好的三个以上承包人发出投标邀请书，收到邀请书的单位参加投标，即不公开刊登公告而直接邀请某些单位投标。

有下列情形之一的，经批准可以进行邀请招标：

（1）项目技术复杂或有特殊要求，只有少量几家潜在投标人可供选择的。

（2）受自然地域环境限制的。

（3）涉及国家安全、国家秘密或者抢险救灾，适宜招标但不宜公开招标的。

（4）拟公开招标的费用与项目的价值相比，不值得的。

（5）法律、法规规定不宜公开招标的。

（五）招标文件的编制

1. 招标文件的内容

工程名称、地址、占地面积、建筑面积等；已批准的项目建议书或者可行性研究报告；

工程经济技术要求;城市规划管理部门确定的规划控制条件和用地红线图;可供参考的工程地质、水文地质、工程测量等建设场地勘察成果报告;供水、供电、供气、供热、环保、市政道路等方面的基础资料;招标文件答疑、踏勘现场的时间和地点;投标文件编制要求及评标原则;投标文件送达的截止时间;拟签订合同的主要条款;未中标方案的补偿办法。

2. 工程建设项目施工招标文件

一般包括下列内容:投标邀请书;投标人须知;合同主要条款;投标文件格式;采用工程量清单招标的,应当提供工程量清单;技术条款;设计图纸;评标标准和方法;投标辅助材料。

3. 招标时限规定

招标人应当确定投标人编制投标文件所需要的合理时间;但是,依法必须进行招标的项目,自招标文件开始发出之日起至投标人提交投标文件截止之日止,最短不得少于 20 日。

(六) 资格预审

在公开招标和邀请招标的程序中,均需对"投标人"进行资格审查,不同的是在公开招标中,要预先发售资格预审文件以进行资格预审,而在邀请招标中,虽不进行资格预审,但实际上在评标过程中仍然要对投标人进行资格审查,相对公开招标而言,称为资格后审。

(七) 招标文件的澄清与修改

(1) 招标人对已发出的招标文件进行必要的澄清或者修改的,应当在招标文件要求提交投标文件截止时间至少 15 日前,以书面形式通知所有招标文件收受人。该澄清或者修改的内容,为招标文件的组成部分。

(2) 招标人应保管好证明澄清或修改通知已发出的有关文件(如邮件回执等);投标单位在收到澄清或修改通知后,应书面予以确认,该确认书双方均应妥善保管。

(八) 开标

1. 开标的时间和地点

开标应当在招标文件确定的提交投标文件截止时间的同一时间公开进行;开标地点应当为招标文件中确定的地点。

2. 废标的条件

(1) 逾期送达或者未送达指定地点的。

(2) 未按招标文件要求密封的。

(3) 无单位盖章并无法定代表人或法定代表人授权的代理人签字或盖章的。

(4) 未按规定的格式填写,内容不全或关键字迹模糊、无法辨认的。

(5) 投标人递交两份或多份内容不同的投标文件,或在一份投标文件中对同一招标项目报有两个或多个报价,且未声明哪一个有效(按招标文件规定提交备选投标方案的除外)。

(6) 投标人名称或组织机构与资格预审时不一致的。

(7) 未按招标文件要求提交投标保证金的。

(8) 联合体投标未附联合体各方共同投标协议的。

(九) 评标

1. 评标的准备与初步评审工作

评标的准备与初步评审工作包括:编制表格,研究招标文件;投标文件的排序和汇率风险的承担；投标文件的澄清、说明或补正；废标处理；投标偏差；有效投标不足的法律后果。

2. 详细评审内容

详细评审内容包括：确定评标方法（最低投标价法、综合评价法、法律或行政法规允许的其他评标方法）；备选标的确定；决定招标项目是否作为一个整体合同授予中标人；决定投标有效期可否延长。

3. 评标报告内容

评标报告内容包括：基本情况和数据表；评标委员会成员名单；开标记录；符合要求的投标一览表；废标情况说明；评标标准；评标方法或者评标因素一览表；经评审的价格或者评分比较一览表；经评审的投标人排序；推荐的中标候选人名单与签订合同前要处理的事宜；澄清、说明、补正事项纪要。

4. 推荐中标候选人

评标委员会推荐的中标候选人应当限定在 1～3 人，并标明排列顺序。中标人的投标应当符合下列条件之一：能够最大限度地满足招标文件中规定的各项综合评价标准；能够满足招标文件的实质性要求，并且经评审的投标价格最低；但是投标价格低于成本的除外。

（十）中标

1. 确定中标的时间

评标委员会提出书面评标报告后，招标人一般应当在 15 日内确定中标人，但最迟应当在投标有效期结束日前 30 个工作日内确定。

2. 发出中标通知书

（1）招标人和中标人应当自中标通知书发出之日起 30 日内，按照招标文件和中标人的投标文件订立书面合同。

（2）中标人应按照招标人要求提供履约保证金或其他形式履约担保，招标人也应当同时向中标人提供工程款支付担保。

（3）招标人与中标人签订合同后 5 个工作日内，应当向中标人和未中标的投标人退还投标保证金。

3. 招标投标情况的书面报告

（1）依法必须进行施工招标的项目，招标人应当自发出中标通知书之日起 15 日内，向有关行政监督部门提交招标投标情况的书面报告。

（2）书面报告应包括下列内容：招标范围；招标方式和发布招标公告的媒介；招标文件中投标人须知、技术条款、评标标准和方法、合同主要条款等内容；评标委员会的组成和评标报告；中标结果。

2.2.3　建筑工程施工投标

（一）建筑工程投标的概念

建筑工程投标是指投标人在同意招标人拟订好的招标文件的前提下，对招标项目提出自己的报价和相应条件，通过竞争，以求获得招标项目的行为。

（二）建筑工程投标程序（图 2-4）

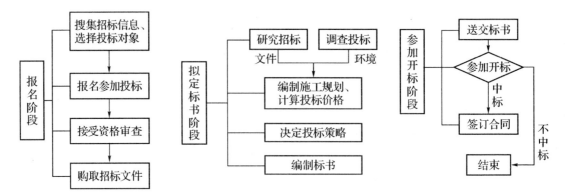

图 2-4　建筑工程投标程序

1. 编制投标文件

（1）步骤。结合现场踏勘和投标预备会的结果，进一步分析招标文件；校核招标文件中的工程量清单；根据工程类型编制施工规划或施工组织设计，根据工程价格构成进行工程估价，确定利润方针，计算和确定报价；形成投标文件；进行投标担保。

（2）投标文件一般包括下列内容：投标函；投标报价；施工组织设计；商务和技术偏差表。

（3）投标担保。招标人可以在招标文件中要求投标人提交投标保证金，投标保证金除现金外，也可以是银行出具的银行保函、保兑支票、银行汇票或现金支票。

2. 投标文件的送达

（1）投标人应当在招标文件要求提交投标文件的截止时间前，将投标文件密封送达投标地点。

（2）投标人在招标文件要求提交投标文件的截止时间前，可以补充、修改或者撤回已提交的投标文件，并书面通知招标人。补充、修改的内容为投标文件的组成部分。

（3）在提交投标文件截止时间后到招标文件规定的投标有效期终止前，投标人不得补充、修改、替代或者撤回其投标文件。投标人补充、修改、替代投标文件的，招标人不予接受；投标人撤回投标文件的，其投标保证金将被没收。没收投标保证金的几种情形：

①投标单位在投标有效期内撤回其投标文件。

②中标单位未在规定期限内提交履约保证金。

③中标单位未在规定期限内签订合同。

3. 有关投标人的法律禁止性规定

（1）禁止投标人之间串通投标

①投标人之间相互约定抬高或压低投标报价。

②投标人之间相互约定，在招标项目中分别以高、中、低价位报价。

③投标人之间先进行内部竞价，内定中标人，然后再参加投标。

④投标人之间其他串通投标报价的行为。

（2）禁止投标人与招标人之间串通投标

①招标人在开标前开启投标文件，并将投标情况告知其他投标人，或者协助投标人撤换投标文件，更改报价。

②招标人向投标人泄露标底。

③招标人与投标人商定，投标时压低或抬高标价，中标后再给投标人或招标人额外补偿。

④招标人预先内定中标人。

（3）其他串通投标行为

①投标人不得以行贿的手段谋取中标。

②投标人不得以低于成本的报价竞标。

③投标人不得以非法手段骗取中标。

（4）其他禁止行为

①非法挂靠或借用其他企业的资质证书参加投标。

②投标文件中故意在商务上和技术上采用模糊的语言骗取中标，中标后提供低档劣质货物、工程或服务。

③投标时递交假业绩证明、资格文件；假冒法定代表人签名，私刻公章，递交假的委托书等。

应用案例 2-2

1. 背景

某市政工程项目由政府投资建设，建设单位委托某招标代理公司代理施工招标。招标代理公司确定该项目采用公开招标方式招标；招标公告仅在当地政府规定的招标信息网上发布；招标文件对省内的投标人与省外的投标人提出了不同的要求；招标文件中规定：投标担保可采用投标保证金或投标保函方式担保。评标方法采用经评审的最低投标价法，投标有效期为60日。

项目施工招标信息发布以后，共有12个潜在投标人报名参加投标。为减少评标工作量，建设单位要求招标代理公司对潜在投标人的资质条件、业绩进行资格审查。

开标后发现：

A 投标人的投标报价为 8 000 万元，为最低投标价。

B 投标人在开标后又提交了一份补充说明，可以降价 5%。

C 投标人提交的银行投标保函有效期为 50 日。

D 投标人投标文件的投标函盖有企业及企业法定代表人的印章，没有项目负责人的印章。

E 投标人与其他投标人组成了联合体投标，附有各方资质证书，没有联合体共同投标协议书。

F 投标人的投标报价最高，故 F 投标人在开标后第二天撤回其投标文件。

经过标书评审：A 投标人被确定为第一中标候选人。发出中标通知书后，招标人和 A 投标人进行合同谈判，希望 A 投标人能再压缩工期、降低费用。经谈判后双方达成一致：

不压缩工期,降价 3%。

2. 问题

(1) 本工程项目招标公告和招标文件有无不妥之处? 给出正确做法。

(2) 建设单位要求招标代理公司对潜在投标人进行资格审查是否正确? 为什么?

(3) A、B、C、D、E 投标人投标文件是否有效? F 投标人撤回投标文件的行为应如何处理?

(4) 项目施工合同如何签订? 合同价格应是多少?

3. 案例分析

(1)"招标公告仅在当地政府规定的招标信息网上发布"不妥,公开招标项目的招标公告,必须在指定媒介发布,任何单位和个人不得非法限制招标公告的发布地点和发布范围。

"对省内的投标人与省外的投标人提出了不同的要求"不妥,公开招标应当平等地对待所有的投标人,不允许对不同的投标人提出不同的要求。

(2) 建设单位提出的对潜在投标人的资质条件、业绩进行资格审查不正确。因为资质审查的内容还应包括:①信誉;②技术;③拟投入人员;④拟投入机械;⑤财务状况等。

(3) A 投标人的投标文件有效。

B 投标人的投标文件(或原投标文件)有效。但补充说明无效,因开标后投标人不能变更(或更改)投标文件的实质性内容。

C 投标人投标文件无效,因投标保函有效期小于投标有效期。

D 投标人投标文件有效。

E 投标人投标文件无效。因为组成联合体投标的,投标文件应附联合体各方共同投标协议。

F 投标人的投标文件有效。

对 F 单位撤回投标文件的要求,应当没收其投标保证金。因为,投标行为是一种要约,在投标有效期内撤回其投标文件的,应当视为违约行为。

(4) 该项目应自中标通知书发出后 30 日内按招标文件和 A 投标人的投标文件签订书面合同,双方不得再签订背离合同实质性内容的其他协议。合同价格应为 8 000 万元。

2.3　建筑工程项目合同管理

2.3.1　建筑工程项目施工合同的订立

(一) 施工合同订立的原则

施工合同的订立应该遵循合同订立的一般原则,下面是订立施工合同的原则。

1. 遵守国家法律、法规和国家计划原则

订立施工合同,必须遵守国家法律、法规,也应遵守国家的固定资产投资计划和其他计划(如贷款计划等)。具体合同订立时,不论是合同的内容、程序还是形式都不得违法。除了需遵守国家法律、法规外,考虑到建筑工程施工对经济发展、社会生活有多方面的影响,国家还对建筑工程施工制定了许多强制性的管理规定,施工合同当事人订立合同时也都必须遵守。

2. 平等、自愿、公平原则

签订施工合同的双方当事人,具有平等的法律地位,任何一方都不得强迫对方接受不平等的合同条件,合同内容应当是双方当事人的真实意思表示。合同的内容应当是公平的,不能单纯损害一方的利益。对于显失公平的合同,当事人一方有权申请人民法院或者仲裁机构予以变更或者撤销。

3. 诚实信用原则

诚实信用原则要求合同的双方当事人订立施工合同时要诚实,不得有欺诈行为。合同当事人应当如实将自身和工程的情况介绍给对方。在履行合同时,合同当事人要守信用,严格履行合同。

4. 等价有偿原则

等价有偿原则要求合同双方当事人在订立和履行合同时,应该遵循社会主义市场经济的基本规律,等价有偿地进行交易。

5. 不损害社会公众利益和扰乱社会经济秩序原则

合同双方当事人在订立、履行合同时,不能扰乱社会经济秩序,不能损害社会公众利益。

(二)《建筑工程施工合同(示范文本)》简介

1.《建筑工程施工合同(示范文本)》的组成

《建筑工程施工合同(示范文本)》(简称《示范文本》)由合同协议书、通用合同条款和专用合同条款三部分组成,并附有附件,如附件一是《承包人承揽工程项目一览表》,附件二是《发包人供应材料设备一览表》,附件三是《工程质量保修书》,等等。

(1)合同协议书

合同协议书是《建筑工程施工合同(示范文本)》中总纲性的文件,是业主与承包方依照《中华人民共和国合同法》《中华人民共和国建筑法》及其他有关法律、行政法规,遵循平等、自愿、公平和诚实信用的原则,就建筑工程施工中最重要的事项协商一致而订立的协议。虽然其文字量并不大,但它规定了合同当事人双方最主要的权利、义务,规定了组成合同的文件及合同当事人对履行合同义务的承诺,并且合同双方当事人要在这份文件上签字盖章,因此具有很高的法律效力。

《示范文本》合同协议书共计 13 条,主要包括:工程概况、合同工期、质量标准、签约合同价和合同价格形式、项目经理、合同文件构成、承诺以及合同生效条件等重要内容,集中约定了合同当事人基本的合同权利义务。

(2)通用合同条款

通用合同条款是合同当事人根据《中华人民共和国建筑法》、《中华人民共和国合同法》等法律法规的规定,就工程建设的实施及相关事项,对合同当事人的权利义务作出的原则性约定。

通用合同条款共计 20 条,具体条款分别为:一般约定、发包人、承包人、监理人、工程质量、安全文明施工与环境保护、工期和进度、材料与设备、试验与检验、变更、价格调整、合同价格、计量与支付、验收和工程试车、竣工结算、缺陷责任与保修、违约、不可抗力、保险、索赔和争议解决。前述条款安排既考虑了现行法律法规对工程建设的有关要求，也考虑了建设工程施工管理的特殊需要。

（3）专用合同条款

专用合同条款是对通用合同条款原则性约定的细化、完善、补充、修改或另行约定的条款。合同当事人可以根据不同建设工程的特点及具体情况，通过双方的谈判、协商对相应的专用合同条款进行修改补充。

（4）附件

《建筑工程施工合同(示范文本)》的附件则是对施工合同当事人的权利、义务的进一步明确，并且使施工合同当事人的有关工作一目了然，便于执行和管理。

2. 施工合同文件的组成及解释顺序

《建筑工程施工合同(示范文本)》规定了施工合同文件的组成及解释顺序。组成建筑工程施工合同的文本包括：

（1）施工合同协议书；

（2）中标通知书；

（3）投标书及其附件；

（4）施工合同专用条款；

（5）施工合同通用条款；

（6）标准、规范及有关技术文件；

（7）图纸；

（8）工程量清单；

（9）工程报价单或预算书。

双方有关工程的洽商、变更等书面协议或文件均视为施工合同的组成部分。上述合同文件应能够互相解释、互相说明。当合同文件中出现不一致时，上面的顺序就是合同的优先解释顺序。当合同文件出现含混不清或者当事人有不同理解时，按照合同争议的解决方式处理。

 **知识拓展**

施工合同示范文本

2013 年，2013 版《建设工程施工合同(示范文本)》(GF—2013—0201)已由住建部、国家工商总局于 2013 年联合发布使用，于 7 月 1 日正式执行，原《建设工程施工合同(示范文本)》(GF—1999—0201)同时废止。

我国的《建设工程施工合同》借鉴了国际上广泛使用的 FIDIC 土木工程施工合同条款，主要由合同协议书、通用合同条款和专用合同条款三部分组成，并附有附件，如《承包人承揽工程项目一览表》、《发包人供应材料设备一览表》、《工程质量保修书》，等等。

2003 年发布的《建设工程施工专业分包合同(示范文本)》(GF—2003—0213)，由协议书、通用条款和专业条款 3 部分组成,主要适用于施工专业分包合同。

2003 年发布的《建设工程施工劳务分包合同(示范文本)》(GF—2003—0214),其规范了劳务分包合同的主要内容。

(三)施工合同订立的程序

1. 要约

(1)要约及其有效的条件。要约是希望和他人订立合同的意思表示。要约应当符合如下规定:

①内容具体确定;

②表明经受要约人承诺,要约人即受该意思表示约束。

(2)要约的生效。要约到达受要约人时生效。如采用数据电文形式订立合同,收件人指定特定系统接收数据电文的,该数据电文进入该特定系统的时间,视为到达时间;未指定特定系统的,该数据电文进入收件人的任何系统的首次时间,视为到达时间。

2. 承诺

承诺是受要约人同意要约的意思表示。除根据交易习惯或者要约表明可以通过行为作出承诺的之外,承诺应当以通知的方式作出。

3. 合同的成立

承诺生效时合同成立,即中标通知书发出后,承包方和发包方就完成了合同缔结过程,中标的施工企业应当与建设单位及时签订合同。依据《招标投标法》和《工程建设施工招标投标管理办法》的规定,中标通知书发出 30 天内,中标单位应与建设单位依据招标文件、投标书等签订工程承发包合同。投标书中已确定的合同条款在签订时不得更改,合同价应与中标价相一致。如果中标的施工企业拒绝与建设单位签订合同,则投标保函出具者应当承担相应的保证责任,建设行政主管部门或其授权机构还可以给予一定的行政处罚。

 应用案例 2 - 3

1. 背景

某建筑公司急需水泥,其基建处遂向本省的甲水泥厂、乙水泥厂和丙水泥厂发出函电。函电中称:"我公司急需标号为 425 型号的水泥 100 t,如贵厂有货,请速来函电,我公司愿派人前往购买。"

三家水泥厂在收到函电后,都先后向建筑公司回复了函电,在函电中告知备有现货,注明了水泥价格。甲水泥厂在发出函电的同时,派车给建筑公司送去了 50 t。在该批水泥送达之前,建筑公司得知乙水泥厂所产的水泥质量较好,且价格合理,于是向乙水泥厂发去函电:"我公司愿购买贵厂 100 t 425 型号水泥,盼速发货,运费由我公司负担。"在发出函电后的第二天上午,乙水泥厂发函称已准备发货;下午,甲水泥厂将 50 t 水泥送到。

2. 问题

(1)建筑公司向三家水泥厂分别发函的行为,在合同法上属于什么行为?

（2）三家水泥厂回函的行为是什么行为？

（3）建筑公司是否应该接受甲水泥厂的水泥？

（4）建筑公司第二次向乙水泥厂发函后，双方是否构成合同关系？

3. 案例分析

（1）要约邀请。

（2）要约。

（3）不一定。

（4）是。

（四）施工合同谈判

合同谈判是为实现某项交易并使之达成契约的谈判。采用招标投标方式订立合同的，合同谈判主要将双方已达成的协议具体化或对某些非实质性的内容进行增补与删改。在合同谈判中，应解决的主要问题包括以下几个方面：

1. 工程内容和范围的确认

对于在谈判讨论中经双方确认的内容及范围方面的修改或调整，应和其他所有在谈判中双方达成一致的内容一样，以文字方式确定下来，并以"合同补遗"或"会议纪要"的方式作为合同附件并说明它构成合同的一部分。

2. 合同价格条款

合同依据计价方式的不同主要有总价合同、单价合同和成本加酬金合同，在谈判中根据工程项目的特点加以确定所采取的合同计价方式。

价格调整和合同单价及合同总价共同确定了工程承包合同的实际价格，直接影响着承包方的经济利益。在建筑工程实践中，承包方在合同谈判阶段务必对合同的价格调整条款予以充分的重视。

3. 合同款支付方式的条款

工程合同的付款分四个阶段进行，即预付款、工程进度款、最终付款和退还保留金，谈判时应明确合同款的支付方式。

4. 关于工期和维修期

承包方首先应根据投标文件中自己填报的工期及考虑工程量的变动而产生的影响，与业主最后确定工期。

（五）分包合同订立

我国《建筑法》第二十九条规定："建筑工程总承包单位可以将承包工程中的部分工程发包给具有相应资质条件的分包单位。"专业工程分包，是指施工总承包企业将其所承包工程中的专业工程发包给具有相应资质的其他建筑企业完成的活动。工程分包合同是指承包方为将工程承包合同中某些专业工程施工交由另一承包方（分包方）完成而与其签订的合同。建筑工程总承包单位可以将承包工程中的部分工程发包给具有相应资质条件的分包单位；但是，除总承包合同中约定的分包外，必须经建设单位认可。

1. 分包目的

分包在工程中较频繁出现，总承包方进行工程分包的目的主要有以下几种：

（1）技术上的需要。总承包方不可能也不必具备总承包合同工程范围内的所有专业工程的施工能力，通过分包的形式可以弥补总承包方技术、人力、设备、资金等方面的不足，同时总承包方又可通过这种形式扩大经营范围，承接自己不能独立承担的工程。

（2）经济上的目的。对有些分项工程，如果总承包方自己承担会亏本，而将它分包出去，让报价低同时又有能力的分包方承担，总承包方不仅可以避免损失，而且可以取得一定的经济效益。

（3）转嫁或减少风险。通过分包，可以将总包合同的风险部分地转嫁给分包方。这样，大家共同承担总承包合同风险，提高工程经济效益。·

（4）业主的要求。业主指令总承包方将一些分项工程分包出去，在国际工程中，一些国家规定，外国总承包方承接工程后必须将一定量的工程分包给本国承包方，或工程只能由本国承包方承接，外国承包方只能分包。这是对本国企业的一种保护措施。

2．关于分包的法律禁止性规定

法律禁止的违法分包行为如下：

（1）总承包单位将建筑工程分包给不具备资质条件或超越自身资质条件的单位。

（2）总承包合同未有约定，又未经建设单位认可，承包单位将承包的部分工程分包。

（3）施工总承包单位将建筑工程的主体结构分包给其他单位。

（4）转包、挂靠。

 **知识拓展**

分包与转包

分包是指从事工程总承包的单位将所承包的建设工程的一部分依法发包给具有相应资质的承包单位的行为，该总承包人并不退出承包关系，其与第三人就第三人完成的工作成果向发包人承担连带责任。

合法的分包需满足以下几个条件：

（1）分包必须取得发包人的同意。

（2）分包只能是一次分包，即分包单位不得再将其承包的工程分包出去。

（3）分包必须是分包给具备相应资质条件的单位。

（4）总承包人可以将承包工程中的部分工程发包给具有相应资质条件的分包单位，但不得将主体工程分包出去。

转包则指承包人在承包工程后，又将其承包的工程建设任务转让给第三人，转让人退出承包关系，受让人成为承包合同的另一方当事人的行为。

常见的转包行为有两种形式：一种是承包单位将其承包的全部建设工程转包给别人；另一种是承包单位将其承包的全部建设工程肢解以后以分包的名义分别转包给他人即变相的转包。

在实践中，转包行为具有很大的危害性。一些单位将其承包的工程压价转包给他人，从中牟取不正当利益，形成"层层转包、层层扒皮"的现象，最后实际用于工程建设的费用大为减少,导致严重偷工减料;一些建设工程转包后落入不具备相应资质条件的包工队中,留下严重的工程质量隐患,甚至造成重大质量事故。再者,承包人擅自将其承包的工程项目转包,破坏了合同关系应有的稳定性和严肃性。由于转包容易使不具有相应资质的承包者进行工程建设,以致造成工程质量低下、建设市场混乱,所以我国法律、行政法规均作了禁止转包的规定。

2.3.2　建筑工程项目施工合同的实施

施工合同各项内容的实施主要体现在双方各自权利的实现及对各自义务的完全履行。

（一）施工合同内容的实施

1. 合同双方主要工作

（1）业主的主要工作。根据《专用合同条款》约定的内容和时间,业主应分阶段或一次完成以下工作:

①办理土地征用、拆迁补偿、平整施工场地等工作,使施工场地具备施工条件,并在开工后继续解决以上事项的遗留问题。

②将施工所需水、电、通信线路从施工场地外部接至《专用合同条款》约定地点,并保证施工期间需要。

③开通施工场地与城乡公共道路的通道,以及《专用合同条款》约定的施工场地内的主要交通干道,满足施工运输的需要,保证施工期间的畅通。

④向承包方提供施工场地的工程地质和地下管线资料,保证数据真实,位置准确。

⑤办理施工许可证和临时用地、停水、停电、中断道路交通、爆破作业以及可能损坏道路、管线、电力、通信等公共设施法律、法规规定的申请批准手续及其他施工所需的证件（证明承包方自身资质的证件除外）。

⑥确定水准点与坐标控制点,以书面形式交给承包方,并进行现场交验。

⑦组织承包方和设计单位进行图纸会审和设计交底。

⑧协调处理施工现场周围地下管线和邻近建筑物、构筑物（包括文物保护建筑）、古树名木的保护工作,并承担有关费用。

⑨业主应做的其他工作,双方在《专用合同条款》内约定。

业主可以将上述部分工作委托承包方办理,具体内容由双方在《专用合同条款》内约定,其费用由业主承担。

（2）承包方主要工作。承包方按《专用合同条款》约定的内容和时间完成以下工作:

①根据业主的委托,在其设计资质允许的范围内,完成施工图设计或与工程配套的设计,经工程师确认后使用,发生的费用由业主承担。

②向工程师提供年、季、月工程进度计划及相应进度统计报表。

③按工程需要提供和维修非夜间施工使用的照明、围栏设施,并负责安全保卫。

④按《专用合同条款》约定的数量和要求,向业主提供在施工现场办公和生活的房屋及设施,发生费用由业主承担。

⑤遵守有关部门对施工场地交通、施工噪声以及环境保护和安全生产等的管理规定,

按管理规定办理有关手续,并以书面形式通知业主。业主承担由此发生的费用,因承包方责任造成的罚款除外。

⑥已竣工工程未交付业主之前,承包方按《专用合同条款》约定负责已完工程的成品保护工作,保护期间发生损坏,承包方自费予以修复。要求承包方采取特殊措施保护的单位工程的部位和相应追加合同价款,在《专用合同条款》内约定。

⑦按《专用合同条款》的约定做好施工现场地下管线和邻近建筑物、构筑物(包括文物保护建筑)、古树名木的保护工作。

⑧保证施工场地清洁符合环境卫生管理的有关规定。交工前清理现场达到《专用合同条款》约定的要求,承担因自身原因违反有关规定造成的损失和罚款。

⑨承包方应做的其他工作,双方在《专用合同条款》内约定。

承包方不履行上述各项义务,造成业主损失的,应对业主的损失给予赔偿。

2. 施工合同履行的主要规则

根据我国《合同法》的规定,履行施工合同应遵循以下共性规则:

(1) 履行施工合同应遵循的原则:

①全面履行原则。

②诚实信用原则。

(2) 合同有关内容没有约定或者约定不明确问题的处理。合同生效后,当事人就质量、价款或者报酬、履行地点等内容没有约定或者约定不明确的,可以协议补充;不能达成补充协议的,按照合同有关条款或者交易习惯确定。

依照上述基本原则和方法仍不能确定合同有关内容的,应当按照以下方法处理:

①质量要求不明确问题的处理方法。质量要求不明确的,按照国家标准、行业标准履行;没有国家标准、行业标准的,按照通常标准或者符合合同目的的特定标准履行。

②价款或者报酬不明确问题的处理方法。价款或者报酬不明确的,按照订立合同时履行地的市场价格履行;依法应当执行政府定价或者政府指导价的,在合同约定的交付期限内政府价格调整时,按照交付时的价格计价。逾期交付标的物的,遇价格上涨时,按照原价格执行;价格下降时,按照新价格执行。逾期提取标的物或者逾期付款的,遇价格上涨时,按照新价格执行;价格下降时,按照原价格执行。

③履行地点不明确问题的处理方法。履行地点不明确,给付货币的,在接受货币一方所在地履行;交付不动产的,在不动产所在地履行;其他标的,在履行义务一方所在地履行。

④履行期限不明确问题的处理方法。履行期限不明确的,债务人可以随时履行,债权人也可以随时要求履行,但应当给对方必要的准备时间。

⑤履行方式不明确问题的处理方法。履行方式不明确的,按照有利于实现合同目的的方式履行。

⑥履行费用的负担不明确问题的处理方法。履行费用的负担不明确的,由履行义务一方负担。

(二) 分包合同有关各方关系处理

根据我国《建筑法》的有关规定,建设单位对建设项目公开招标的前提下,可以将允许分包的建筑工程中的部分在总承包合同中约定分包给具有相应资质条件的分包单位;分包合同依法成立后,总承包单位按照承包合同的约定对建设单位负责;分包单位按照分包合同约定对总承包单位负责。总承包单位和分包单位就分包工程对建设单位承担连带责任。总承包单位对建筑工程的工程质量、工程进度、安全生产、工程竣工验收、工程资料备案、工程综合验收资料要全面负责。总承包单位对发包方事先在总承包工程合同中约定的分包单位、自己分包的建筑工程均要承担工程质量、安全生产等责任。

2.3.3　施工合同变更

合同的变更有广义和狭义之分。广义的合同变更是指合同法律关系的主体和合同内容的变更。狭义的合同变更仅指合同内容的变更,不包括合同主体的变更。

（一）变更的原因

施工合同范本中将工程变更分为工程设计变更和其他变更两类。

工程师在合同履行管理中应严格控制变更,施工中承包方未得到工程师的同意也不允许对工程设计随意变更。

工程变更一般主要有以下几个方面的原因:

（1）业主新的变更指令,对建筑的新要求,如业主有新的意图,业主修改项目计划、削减项目预算等。

（2）由于设计人员、监理方人员、承包方事先没有很好地理解业主的意图,或设计的错误,导致图纸修改。

（3）工程环境的变化,预定的工程条件不准确,要求实施方案或实施计划变更。

（4）由于产生新技术和知识,有必要改变原设计、原实施方案或实施计划,或由于业主指令及业主责任的原因造成承包方施工方案的改变。

（5）政府部门对工程新的要求,如国家计划变化、环境保护要求、城市规划变动等。

（6）由于合同实施出现问题,必须调整合同目标或修改合同条款。

（二）变更的程序

1. 工程变更的提出

根据工程实施的实际情况,承包方、业主方都可以根据需要提出工程变更。

（1）业主方提出变更

①施工中业主需对原工程设计进行变更,应提前14天以书面形式向承包方发出变更通知。

②变更超过原设计标准或批准的建设规模时,业主应报规划管理部门和其他有关部门重新审查批准,并由原设计单位提供变更的相应图纸和说明。

③工程师向承包方发出设计变更通知后,承包方按照工程师发出的变更通知及有关要求,进行所需的变更。

④因设计变更导致合同价款的增减及造成的承包方损失由业主承担,延误的工期相应顺延。

（2）承包方提出变更

①施工中承包方不得因施工方便而要求对原工程设计进行变更。

②承包方在施工中提出的合理化建议被业主采纳,若建议涉及对设计图纸或施工组

织设计的变更及对材料、设备的换用,则须经工程师审查并批准。

③未经工程师同意承包方擅自更改或换用材料、设备,承包方应承担由此发生的费用,并赔偿业主的有关损失,延误的工期不予顺延。

④工程师同意采用承包方的合理化建议,所发生费用和获得收益的分担或分享,由业主和承包方另行约定。

2. 工程变更指令的发出和执行

为了避免耽误工程工期,工程师和承包方就变更价格和工期补偿达成一致意见前有必要先行发布变更指示,先执行工程变更工作,然后再就变更价格和工期补偿进行协商和确定。

工程变更指示的发出有两种形式:书面形式和口头形式。一般情况下,要求用书面形式发布变更指示。如果由于情况紧急而来不及发出书面指示,承包方应根据合同规定要求工程师书面认可。

(三) 工程变更的责任分析与补偿要求

根据工程变更的具体情况可以分析确定工程变更的责任和费用补偿。

由于业主要求、政府部门要求、环境变化、不可抗力、原设计错误等导致的设计修改,应该由业主承担责任,由此所造成的施工方案的变更以及工期的延长和费用的增加,应向业主索赔。

由于承包方的施工过程、施工方案出现错误、疏忽而导致设计的修改,应由承包方承担责任。

施工方案变更要经过工程师的批准,不论这种变更是否会给业主带来好处(如工期缩短、节约费用)。承包方的施工过程、施工方案本身的缺陷而导致了施工方案的变更,由此所引起的费用增加和工期延长应该由承包方承担责任。

(四) 合同价款的变更

合同变更后,当事人应当按照变更后的合同履行。因合同的变更使当事人一方受到经济损失的,受损失的一方可向另一方当事人要求损失赔偿。在施工合同的变更中,主要表现为合同价款的调整。

1. 确定变更合同价款的程序

(1) 承包方在工程变更确定后 14 天内,可提出变更涉及的追加合同价款要求的报告,经工程师确认后相应调整合同价款。如果承包方在双方确定变更后的 14 天内,未向工程师提出变更工程价款的报告,视为该项变更不涉及合同价款的调整。

(2) 工程师应在收到承包方的变更合同价款报告后 14 天内,对承包方的要求予以确认或作出其他答复。工程师无正当理由不确认或答复时,自承包方的报告送达之日起 14 天后,视为变更价款报告已被确认。

(3) 工程师确认增加的工程变更价款作为追加合同价款,与工程进度款同期支付。工程师不同意承包方提出的变更价款,按合同约定的争议条款处理。

因承包方自身原因导致的工程变更,承包方无权要求追加合同价款。

2. 确定变更合同价款的原则

确定变更合同价款时,应维持承包方投标报价单内的竞争性水平。

（1）合同中已有适用于变更工程的价格，按合同已有的价格变更合同价款。

（2）合同中只有类似于变更工程的价格，可以参照类似价格变更合同价款。

（3）合同中没有适用或类似于变更工程的价格，由承包方提出适当的变更价格，经工程师确认后执行。

应用案例 2－4

1. 背景

某施工单位与建设单位签订了施工总承包合同，该工程采用边设计边施工的方式进行，下面是节选的合同部分条款。

××工程施工合同书（节选）

一、协议书

（1）工程概况

该工程是位于某市的××路段的城市桥梁工程，上部为连续混凝土箱梁结构，下部为混凝土灌注桩承台结构（其他概况略）。

（2）承包范围

承包范围为该工程施工图所包括的所有工程。

（3）合同工期

合同工期为 2015 年 2 月 20 日～2015 年 9 月 30 日，合同工期总日历天数为 223 天。

（4）合同价款

本工程采用总价合同形式，合同总价为：陆仟贰佰叁拾肆万元整人民币（￥6 234.00 万元）。

（5）质量标准

本工程质量标准要求达到承包商最优的工程质量。

（6）质量保修

施工单位在该项目的设计规定的使用年限内承担全部保修责任。

（7）工程款支付

在工程基本竣工时，支付全部合同价款，为确保工程如期竣工，乙方不得因甲方资金的暂时不到位而停工和拖延工期。

二、其他补充协议

（1）乙方在施工前不允许将工程分包，只可以转包。

（2）甲方不负责提供施工场地的工程地质和地下主要管网线路资料。

（3）乙方应按项目经理批准的施工组织设计组织施工。

（4）涉及质量标准的变更由乙方自行解决。

（5）合同变更时，按有关程序确定变更工程价款。

2. 问题

（1）该项工程施工合同协议书中有哪些不妥之处？请指正并改正。

（2）该项工程施工合同的补充协议中有哪些不妥之处？请指出并改正。

（3）该工程按工期定额来计算，其工期为212天，那么你认为该工程的合同工期应为多少天？

（4）确定变更合同价款的程序是什么？

3. 案例分析

（1）协议书的不妥之处及正确做法：

①不妥之处：本工程采用总价合同形式。正确做法：应采用单价合同。

②不妥之处：工程质量标准要求达到承包商最优的工程质量。正确做法：应以城市桥梁工程施工与质量验收标准中规定的质量标准作为该工程的质量标准。

③不妥之处：在项目设计规定的使用年限内承担全部保修责任。正确做法：应按《建设工程质量管理条例》的有关规定进行。

④不妥之处：在工程基本竣工时，支付全部合同价款。正确做法：应明确具体的时间。

⑤不妥之处：乙方不得因甲方资金的暂时不到位而停工和拖延工期。正确做法：应说明甲方资金不到位在什么期限内乙方不得停工和拖延工期。

（2）补充协议的不妥之处及正确做法：

①不妥之处：乙方在施工前不允许将工程分包，只可以转包。正确做法：不允许转包，可以分包。

②不妥之处：甲方不负责提供施工场地的工程地质和地下主要管网线路资料。正确做法：甲方应负责提供工程地质和地下主要管网线路的资料。

③不妥之处：乙方应按项目经理批准的施工组织设计组织施工。正确之处：应按工程师（或业主代表）签认并经乙方技术负责人批准的施工组织设计组织施工。

（3）该工程的合同工期为223天。

（4）确定变更合同价款的程序是：①变更发生后的14日内，承包方提出变更价款报告，经工程师确认后调整合同价；②若变更发生后14日内，承包方不提出变更价款报告，则视为该变更不涉及价款变更；③工程师收到变更价款报告日起14日内应对其予以确认；若无正当理由不确认时，自收到报告时算起14日后该报告自动生效。

2.3.4　施工合同终止

合同的权利义务终止又称为合同的终止或者合同的消灭，是指因某种原因而引起的合同权利义务关系在客观上不复存在。

导致合同终止的原因有很多。合同双方已经按照约定履行完合同，合同自然终止。另外，发生法律规定或者当事人约定的情况，或经当事人协商一致，而使合同关系终止的，称为合同解除。

在施工合同的履行过程中，可以解除合同的情形如下：

1. 合同的协商解除

施工合同当事人协商一致，可以解除。这是在合同成立以后、履行完毕以前，双方当事人通过协商而同意终止合同关系的解除。当事人的这项权利是合同中意思自治的具体体现。

2. 发生不可抗力时合同的解除

因为不可抗力或者非合同当事人的原因,造成工程停建或缓建,致使合同无法履行,合同双方可以解除合同。例如,合同签订后发生了战争、自然灾害等。

3. 当事人违约时合同的解除

(1)业主不按合同约定支付工程款(进度款),双方又未达成延期付款协议,导致施工无法进行,承包方停止施工超过 56 天,业主仍不支付工程款(进度款),承包方有权解除合同。

(2)承包方将其承包的全部工程转包给他人或者肢解后以分包的名义分别转包他人,业主有权解除合同。

(3)合同当事人一方的其他违约致使合同无法履行,合同双方可以解除合同。

2.3.5　违约与争议

1. 违约责任

违约责任是指合同当事人不履行或者不适当履行合同义务所应承担的民事责任。当事人一方不履行合同义务或者履行合同义务不符合约定的,应当承担继续履行、采取补救措施或者赔偿损失等违约责任。

承担违约责任的方式有继续履行、采取补救措施、赔偿损失、违约金、定金等。

2. 争议解决

合同争议是指合同当事人之间对合同履行状况和合同违约责任承担等问题所产生的意见分歧。国内合同法、仲裁法规定了和解、调解、仲裁、诉讼四种纠纷解决方式。

业主、承包方在履行合同时发生争议,可以和解或者要求有关主管部门调解。当事人不愿和解、调解或者和解、调解不成的,双方可以在《专用合同条款》内约定以下一种方式解决争议,即双方达成仲裁协议,向约定的仲裁委员会申请仲裁,也可以向有管辖权的人民法院起诉。

发生争议后,在一般情况下双方都应继续履行合同,保持施工连续,保护好已完工程。

2.4　建筑工程项目索赔管理

2.4.1　建筑工程项目索赔概述

(一)索赔与反索赔

1. 索赔的概念

索赔是指在合同的实施过程中,合同一方因对方不履行或未能正确履行合同所规定的义务或未能保证承诺的合同条件实现而遭受损失后,向对方提出的补偿要求。施工索赔的含义是广义的,是法律和合同赋予当事人的正当权利。索赔是相互的、双向的。承包方可以向业主索赔,业主也可以向承包方索赔,通常我们所说的索赔一般指承包方向发包方提出的索赔。

2. 索赔的性质

索赔的性质属于经济补偿行为,而不是惩罚。索赔方所受到的损害,与被索赔方的行为并不一定存在法律上的因果关系。导致索赔事件的发生,可能是一方行为造成的,也可能是任何第三方行为所导致的。索赔工作是承、发包双方之间经常发生的管理业务,是双方合作的方式,一般情况下索赔都可以通过协商方式解决。只有发生争议,才会导致提出仲裁或诉讼,即使这样,索赔也被看成是遵法守约的正当行为。

3. 反索赔的概念

反索赔相对索赔而言,是对提出索赔的一方的反驳(回应、索赔),即指合同当事人一方向对方提出索赔要求时,被索赔方从自己的利益出发,依据合法理由减少或撤销索赔方的要求,甚至反过来向对方提出索赔要求的行为。

索赔与反索赔具有同时性,索赔是发包方和承包方都拥有的权利。在工程实践中,一般把发包方向承包方的索赔要求称为反索赔。在反索赔时,发包方处于主动的有利地位,发包方在经工程师证明承包方违约后,可以直接从应付工程款中扣回款项,或从银行保函中得以补偿。

2.4.2 建筑工程项目索赔的分类

(一)按索赔当事人分类

(1)承包方与发包方之间索赔。

(2)承包方与分包方之间索赔。

(3)承包方与供货方之间索赔。

(4)承包方与保险方之间索赔。

(二)按索赔要求分类

1. 工期索赔

由于非承包方责任的原因而导致施工进度延误,承包方向发包方提出要求延长工期、推迟竣工日期的索赔,称为工期索赔。

工期索赔形式上是对权利的要求,目的是避免在原定的竣工日不能完工时,被发包方追究拖期违约的责任。获准合同工期延长,不仅意味着免除拖期违约赔偿的风险,而且有可能得到提前工期的奖励,最终仍反映在经济效益上。

2. 费用索赔

费用索赔是承包方向发包方提出在施工过程中由于客观条件改变而导致承包方增加开支或损失的索赔,以挽回不应由承包方负担的经济损失。费用索赔的目的是要求经济补偿。

常见的费用索赔项目包括人工费、材料费、机械使用费、低值易耗品、工地管理费等。为便于管理,承、发包双方和监理工程师应事先将这些费用列出清单。

2.4.3 建筑工程项目索赔的原因

建筑产品、建筑产品的生产以及建筑市场的经营方式有自己独特的特点,导致在现代承包工程中,特别是在国际上的承包工程中,索赔经常发生,而且索赔金额巨大,这主要是由下列几个方面的原因造成的。

(一)发包方违约行为

(1)发包方未按照合同约定的时间和要求提供原材料、设备、场地、资金、技术资料。

(2)未及时进行图纸会审和设计交底。

（3）拖延合同规定的责任，如拖延图纸的批准，拖延隐蔽工程的验收，拖延对承包方问题的答复，造成施工延误。

（4）未按合同约定支付工程款。

（5）发包方提前占用部分永久性工程，造成对施工不利的影响。

（二）不可抗力

不可抗力是指人们不能预见、不能避免、不能克服的客观情况。建筑工程施工中的不可抗力包括因战争、动乱、空中飞行物坠落或其他非业主和承包方责任造成的爆炸、火灾以及《专用合同条款》约定的风、雨、雪、洪水、地震等自然灾害。

1. 合同约定工期内发生的不可抗力

施工合同范本《通用合同条款》规定，因不可抗力事件导致的费用及延误的工期由双方按以下方法分别承担：

（1）工程本身的损害、因工程损害导致第三方人员伤亡和财产损失以及运至施工场地用于施工的材料和待安装的设备的损害，由发包方承担。

（2）承发包双方人员的伤亡损失，分别由各自负责。

（3）承包方机械设备损坏及停工损失，由承包方承担。

（4）停工期间，承包方应工程师要求留在施工场地的必要的管理人员及保卫人员的费用，由发包方承担。

（5）工程所需清理、修复费用，由发包方承担。

（6）延误的工期相应顺延。

2. 延迟履行合同期间发生的不可抗力

按照《合同法》规定的基本原则，因合同一方延迟履行合同后发生不可抗力，不能免除延迟履行方的相应责任。

（三）监理工程师的不正当指令

监理工程师是接受发包方委托进行工程监理工作的，其不正当指令给承包方造成的损失应当由发包方承担。其不正当指令主要包括发出的指令有误，影响了正常的施工；对承包方的施工组织进行不合理的干预，影响施工的正常进行；因协调不力或无法进行合理协调，导致承包方的施工受到其他项目参与方的干扰，进而造成了承包方的损失。

（四）合同变更

合同变更频繁地出现在建筑工程领域，常见的合同变更主要包括：

（1）发包方对工程项目提出新的要求，如提高或降低建筑标准、项目的用途发生变化、核减预算投资等。

（2）设计出现不合理之处甚至错误，对设计图纸进行修改。

（3）施工现场条件与原地质勘察资料有很大出入，导致合同变更。

（4）双方签订新的变更协议、备忘录、修正案。

（5）采用新的技术和方法，有必要修改原设计及实施方案。

应用案例 2-5

1. 背景

某项工程建设项目,业主与施工单位按《建设工程施工合同(示范文本)》签订了工程施工合同,工程未进行投保。在施工过程中,遭受暴风雨(不可抗力)的袭击,造成了相应的损失,施工单位及时向监理工程师提出的索赔报告的基本要求如下:

(1)给已建分部工程造成破坏,损失共计 18 万元,应由业主承担修复的经济责任。

(2)施工单位人员因此灾害数人受伤,处理伤病医疗费用和补偿金总计 3 万元,业主应给予赔偿。

(3)施工单位进场的在使用机械、设备受到损坏,造成损失 8 万元,由于现场停工造成台班费损失 4.2 万元,工人窝工费 3.8 万元,相应费用业主应给予支付。

(4)因大雨致使机械损坏不能施工,要求合同工期顺延 5 天。

(5)因暴风雨造成现场停工 8 天,要求合同工期顺延 8 天。

(6)由于工程破坏,清理现场需费用 2.4 万元,业主应给予支付。

2. 问题

(1)简述不可抗力的概念。

(2)对施工单位提出的要求如何处理?(请逐条回答)

3. 案例分析

(1)不可抗力的概念:不可抗力,是指合同当事人不能预见、不能避免并且不能克服的客观情况。建设工程施工中的不可抗力包括因战争、动乱、空中飞行物坠落或其他非发包人和承包人责任造成的爆炸、火灾,以及《专用合同条款》约定的风、雨、雪、洪水、地震等自然灾害。对于自然灾害形成的不可抗力,当事人双方订立合同时应在《专用合同条款》内予以约定,如多少级以上的地震、多少级以上持续多少天的大风等。

(2)第 1 条:工程修复、重建 18 万元工程款应由业主支付。

第 2 条:索赔不予认可,由施工单位承担。

第 3 条:索赔不予认可,由施工单位承担。

第 4 条:索赔不予认可,工期不予顺延。

第 5 条:应予认可,顺延合同工期 8 天。

第 6 条:应予认可,补偿 2.4 万元。

2.4.4 建筑工程项目索赔成立的条件及索赔依据

(一)索赔成立的条件

索赔的成立,应该同时具备以下三个前提条件:

(1)与合同对照,事件已造成了承包方工程项目成本的额外支出或直接工期损失。

(2)造成费用增加或工期损失的原因,按合同约定不属于承包方的行为责任或风险责任。

（3）承包方按合同规定的程序提交索赔意向通知和索赔报告。

以上三个条件必须同时具备，缺一不可。

（二）索赔依据

建筑工程项目索赔依据主要包括合同文件和订立合同所依据的法律法规以及相关证据，其中合同文件是索赔的最主要依据。

1. 合同文件

作为建筑工程项目索赔依据的合同文件主要包括：

（1）本合同协议书。

（2）中标通知书。

（3）投标书及其附件。

（4）本合同专用条款。

（5）本合同通用条款。

（6）标准、规范及有关技术文件。

（7）图纸。

（8）工程量清单。

（9）工程报价单或预算书。

2. 订立合同所依据的法律法规

（1）适用法律和法规。建筑工程合同文件适用国家的法律和行政法规。需要明示的法律、行政法规，由双方在专用条款中约定。

（2）适用标准、规范。双方在专用条款内约定适用国家标准、规范的名称。

3. 相关证据

证据，作为索赔文件的一部分，关系到索赔的成败。证据不足或没有证据，索赔是不成立的。可以作为证据使用的材料主要有书证、物证、证人证言、视听材料、被告人供述和有关当事人陈述、鉴定意见、勘验、检验笔录。

在工程索赔中提出索赔一方可提供的证据包括以下证明材料：

（1）招标文件、合同文本及附件，其他的各种签约（备忘录、修正案等），发包方认可的工程实施计划，各种工程图纸（包括图纸修改指令），技术规范等。

（2）工程量清单、工程预算书和图纸、标准、规范以及其他有关技术资料、技术要求。

（3）合同履行过程中来往函件、各种纪要、协议，如业主的变更指令，各种认可信、通知、对承包方问题的答复信等。

（4）施工组织设计和具体的施工进度计划安排和实际施工进度记录。

（5）工程照片、气象资料、工程中的各种检查验收报告和各种技术鉴定报告。

（6）工地的交接记录（应注明交接日期，场地平整情况，水、电、路情况等），图纸和各种资料交接记录。

（7）建筑材料和设备的采购、订货、运输、进场，使用方面的记录、凭证和报表等。

（8）市场行情资料，包括市场价格、官方的物价指数、工资指数、中央银行的外汇比率等公开材料。

（9）各种会计核算资料。

（10）国家法律、法令、政策文件。

（11）施工中送或停电、气、水以及道路开通、封闭的记录和证明。

（12）其他有关资料。

2.4.5 建筑工程项目索赔程序及报告的编制方法

（一）索赔程序

当出现索赔事件时，承包方可按下列程序以书面形式向发包方索赔。

1. 提出索赔意向通知

凡发生不属于承包方责任的事件导致竣工日期拖延或成本增加时，承包方即可以书面的索赔通知书形式，在索赔事项发生后的 28 天内，向工程师正式提出索赔意向通知。该意向通知是承包方就具体的索赔事件向工程师和业主表示的索赔愿望和要求。

如果超过这个期限，工程师和发包方有权拒绝承包方的索赔要求。索赔事件发生后，承包方有义务做好现场施工的同期记录，工程师有权随时检查和调阅，以判断索赔事件造成的实际损害。

2. 提交索赔报告

在索赔通知书发出后的 28 天内，或工程师可能同意的其他合理时间，向工程师提出延长工期和（或）补偿经济损失的索赔报告及有关资料。索赔报告应当包括承包方的索赔要求和支持这个索赔要求的有关证据，证据应当详细和真实。

3. 监理工程师审核索赔报告

在接到索赔报告后，监理工程师应分析索赔通知，客观分析事件发生的原因，研究承包方的索赔证明，并查阅同期记录。

监理工程师应在收到承包方送交的索赔报告有关资料后，于 28 天内给予答复，或要求承包方进一步补充索赔理由和证据。监理工程师在收到承包方送交的索赔报告的有关资料后 28 天内未予答复或未对承包方作进一步要求，视为该项索赔已经认可。

4. 持续索赔

当索赔事件持续进行时，承包方应当阶段性向工程师发出索赔意向，在索赔事件终了后 28 天内，向工程师送交索赔的有关资料和最终索赔报告，工程师应在 28 天内给予答复或要求承包方进一步补充索赔理由和证据。逾期未答复，视为该项索赔成立。

通常，工程师的处理决定不是终局性的，若承包方或发包方接受最终的索赔处理决定，索赔事件的处理即告结束。承包方或发包方不能接受监理工程师对索赔的答复，则会导致合同的争议，就应通过协商、调解、"或裁或诉"方法解决。

（二）索赔报告的编制方法

索赔报告是承包方向业主索赔的正式书面材料，也是业主审议承包方索赔请求的主要依据，编写索赔报告应注意以下事项：

1. 明确索赔报告的基本要求

（1）必须说明索赔的合同依据。有关索赔的合同依据主要有两类：一是关于承包方有资格因额外工作而获得追加合同价款的规定；二是有关业主或工程师违反合同给承包方造成额外损失时有权要求补偿的规定。

（2）索赔报告中必须有详细准确的损失金额或时间的计算。

（3）必须证明索赔事件同承包方的额外工作、额外损失或额外支出之间的因果关系。

2. 索赔报告的形式和内容要求

索赔报告的内容应简明扼要，条理清楚。索赔报告一般包括总述部分、论证部分、索赔款项（或工期）计算部分和证据部分。

（1）总述部分。概要论述索赔事项发生的日期和过程；承包方为该索赔事项付出的努力和附加开支；承包方的具体索赔要求。

（2）论证部分。论证部分是索赔报告的关键部分，其目的是说明自己有索赔权，是索赔能否成立的关键。

（3）索赔款项（或工期）计算部分。如果说合同论证部分的任务是解决索赔权能否成立，则款项计算部分是为解决能得多少款项。前者定性，后者定量。

（4）证据部分。要注意引用的每个证据的效力或可信程度，对重要的证据资料最好附以文字说明或确认件。

 综合案例二

北京五棵松体育馆工程项目合同管理

北京城建集团有限责任公司

1　项目概况

五棵松文化体育中心是北京 2008 年奥运会重点工程，工程总用地约 52.17 hm²，总建筑面积约 35 万 m²。北京城建集团施工总承包的是体育馆工程及东区商业综合体工程，其中体育馆由一个 1.8 万座位的比赛馆和一个热身训练馆组成，建筑面积为 63 429 m²，合同价款为 6.2 亿元，商业综合体由办公楼、公寓楼组成，建筑面积为 16.7 万 m²，工程造价约为 2.2 亿元。五棵松文化体育中心景观设计见图 2-5 所示。

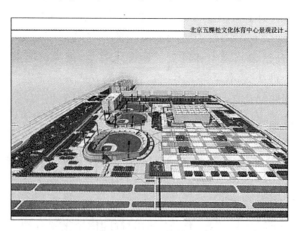

图 2-5　北京五棵松体育馆

2　特点及难点

五棵松体育馆工程总承包合同为工程量清单计价合同，是单价合同，材料设备暂估

价约占到合同价款的 30%,其中种类繁多,涉及结构、机电安装、装饰装修等专业,这都需要按规定程序组织确定其价格和供应商。项目采购类别品种极多、技术性强、涉及面广、工作量大,对其质量、价格和进度都有着严格的要求,并具有较大的风险性。正确分析物资管理的各个环节,抓住影响工程成本的重要过程实施监控,是实现降低工程成本的关键。规范采购及合同管理,也是确保工程项目质量、进度、成本目标实现的重要内容。

3　采购合同管理

3.1　物资设备合同的签订

（1）业主供应暂估价材料、设备合同签订

业主股权变更前由业主直接签订的暂估价材料设备合同项目有:电梯(室外)供货合同,电梯(室内)捐赠合同,低压配电箱(柜)供货合同,LED 灯供货合同,冷水机组供货合同,空调机组、新风机组、风机盘管供货合同,风机及风机箱供货合同,中高档用水器具捐赠协议,消防水炮及控制供货合同。业主股权发生变更后,由业主牵头,业主、总承包单位、供应商(分包单位)三方共同签署上述指定分包合同的补充协议,约定由总承包单位承担合同条款中除付款以外的所有买方责任。

（2）总包采购暂估价材料设备合同的签订

在业主股权变更前,对工程中达到规定规模标准的重要材料设备一律在北京市建设工程材料交易中心网站发布招标公告进行公开招标,开标和评标过程均由各个政府部门和相关单位进行全过程监督,确保项目招标公开、公平、公正。对于非重要材料设备或未达到规定规模标准的材料设备采购,总包也采取了模拟公开招标程序,组织由业主、监理、总包共同参与的邀请招标、开标、评标的模式。

3.2　材料设备合同管理内容

材料设备合同签订后,合同管理工作包括建立合同管理组织、保证体系、管理工作程序、工作制度等内容,其中比较重要的是建立诸如合同文档管理、合同跟踪管理、合同变更管理、合同争议处理、合同供应商履约评价等工作制度。其执行过程是一个随实施情况变化的动态过程,也是全体项目成员有序参与实施的过程。在实际过程中,由于工程合同体系中的各个合同并不是同时签订的,执行时间也不一致,而且也不是由同一部门管理的,所以协调工作更为重要,这个协调不仅在签约阶段,而且在工程施工阶段也要重视。不仅是合同内容的协调,而且是职能部门管理过程的协调。例如,总包单位对一份供应合同,必须在总承包合同技术文件分析后提出供应的数量和质量要求,向供应商询价,或签订意向书;供应时间按总合同施工计划确定;付款方式和时间应与财务人员商量;供应合同签订前或后,应就运输等合同做出安排,并报财务备案,以做资金计划或划拨款项;施工现场应就材料的进场和储存做出安排。这样形成一个有序的管理过程。如果合同中各个体系安排得比较好,这对整个项目的实施是有利的,总包单位可以更好地进行项目管理,从而实现工程的总目标。

4　管理成效

五棵松体育馆工程是北京城建集团承接的北京 2008 奥运会 48 项新、改扩建及配套设施工程中成本风险最大的,通过项目团队共同做好采购及合同管理工作,使成本形成过程始终处于有效控制之中,取得了从开工预期亏损数千万元到工程竣工完成决算达到持平的良好效果。先后获得北京市结构"长城杯"金质奖、国家优质工程鲁班奖、第六批全国建筑业新技术应用示范工程、北京市市级工法两项、第四届全国工程项目管理成果一等奖。

本 章 小 结

本章介绍了合同的基本知识,如合同的概念、类型、主要内容和形式。讲述了建设工程项目合同管理的基本理论,使我们了解了建设工程合同的概念和分类、建设工程施工合同的概念和特点、建设工程施工合同管理的程序。讲述了建设工程施工合同的订立,如订立建设工程施工合同的条件和原则、订立建设工程施工合同必须经过要约和承诺两个阶段以及建设工程施工合同的组成及解释顺序。

另外,本章还讲述了建设工程施工合同的履行,包括合同履行的概念和原则、发包人和承包人应承担的义务、建设工程施工合同跟踪、合同实施的偏差分析和合同实施偏差的处理。

最后,本章简述了建设工程施工合同的变更、违约、索赔和争议,如合同变更遵循的程序、违约责任的承担方式、施工索赔的分类和程序以及争议的解决办法。

练 习 题

一、单项选择题

1. 根据《建设工程工程量清单计价规范》(GB50500—2013),单价合同和总价合同两种合同形式均可采用工程量清单计价,其主要区别在于( )。(2014 年二建)
   A. 采用单价合同时,工程量清单中所填写的工程量不可调整
   B. 采用总价合同时,工程量清单中所填写的工程量可调整
   C. 采用固定单价合同时,工程量清单项目综合单价在约定条件内可调整
   D. 采用固定单价合同时,工程量清单项目综合单价在约定条件内不可调整

2. 根据《标准施工招标文件》,关于施工合同索赔程序的规定,正确的是( )。(2014 年二建)
   A. 设计变更发生后,承包人应在 14 天内向发包人提交索赔通知
   B. 索赔事件持续进行,承包人应在事件终了后立即提交索赔报告
   C. 承包人在发出索赔意向通知书后 28 天内,向监理人正式递交索赔通知书
   D. 索赔意向通知发出后 42 天内,承包人应向监理人提交索赔报告及有关资料

3. 根据《建设工程工程量清单计价规范》(GB50500—2013),关于投标价编制原则的说法,正确的是( )。(2014 年二建)
   A. 投标报价只能有投标人自行编制
   B. 投标报价可以另行设定情况优惠总价
   C. 投标报价高于招标控制价的必须下调后采用
   D. 投标报价不得低于工程成本

4. 根据《标准施工招标文件》,关于暂停施工的说法,正确的是( )。(2014年二建)

    A. 由于发包人原因引起的暂停施工,承包人有权要求延长工期和(或)增加费用,但不得要求补偿利润

    B. 发包人原因造成暂停施工,承包人可不负责暂停施工期间工程的保护

    C. 因发包人原因发生暂停施工的紧急情况时,承包人可以先暂停施工,并及时向监理人提出暂停施工的书面请求

    D. 施工中出现一些意外需要暂停施工的,所有责任由发包人承担

5. 根据《建设工程施工专业分包合同(示范文本)》(GF—2003—0213),不属于承包人责任和义务的是( )。(2014年二建)

    A. 组织分包人参加发包人组织的图纸会审,向分包人进行设计图纸交底

    B. 负责整个施工场地的管理工作,协调分包人与同一施工场地的其他分包人之间的交叉配合

    C. 负责提供专业分包合同专用条款中约定的保修与试车,并承担由此发生的费用

    D. 随时为分包人提供确保分包工程施工所要求的施工场地和通道,满足施工运输需要

6. 在固定总价合同形式下,承包人一般应承担的风险是( )。(2014年二建)

    A. 全部工程量的风险,不包括通货膨胀的风险

    B. 工程变更的风险,不包括工程量和通货膨胀的风险

    C. 全部工程量和通货膨胀的风险

    D. 通货膨胀的风险,不包括工程量的风险

7. 工程施工过程中发生索赔事件以后,承包人首先要做的工作是( )。(2014年二建)

    A. 提交索赔证据　　　　　　　　　B. 提出索赔意向通知

    C. 暂停施工　　　　　　　　　　　D. 与业主就索赔事项进行谈判

8. 关于成本加酬金合同的说明,正确的是( )。(2014年二建)

    A. 采用该计价方式对业主的投资控制不利

    B. 成本加酬金合同不适用于抢险、救灾工程

    C. 成本加酬金合同不宜用于项目管理合同

    D. 对承包商来说,成本加酬金合同比固定总价合同的风险高

9. 根据《标准施工招标文件》,关于发包人责任和义务的说法,错误的是( )。

(2014年二建)

    A. 按通用合同条款约定提供施工场地

    B. 提供施工场地内地下管线和地下设施等资料,并保证资料的真实、准确、完整

    C. 负责办理法律规定的有关施工证件和批件

    D. 负责赔偿工程或工程的任何部分对土地的占用所造成的第三者财产损失

10. 根据《标准施工招标文件》,下列不属于工程变更范围的是( )。(2014年二建)

    A. 改变合同中任何一项工作的质量或其他特性

    B. 取消合同中任何一项工作,被取消的工作转由其他人实施

    C. 改变合同工程的基线、标高、位置或尺寸

    D. 为完成工程需要追加的额外工作

11. 建设项目总承包的核心意义在于( )。(2015 年二建)

    A. 合同总价包干降低成本   B. 总承包方负责"交钥匙"

    C. 设计与施工的责任明确   D. 为项目建设增值

12. 某工程施工过程中,承包人未通知监理人检查,私自对某隐蔽部位进行了覆盖,监理人指示承包人揭开检查,经检查该隐蔽部位质量符合合同要求。根据《标准施工招标文件》,此次增加的费用和(或)工期延误应由( )承担。(2015 年二建)

    A. 发包人   B. 监理人   C. 承包人   D. 分包人

13. 施工总承包管理模式下,如施工总承包管理单位想承接该工程部分工程的施工任务,则其取得施工任务的合理途径应为( )。(2015 年二建)

    A. 监理单位委托   B. 投标竞争

    C. 施工总承包人委托   D. 自行分配

14. 某工程因施工需要,需取得出入施工场地的临时道路的通行证,根据《标准施工招标文件》,该通行证应当由( )。(2015 年二建)

    A. 承包人负责办理,并承担有关费用

    B. 承包人负责办理,发包人承担有关费用

    C. 发包人负责办理,并承担有关费用

    D. 发包人负责办理,承包人承担有关费用

15. 关于施工平行发承包模式下进度控制的说法,正确的是( )。(2015 年二建)

    A. 需全部施工图完成后才能进行招标,对进度控制不利

    B. 业主用于平行发包的招标次数少,有利于进度控制

    C. 部分施工图完成后即可进行该部分的招标,有利于缩短建设周期

    D. 业主直接协调不同单位承包的工程进度,因此业主的进度控制风险小

16. 下列施工承包合同计价方式中,在不发生重大工程变更的情况下,由承包商承担全部工程量和价格风险的合同计价方式是( )。(2015 年二建)

    A. 单价合同   B. 变动总价合同

    C. 成本加酬金合同   D. 固定总价合同

17. 根据《标准施工招标文件》,对于承包人向发包人的索赔请求,其索赔意向书应交由( )审核。(2015 年二建)

    A. 业主   B. 设计人

    C. 项目经理   D. 监理人

18. 工程施工过程中发生索赔事件以后,承包人首先要做的工作是( )。(2015 年二建)

    A. 向监理工程师提出索赔意向通知   B. 向监理工程师提交索赔依据

    C. 向监理工程师提交索赔报告   D. 与业主就索赔事项进行谈判

19. 根据《标准施工招标文件》,施工合同履行过程中发生过程变更时,由( )向承包人发出变更指令。(2015 年二建)

    A. 监理人   B. 业主

    C. 设计人   D. 变更提出方

20. 根据《建设工程施工劳务分包合同(示范文本)》,某工程承包人租赁一台起重机提供给劳务分包人使用,则该起重机的保险就由( )。(2015年二建)
   A. 工程承包人办理并支付保险费用
   B. 劳务分包人办理并支付保险费用
   C. 工程承包人办理,但由劳务分包人支付保险费用
   D. 劳务分包人办理,但由承包人支付保险费用

二、多项选择题

1. 承包商索赔成立应具备的前提条件有( )。(2014年二建)
   A. 造成费用增加或工期损失数额巨大,超出了正常的承受范围
   B. 索赔费用计算正确,并且容易分析
   C. 与合同对照,事件已造成了承包人工程项目成本的额外支出或直接工期损失
   D. 造成费用增加或工期损失的原因,按合同约定不属于承包人的行为责任或风险责任
   E. 承包人按合同规定的程序和时间提交索赔意向通知和索赔报告

2. 成本加酬金合同的形式主要有( )。(2014年二建)
   A. 成本加固定合同费用   B. 成本加固定比例费用合同
   C. 最大成本加税金合同   D. 成本加奖金合同
   E. 最大成本加费用合同

3. 当采用变动单价时,合同中可以约定合同单价调整的情况有( )。(2014年二建)
   A. 工程量发生较大的变化   B. 承包商自身根本发生较大的变化
   C. 通货膨胀达到一定水平   D. 国家相关政策发生变化
   E. 业主资金不到位

4. 承包商可以提出索赔的事件有( )。(2015年二建)
   A. 发包人违反合同给承包人造成时间、费用的损失
   B. 因工程变更造成的时间、费用损失
   C. 发包人提出提前竣工而造成承包人的费用增加
   D. 货款利率上调造成贷款利息增加
   E. 发包人延误支付期限造成承包人的损失

5. 根据九部委《标准施工招标文件》中"通用合同条款",变更指示,应说明变更的( )。(2015年二建)
   A. 目的   B. 范围
   C. 变更内容   D. 变更的工程量及其进度和技术需求
   E. 变更程度

6. 根据《建设工程工程量清单计价规范》(GB50500—2013),关于企业投标报价编制原则的说法,正确的有( )。(2015年二建)
   A. 投标报价由投标人自主确定
   B. 为了鼓励竞争,投标报价可以略低于成本
   C. 投标人必须按照招标工程量清单填报价格
   D. 投标人的投标报价高于招标控制价的应予废标

E. 投标人应以施工方案、技术措施等作为投标报价计算的基本条件

7. 根据《建设工程施工专业分包合同(示范文本)》(GF—2003—0213),专业工程分包人应承担违约责任的情形有(　　)。(2015年二建)

A. 未履行总承包合同中与分包工程有关的承包人的义务与责任

B. 已竣工工程未交付承包人之前,发生损坏

C. 未能及时办理与分包工程相关的各种证件、批件

D. 为施工方便,分包人直接接受发包人或工程师的指令

E. 经承包人允许,分包人直接致函发包人或工程师

三、简答题

1. 建设工程合同的概念是什么?

2. 建设工程承包合同的计价方式有哪些?

3. 施工合同订立的原则是什么?

4. 简述施工合同订立的程序。

5. 施工合同变更的原因有哪些?

6. 施工索赔的原因有哪些?

7. 施工索赔的程序是什么?

四、案例分析题(2013年二建)

背景资料

某开发商投资新建一住宅小区工程,包括住宅楼五幢、会所一幢,以及小区市政管网和道路设施,总建筑面积24 000 m²。经公开招投标,某施工总承包单位中标,双方依据《建设工程施工合同(示范文本)》(GF—1999—0201)签订了施工总承包合同。

施工总承包合同中约定的部分条款如下:

(1)合同造价3 600万元,除涉及变更、钢筋与水泥价格变动,及承包合同范围外的工作内容据实调整外,其他费用均不调整。

(2)合同工期306天,自2012年3月1日起至2012年12月31日止,工期奖罚标准为2万元/天。

在合同履行过程中,发生了下列事件。

事件一:因钢筋价格上涨较大,建设单位与施工总承包单位签订了《关于钢筋价格调整的补充协议》,协议价款为60万元。

事件二:施工总承包单位进场后,建设单位将水电安装及住宅楼塑钢窗指定分包给A专业公司,并指定采用某品牌塑钢窗。A专业公司为保证工期,又将塑钢窗分包给B公司施工。

事件三:2012年3月22日,施工总承包单位在基础底板施工期间,因连续降雨发生了排水费用6万元。2012年4月5日,某批次国产钢筋常规检测合格,建设单位以保证工程质量为由,要求施工总承包单位还需对该批次钢筋进行化学成分分析,施工总承包单位委托具备资质的检测单位进行了检测,化学成分检测费用8万元,检测结果合格,针对上述问题,施工总承包单位按索赔程序和时限要求,分别提出6万元排水费用、8万元检测费用的索赔。

事件四：工程竣工后，施工总承包单位于 2012 年 12 月 28 日向建设单位提交了竣工验收报告，建设单位于 2013 年 1 月 5 日确认验收通过，并开始办理工程结算。

问题：

1.《建设工程施工合同（示范文本）》（GF—1999—0201）由哪些部分组成？并说明事件一中《关于钢筋价格调整的补充协议》归属于合同的哪个部分？

2. 指出事件二中发包行为的错误之处？并分别说明理由。

3. 分别指出事件三中施工总承包单位的两项索赔是否成立？并说明理由。

4. 指出本工程的竣工验收日期是哪一天，工程结算总价是多少万元？根据《建筑工程价款结算暂行办法》（财建〔2004〕369 号）的规定，分别说明会所结算、住宅小区结算属于哪种结算方式？

附件二

中华人民共和国招标投标法

第一章　总　　则

第一条　为了规范招标投标活动,保护国家利益、社会公共利益和招标投标活动当事人的合法权益,提高经济效益,保证项目质量,制定本法。

第二条　在中华人民共和国境内进行招标投标活动,适用本法。

第三条　在中华人民共和国境内进行下列工程建设项目包括项目的勘察、设计、施工、监理以及与工程建设有关的重要设备、材料等的采购,必须进行招标:

（一）大型基础设施、公用事业等关系社会公共利益、公众安全的项目。

（二）全部或者部分使用国有资金投资或者国家融资的项目。

（三）使用国际组织或者外国政府贷款、援助资金的项目。

前款所列项目的具体范围和规模标准,由国务院发展计划部门会同国务院有关部门制订,报国务院批准。

法律或者国务院对必须进行招标的其他项目的范围有规定的,依照其规定。

第四条　任何单位和个人不得将依法必须进行招标的项目化整为零或者以其他任何方式规避招标。

第五条　招标投标活动应当遵循公开、公平、公正和诚实信用的原则。

第六条　依法必须进行招标的项目,其招标投标活动不受地区或者部门的限制。任何单位和个人不得违法限制或者排斥本地区、本系统以外的法人或者其他组织参加投标,不得以任何方式非法干涉招标投标活动。

第七条　招标投标活动及其当事人应当接受依法实施的监督。

有关行政监督部门依法对招标投标活动实施监督,依法查处招标投标活动中的违法行为。

对招标投标活动的行政监督及有关部门的具体职权划分,由国务院规定。

第二章　招　　标

第八条　招标人是依照本法规定提出招标项目、进行招标的法人或者其他组织。

第九条　招标项目按照国家有关规定需要履行项目审批手续的,应当先履行审批手续,取得批准。招标人应当有进行招标项目的相应资金或者资金来源已经落实,并应当在招标文件中如实载明。

第十条　招标分为公开招标和邀请招标。

公开招标,是指招标人以招标公告的方式邀请不特定的法人或者其他组织投标。

邀请招标,是指招标人以投标邀请书的方式邀请特定的法人或者其他组织投标。

第十一条　国务院发展计划部门确定的国家重点项目和省、自治区、直辖市人民政府确定的地方重点项目不适宜公开招标的,经国务院发展计划部门或者省、自治区、直辖市人民政府批准,可以进行邀请招标。

第十二条　招标人有权自行选择招标代理机构,委托其办理招标事宜。任何单位和个人不得以任何方式为招标人指定招标代理机构。

招标人具有编制招标文件和组织评标能力的,可以自行办理招标事宜。任何单位和个人不得强制其委托招标代理机构办理招标事宜。

依法必须进行招标的项目,招标人自行办理招标事宜的,应当向有关行政监督部门备案。

第十三条　招标代理机构是依法设立、从事招标代理业务并提供相关服务的社会中介组织。

招标代理机构应当具备下列条件:

(一)有从事招标代理业务的营业场所和相应资金;

(二)有能够编制招标文件和组织评标的相应专业力量;

(三)有符合本法第三十七条第三款规定条件、可以作为评标委员会成员人选的技术、经济等方面的专家库。

第十四条　从事工程建设项目招标代理业务的招标代理机构,其资格由国务院或者省、自治区、直辖市人民政府的建设行政主管部门认定。具体办法由国务院建设行政主管部门会同国务院有关部门制定。从事其他招标代理业务的招标代理机构,其资格认定的主管部门由国务院规定。

招标代理机构与行政机关和其他国家机关不得存在隶属关系或者其他利益关系。

第十五条　招标代理机构应当在招标人委托的范围内办理招标事宜,并遵守本法关于招标人的规定。

第十六条　招标人采用公开招标方式的,应当发布招标公告。依法必须进行招标的项目的招标公告,应当通过国家指定的报刊、信息网络或者其他媒介发布。

招标公告应当载明招标人的名称和地址、招标项目的性质、数量、实施地点和时间以及获取招标文件的办法等事项。

第十七条　招标人采用邀请招标方式的,应当向三个以上具备承担招标项目的能力、资信良好的特定的法人或者其他组织发出投标邀请书。

投标邀请书应当载明本法第十六条第二款规定的事项。

第十八条　招标人可以根据招标项目本身的要求,在招标公告或者投标邀请书中,要求潜在投标人提供有关资质证明文件和业绩情况,并对潜在投标人进行资格审查;国家对投标人的资格条件有规定的,依照其规定。

招标人不得以不合理的条件限制或者排斥潜在投标人,不得对潜在投标人实行歧视待遇。

第十九条　招标人应当根据招标项目的特点和需要编制招标文件。

招标文件应当包括招标项目的技术要求、对投标人资格审查的标准、投标报价要求和评标标准等所有实质性要求和条件以及拟签订合同的主要条款。

国家对招标项目的技术、标准有规定的,招标人应当按照其规定在招标文件中提出相应要求。

招标项目需要划分标段、确定工期的,招标人应当合理划分标段、确定工期,并在招标文件中载明。

第二十条　招标文件不得要求或者标明特定的生产供应者以及含有倾向或者排斥潜在投标人的其他内容。

第二十一条　招标人根据招标项目的具体情况,可以组织潜在投标人踏勘项目现场。

第二十二条　招标人不得向他人透露已获取招标文件的潜在投标人的名称、数量以及可能影响公平竞争的有关招标投标的其他情况。

招标人设有标底的,标底必须保密。

第二十三条　招标人对已发出的招标文件进行必要的澄清或者修改的,应当在招标文件要求提交投标文件截止时间至少十五日前,以书面形式通知所有招标文件收受人。该澄清或修改的内容为招标文件的组成部分。

第二十四条　招标人应当确定投标人编制投标文件所需要的合理时间;但是,依法必须进行招标的项目,自招标文件开始发出之日起至投标人提交投标文件截止之日止,最短不得少于二十日。

第三章　投　　标

第二十五条　投标人是响应招标、参加投标竞争的法人或者其他组织。

依法招标的科研项目允许个人参加投标的,投标的个人适用本法有关投标人的规定。

第二十六条　投标人应当具备承担招标项目的能力;国家有关规定对投标人资格条件或者招标文件对投标人资格条件有规定的,投标人应当具备规定的资格条件。

第二十七条　投标人应当按照招标文件的要求编制投标文件。投标文件应当对招标文件提出的实质性要求和条件作出响应。

招标项目属于建设施工的,投标文件的内容应当包括拟派出的项目负责人与主要技术人员的简历、业绩和拟用于完成招标项目的机械设备等。

第二十八条　投标人应当在招标文件要求提交投标文件的截止时间前,将投标文件送达投标地点。招标人收到投标文件后,应当签收保存,不得开启。投标人少于三个的,招标人应当依照本法重新招标。

在招标文件要求提交投标文件的截止时间后送达的投标文件,招标人应当拒收。

第二十九条　投标人在招标文件要求提交投标文件的截止时间前,可以补充、修改或者撤回已提交的投标文件,并书面通知招标人。补充、修改的内容为投标文件的组成部分。

第三十条　投标人根据招标文件载明的项目实际情况,拟在中标后将中标项目的部分非主体、非关键性工作进行分包的,应当在投标文件中载明。

第三十一条　两个以上法人或者其他组织可以组成一个联合体,以一个投标人的身份共同投标。

联合体各方均应当具备承担招标项目的相应能力;国家有关规定或者招标文件对投标人资格条件有规定的,联合体各方均应当具备规定的相应资格条件。由同一专业的单位组成的联合体,按照资质等级较低的单位确定资质等级。

联合体各方应当签订共同投标协议,明确约定各方拟承担的工作和责任,并将共同投标协议连同投标文件一并提交招标人。联合体中标的,联合体各方应当共同与招标人签订合同,就中标项目向招标人承担连带责任。

招标人不得强制投标人组成联合体共同投标,不得限制投标人之间的竞争。

第三十二条　投标人不得相互串通投标报价,不得排挤其他投标人的公平竞争,损害招标人或者其他投标人的合法权益。

投标人不得与招标人串通投标,损害国家利益、社会公共利益或者他人的合法权益。

禁止投标人以向招标人或者评标委员会成员行贿的手段谋取中标。

第三十三条　投标人不得以低于成本的报价竞标,也不得以他人名义投标或者以其他方式弄虚作假,骗取中标。

第四章　开标、评标和中标

第三十四条　开标应当在招标文件确定的提交投标文件截止时间的同一时间公开进行;开标地点应当为招标文件中预先确定的地点。

第三十五条　开标由招标人主持,邀请所有投标人参加。

第三十六条　开标时,由投标人或者其推选的代表检查投标文件的密封情况,也可以由招标人委托的公证机构检查并公证;经确认无误后,由工作人员当众拆封,宣读投标人名称、投标价格和投标文件的其他主要内容。

招标人在招标文件要求提交投标文件的截止时间前收到的所有投标文件,开标时都应当当众予以拆封、宣读。

开标过程应当记录,并存档备查。

第三十七条　评标由招标人依法组建的评标委员会负责。

依法必须进行招标的项目,其评标委员会由招标人的代表和有关技术、经济等方面的专家组成,成员人数为五人以上单数,其中技术、经济等方面的专家不得少于成员总数的三分之二。

前款专家应当从事相关领域工作满八年并具有高级职称或者具有同等专业水平,由招标人从国务院有关部门或者省、自治区、直辖市人民政府有关部门提供的专家名册或者招标代理机构的专家库内的相关专业的专家名单中确定;一般招标项目可以采取随机抽取方式,特殊招标项目可以由招标人直接确定。与投标人有利害关系的人不得进入相关项目的评标委员会;已经进入的应当更换。评标委员会成员的名单在中标结果确定前应当保密。

第三十八条　招标人应当采取必要的措施,保证评标在严格保密的情况下进行。

任何单位和个人不得非法干预、影响评标的过程和结果。

第三十九条　评标委员会可以要求投标人对投标文件中含义不明确的内容作必要的澄清或者说明,但是澄清或者说明不得超出投标文件的范围或者改变投标文件的实质性内容。

第四十条　评标委员会应当按照招标文件确定的评标标准和方法,对投标文件进行评审和比较;设有标底的,应当参考标底。评标委员会完成评标后,应当向招标人提出书面评标报告,并推荐合格的中标候选人。

招标人根据评标委员会提出的书面评标报告和推荐的中标候选人确定中标人。招标人也可以授权评标委员会直接确定中标人。

国务院对特定招标项目的评标有特别规定的,从其规定。

第四十一条　中标人的投标应当符合下列条件之一:

(一)能够最大限度地满足招标文件中规定的各项综合评价标准。

(二)能够满足招标文件的实质性要求,并且经评审的投标价格最低;但是投标价格低于成本的除外。

第四十二条　评标委员会经评审,认为所有投标都不符合招标文件要求的,可以否决所有投标。

依法必须进行招标的项目的所有投标被否决的,招标人应当依照本法重新招标。

第四十三条　在确定中标人前,招标人不得与投标人就投标价格、投标方案等实质性内容进行谈判。

第四十四条　评标委员会成员应当客观、公正地履行职务,遵守职业道德,对所提出的评审意见承担个人责任。

评标委员会成员不得私下接触投标人,不得收受投标人的财物或者其他好处。

评标委员会成员和参与评标的有关工作人员不得透露对投标文件的评审和比较、中标候选人的推荐情况以及与评标有关的其他情况。

第四十五条　中标人确定后,招标人应当向中标人发出中标通知书,并同时将中标结果通知所有未中标的投标人。

中标通知书对招标人和中标人具有法律效力。中标通知书发出后,招标人改变中标结果的,或者中标人放弃中标项目的,应当依法承担法律责任。

第四十六条　招标人和中标人应当自中标通知书发出之日起三十日内,按照招标文件和中标人的投标文件订立书面合同。招标人和中标人不得再行订立背离合同实质性内容的其他协议。

招标文件要求中标人提交履约保证金的,中标人应当提交。

第四十七条　依法必须进行招标的项目,招标人应当自确定中标人之日起十五日内,向有关行政监督部门提交招标投标情况的书面报告。

第四十八条　中标人应当按照合同约定履行义务,完成中标项目。中标人不得向他人转让中标项目,也不得将中标项目肢解后分别向他人转让。

中标人按照合同约定或者经招标人同意,可以将中标项目的部分非主体、非关键性工作分包给他人完成。接受分包的人应当具备相应的资格条件,并不得再次分包。

中标人应当就分包项目向招标人负责,接受分包的人就分包项目承担连带责任。

附件三

合同协议书

发包人(全称)：_____

承包人(全称)：_____

根据《中华人民共和国合同法》、《中华人民共和国建筑法》及有关法律规定，遵循平等、自愿、公平和诚实信用的原则，双方就_____工程施工及有关事项协商一致，共同达成如下协议：

一、工程概况

1. 工程名称：_____。

2. 工程地点：_____。

3. 工程立项批准文号：_____。

4. 资金来源：_____。

5. 工程内容：_____。

群体工程应附《承包人承揽工程项目一览表》(附件1)。

6. 工程承包范围：_____。

二、合同工期

计划开工日期：_____年_____月_____日。

计划竣工日期：_____年_____月_____日。

工期总日历天数：_____天。工期总日历天数与根据前述计划开竣工日期计算的工期天数不一致的，以工期总日历天数为准。

三、质量标准

工程质量符合_____标准。

四、签约合同价与合同价格形式

1. 签约合同价为：

人民币(大写)_____(¥_____元)；

其中：

(1) 安全文明施工费：

人民币(大写)_____(¥_____元)；

(2) 材料和工程设备暂估价金额：

人民币(大写)_____(¥_____元)；

(3) 专业工程暂估价金额：

人民币(大写)_____(¥_____元)；

(4) 暂列金额：

人民币(大写)_____(¥_____元)。

2. 合同价格形式：_____。

五、项目经理

承包人项目经理：_____。

六、合同文件构成

本协议书与下列文件一起构成合同文件：

(1) 中标通知书(如果有)；

(2) 投标函及其附录(如果有)；

(3) 专用合同条款及其附件；

(4) 通用合同条款；

(5) 技术标准和要求；

(6) 图纸；

(7) 已标价工程量清单或预算书；

(8) 其他合同文件。

在合同订立及履行过程中形成的与合同有关的文件均构成合同文件组成部分。

七、承诺

八、词语含义

本协议书中词语含义与第二部分通用合同条款中赋予的含义相同。

九、签订时间

本合同于_____年_____月_____日签订。

十、签订地点

本合同在_____签订。

十一、补充协议

合同未尽事宜，合同当事人另行签订补充协议，补充协议是合同的组成部分。

十二、合同生效

本合同自_____生效。

十三、合同份数

本合同一式_____份，均具有同等法律效力，发包人执_____份，承包人执_____份。

发包人：(公章)　　　　　　　　　　承包人：(公章)

法定代表人或其委托代理人：　　　　法定代表人或其委托代理人：

(签字)　　　　　　　　　　　　　　(签字)

组织机构代码：_____　　组织机构代码：_____

地　　址：_____　　　　地　　址：_____

邮政编码：_____　　　　邮政编码：_____

法定代表人：_____　　　法定代表人：_____

委托代理人：_____　　　委托代理人：_____

电　　话：_____　　　　电　　话：_____

传　　真：_____　　　　传　　真：_____

电子信箱：_____　　　　电子信箱：_____

开户银行：_____　　　　开户银行：_____

账　　号：_____　　　　账　　号：_____

3　建筑工程项目进度管理

 **单元简介**

许多的工程项目,特别是大型重点建设项目,工期要求十分紧迫,施工方的工程进度压力非常大。数百天的连续施工,一天两班制施工,甚至 24 小时连续施工时有发生。但是,不是正常有序的施工,盲目赶工难免会导致施工质量问题和施工安全问题的出现,并且会引起施工成本的增加。施工进度控制不仅关系到施工进度目标能否实现,它还直接关系到工程的质量和成本。在工程施工实践中,必须树立和坚持一个最基本的工程管理原则,即在确保工程安全和质量的前提下,控制工程的进度。

通过对本章的学习,了解建筑工程项目进度管理的概念、管理目标的确定、进度计划的种类,熟悉建设项目进度计划的表示方式,熟悉建筑工程项目进度计划的实施与检查的内容,熟练运用建筑工程项目进度计划比较的方法,掌握建筑工程项目控制性进度计划的编制方法,掌握建筑工程项目进度计划调整的方法。

 **学习要求**

知识结构	学习内容	能力目标	笔记
3.1　建筑工程项目进度管理概述	1. 建筑工程项目管理的概念 2. 工程项目进度的影响因素 3. 建筑工程项目进度管理的程序 4. 建筑工程项目进度管理体系	1. 了解建筑工程项目进度管理的基本概念 2. 掌握工程进度的影响因素 3. 熟悉工程进度管理的程序和管理体系	
3.2　建筑工程项目进度计划的编制	1. 建筑工程项目进度计划的表示方法 2. 横道图进度计划的表示方法 3. 网络图进度计划的表示方法	1. 了解横道图和网络图的区别 2. 掌握简单项目双代号网络图的编制方法	

知识结构	学习内容	能力目标	笔记
3.3　建筑工程项目进度计划的实施、检查与比较	1. 施工项目进度的审核 2. 施工项目进度计划的实施与检查 3. 施工项目进度比较方法	1. 了解实际进度的检查方法 2. 掌握横道图、S形曲线、香蕉形曲线、前锋线等方法进行施工项目进度比较	
3.4　建筑工程项目进度计划的调整	1. 建筑工程项目进度计划的调整内容 2. 进度计划的调整过程 3. 进度计划的调整方法	1. 了解施工进度的调整原则和调整方法 2. 熟悉进度管理的调整过程和调整方法	

西湾大桥简介

西湾大桥是连接澳门半岛和氹仔岛的第三座大桥,于2002年10月8日动工兴建,主桥于2004年6月28日合龙(图3-1)。西湾大桥北起澳门半岛融和门,南至氹仔码头,采用"竖琴斜拉式"设计,两个主桥疍之间跨度达180 m。该桥总长2 200 m,分上下两层:上层为双向6车道,下层箱式结构,双向4车道行车,可以在8级台风时保证正常交通,桥内还预留了铺设轻型铁轨的空间。西湾大桥设计、施工工程总造价为5.6亿澳门元。该工程项目属于设计施工总承包,于2002年8月由中铁(澳门)有限公司、中铁大桥局和中铁大桥勘测设计院三家组成的联合体中标。

由于在海上施工,地质情况复杂,技术难度高,按正常工期,项目合理工期为36个月。

澳门政府要求大桥提前完工,在澳门回归5周年之际通车,即28个月完工,因此被赋予了政治含义。如果工程工期延误,施工单位将被予以重罚。

施工单位采用先进技术,投入大量资源用来保证工期的顺利完成,主桥于2004年6月28日合龙。

图3-1　西湾大桥

2004年12月19日,西湾大桥由中华人民共和国主席胡锦涛主持落成礼,并于2005年1月9日正式通车。

西湾大桥设计曾获多项大奖,澳门西湾大桥专案先后荣获2006年度湖北省科技进步一等奖、2006年度中国铁道建筑总公司科技进步特等奖、2007年度国家科技进步二等奖等。

那么,如何能更好地保证工期的实现呢?

3.1   建筑工程项目进度管理概述

3.1.1   建筑工程项目进度管理的概念

建筑工程项目进度控制与成本控制和质量控制一样,是项目施工中的重点控制内容之一。它是保证施工项目按期完成,合理安排资源供应,节约工程成本的重要措施。

建筑工程项目进度管理即在经确认的进度计划的基础上实施工程各项具体工作,在一定的控制期内检查实际进度完成情况,并将其与进度计划相比较,若出现偏差,便分析其产生的原因和对工期的影响程度,找出必要的调整措施,修改原计划,不断如此循环,直至工程项目竣工验收。施工项目进度控制的总目标是确保施工项目既定目标工期的实现,或者在保证施工质量和不因此而增加施工实际成本的条件下,适当缩短施工工期。

3.1.2   影响建筑工程项目进度的因素

由于建筑工程项目自身的特点,尤其是较大和复杂的工程项目工期较长,影响进度因素较多。编制计划和执行控制施工进度计划时必须充分认识和估计这些因素,才能克服其影响,使施工进度尽可能按计划进行,当出现偏差时,应考虑有关影响因素,分析产生的原因。

1. 有关单位的影响

建筑工程项目的主要施工单位对施工进度起决定性作用,但是建设单位与业主、设计单位、银行信贷部门、材料设备供应部门、运输部门,水和电供应部门以及政府的有关主管部门等都可能给施工某些方面造成困难而影响施工进度。其中设计单位不按时提供图纸或图纸有错误,以及有关部门或业主对设计方案的变动是影响施工进度的最大的因素。材料和设备不能按期供应,或质量、规格不符合要求,会使施工停顿;资金不能保证也会使施工进度中断或速度减慢等。

2. 施工条件的变化

工程地质条件和水文地质条件与勘察设计的不符(如地质断层、溶洞、地下障碍物、软弱地基等)以及恶劣的气候(如暴雨、高温和洪水等)都对施工进度产生影响,造成临时停工或破坏。

3. 技术失误

施工单位采用技术措施不当,施工中发生技术事故,应用新技术、新材料、新结构缺乏经验,不能保证质量等,都会影响施工进度。

4. 施工组织管理不利

流水施工组织不合理、劳动力和施工机械调配不当、施工平面布置不合理等将影响施工进度计划的执行。

5. 意外事件以及不可抗力因素

施工中如果出现意外的事件，如战争、严重自然灾害、火灾、重大工程事故、工人罢工等都会影响施工进度计划。

 **知识拓展**

2015年3月17日，长沙一栋名叫"小天城"的57层高楼正在进行最后的装修扫尾工作。据施工方介绍，该大楼主体结构为钢结构，构件工厂化率达93%，由1 200位工人昼夜施工拼接，耗时19天完工，除雨雪天停工，有效工期仅12天。实现了标准化设计，工厂化生产，装配式安装，信息化管理的新型工业化建筑方式。

3.1.3 建筑工程项目进度控制的措施

建筑工程项目进度控制采取的主要措施有组织措施、管理措施、经济措施、技术措施等。

1. 组织措施

组织是目标能否实现的决定性因素，为实现项目的进度目标，应充分重视健全项目管理的组织体系。进度控制的组织措施包括：

(1) 建立进度控制目标体系，明确工程现场监理机构进度控制人员及其职责分工。

(2) 建立工程进度报告制度及进度信息沟通网络。

(3) 建立进度计划审核制度和进度计划实施中的检查分析制度。

(4) 建立进度协调会议制度，包括协调会议举行的时间、地点、参加人员等。

(5) 建立图纸审查、工程变更和设计变更管理制度。

2. 管理措施

工程项目进度控制的管理措施涉及管理的思想、管理的方法、管理的手段、承发包模式、合同管理和风险管理等。进度控制的管理措施包括：

(1) 用工程网络计划方法编制进度计划。

(2) 承发包模式(直接影响工程实施的组织和协调)、合同结构、物资采购模式的选择。

(3) 分析影响进度的风险，采取风险管理措施。

(4) 重视信息技术在进度控制中的应用。

3. 经济措施

经济措施指实现进度计划的资金保证措施及可能的奖惩措施。进度控制的经济措施包括：

(1) 资金需求计划。

(2) 资金供应条件(也是工程融资的重要依据，包括资金总供应量、资金来源、资金供应的时间)。

(3) 经济激励措施。

(4) 考虑加快工程进度所需资金。

(5) 对工程延误收取误期损失赔偿金。

4. 技术措施

技术措施指切实可行的施工部署及施工方案等。工程项目进度控制的技术措施涉及对实现进度目标有利的设计技术和施工技术的选用。进度控制的技术措施包括:

(1) 对设计技术与工程进度关系做分析比较。

(2) 有无改变施工技术、施工方法和施工机械的可能性。

(3) 审查承包方提交的进度计划,使承包方能在合理的状态下施工。

(4) 编制进度控制工作细则,指导监理人员实施进度控制。

(5) 采用网络计划技术及其他科学适用的计划方法,并结合计算机的应用,对建筑工程进度实施动态控制。

3.1.4　建筑工程项目进度控制的目的及任务

1. 进度控制的目的

进度控制的目的是通过控制以实现工程的进度目标。在工程施工实践中,必须树立和坚持一个最基本的工程管理原则,即在确保工程质量的前提下,控制工程的进度。

2. 进度控制的任务

工程项目进度控制的任务包括设计准备阶段、设计阶段、施工阶段的任务。

(1) 设计准备阶段的任务

① 收集有关工期的信息,进行工期目标和进度控制决策。

② 编制工程项目总进度计划。

③ 编制设计准备阶段详细工作计划,并控制其执行。

④ 进行环境及施工现场条件的调查和分析。

(2) 设计阶段的任务

① 编制设计阶段工作计划,并控制其执行。

② 编制详细的出图计划,并控制其执行。

(3) 施工阶段的任务

① 编制施工总进度计划,并控制其执行。

② 编制单位工程施工进度计划,并控制其执行。

③ 编制工程年、季、月实施计划,并控制其执行。

3.1.5　进度管理的程序

(1) 确定进度目标,明确计划开工日期、计划总工期和计划竣工日期,并确定项目分期分批的开工、竣工日期。

(2) 编制施工进度计划,并使其得到各个方面如施工企业、业主、监理工程师的批准。

(3) 实施施工进度计划,由项目经理部的工程部调配各项施工项目资源,组织和安排各工程队按进度计划的要求实施工程项目。

（4）施工项目进度控制,在施工项目部计划、质量、成本、安全、材料、合同等各个职能部门的协调下,定期检查各项活动的完成情况,记录项目实施过程中的各项信息,用进度控制比较方法判断项目进度完成情况,如进度出现偏差,则应调整进度计划,以实现项目进度的动态管理。

（5）阶段性任务或全部任务完成后,应进行进度控制总结,并编写进度控制报告。

3.1.6　工程施工项目进度管理体系

1. 施工准备工作计划

施工准备工作的主要任务是为建设工程的施工创造必要的技术和物资条件,统筹安排施工力量和施工现场。

施工准备的工作内容通常包括:技术准备、物资准备、劳动组织准备、施工现场准备和施工场外准备。为落实各项施工准备工作,加强检查和监督,应根据各项施工准备工作的内容、时间和人员,编制施工准备工作计划。

2. 施工总进度计划

施工总进度计划是根据施工部署中施工方案和工程项目的开展程序,对全工地所有单位工程做出时间上的安排。

施工总进度计划在于确定各单位工程及全工地性工程的施工期限及开竣工日期,进而确定施工现场劳动力、材料、成品、半成品、施工机械的需要数量和调配情况,以及现场临时设施的数量、水电供应量及能源需求量等。

科学、合理地编制施工总进度计划,是保证整个建设工程按期交付使用、充分发挥投资效益、降低建设工程成本的重要条件。

3. 单位工程施工进度计划

单位工程施工进度计划是在既定施工方案的基础上,根据规定的工期和各种资源供应条件,遵循各施工过程的合理施工顺序,对单位工程中的各施工过程做出时间和空间上的安排,并以此为依据,确定施工作业所必需的劳动力、施工机具和材料供应计划。合理安排单位工程施工进度,是保证在规定工期内完成符合质量要求的工程任务的重要前提,也为编制各种资源需要量计划和施工准备工作计划提供依据。

4. 分部、分项工程进度计划

分部、分项工程进度计划是针对工程量较大或施工技术比较复杂的分部、分项工程,在依据工程具体情况所制定的施工方案的基础上,对其各施工过程所做出的时间安排。

应用案例 3 - 1

1. 背景

某建设职业技术学院计划建造一座办公楼,于 2015 年 9 月 1 日开工建设,合同工期为 370 天,由于混凝土用量较大,采用商品混凝土。

2. 问题

（1）简述工程项目进度控制的程序。

（2）该项目施工进度控制的目标是什么？

（3）该工程商品混凝土的运输过程是否应列入进度计划？原因是什么？

（4）如果在进度控制时，混凝土的浇筑是关键工作，由于商品混凝土的运输原因，使该项工作拖后 2 天，会对工期造成什么影响？为什么？

3．案例分析

（1）施工进度控制的程序：确定进度控制目标、编制施工进度计划、申请开工并按指令日期开工、实施施工进度计划、进度控制总结并编写施工进度控制报告。

（2）该项目施工进度控制应以 2016 年 9 月 6 日（合同工期 370 天）竣工为最终目标。

（3）商品混凝土的运输过程不应列入进度计划，原因是混凝土的运输属于作业前的准备工作，只要能保证混凝土的浇筑按计划进行，不影响工期因此不应列入施工进度计划。

（4）会使工期拖后 2 天。原因是：网络计划的工期是由关键线路上的关键工作决定的。因此，关键工作的拖延会造成工期的拖延。

3.2　建筑工程项目进度计划的编制

3.2.1　建筑工程项目进度计划的分类

1．按照项目范围（编制对象）分类

（1）施工总进度计划：它是以整个建设项目为对象来编制的，确定各单项工程的施工顺序和开、竣工时间以及相互衔接关系。施工总进度计划属于概略的控制性进度计划，综合平衡各施工阶段工程的工程量和投资分配。其内容包括：

①编制说明，包括编制依据、编制步骤和内容。

②进度总计划表，可以采用横道图或者网络图形式。

③分期分批施工工程的开、竣工日期，工期一览表。

④资源供应平衡表，即为满足进度控制而需要的资源供应计划。

（2）单位工程施工进度计划：单位工程施工进度计划是对单位工程中的各分部、分项工程的计划安排，以此为依据确定施工作业所必需的劳动力和各种技术物资供应计划。其内容包括：

①编制说明，包括编制依据、编制步骤和内容。

②单位工程进度计划表。

③单位工程施工进度计划的风险分析及控制措施，包括由于不可预见因素，如不可抗力、工程变更等原因致使计划无法按时完成而采取的措施。

（3）分部分项工程进度计划：是针对项目中某一部分或某一专业工种的计划安排。

2．按照项目参与方分类

建筑工程施工进度计划按照项目参与方划分，可分为业主方进度计划、设计方进度计划、施工方进度计划、供货方进度计划和建设项目总承包方进度计划。

3．按照时间分类

建筑工程施工进度计划按照时间划分，可分为年度进度计划，季度进度计划和月、旬作业计划。

4. 按照计划表达形式分类

建筑工程施工进度计划按照计划表达形式划分,可分为文字说明计划和以横道图、网络图等表达的图表式进度计划。

上述分类形式具体如图 3-2 所示。

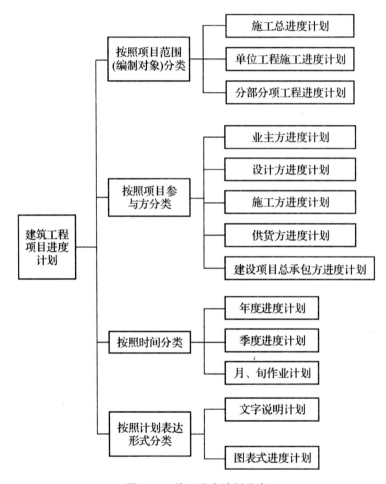

图 3-2　施工进度计划分类

3.2.2　建筑工程项目进度计划的编制步骤

建筑工程项目进度计划系统是由多个相互关联的进度计划组成的系统,它是项目进度控制的依据。由于各种进度计划编制所需要的必要资料是在项目进展过程中逐步形成的,因此项目进度计划系统的建立和完善也有一个过程,它也是逐步形成的。根据项目进度控制不同的需要和不同的用途,各参与方可以构建多个不同的建筑工程项目进度计划系统,如:

(1) 不同计划深度的进度计划组成的计划系统(施工总进度计划、单位工程施工进度计划)。

(2) 不同计划功能的进度计划组成的计划系统(控制性、指导性、实施性进度计划)。

（3）不同项目参与方的进度计划组成的计划系统（业主方、设计方、施工方、供货方进度计划）。

（4）不同计划周期的进度计划组成的计划系统（年度进度计划，季度进度计划，月、旬作业计划）。

（一）施工总进度计划的编制步骤

1. 收集编制依据

（1）工程项目承包合同及招投标书（工程项目承包合同中的施工组织设计，合同工期，开、竣工日期，有关工期提前或延误调整的约定，工程材料，设备的订货、供货合同等）。

（2）工程项目全部设计施工图纸及变更洽商（建设项目的扩大初步设计、技术设计、施工图设计、设计说明书、建筑总平面图及变更洽商等）。

（3）工程项目所在地区位置的自然条件和技术经济条件（施工地质、环境、交通、水电条件等，建筑施工企业的人力、设备、技术和管理水平等）。

（4）施工部署及主要工程施工方案（施工顺序、流水段划分等）。

（5）工程项目需要的主要资源（劳动力状况、机具设备能力、物资供应来源条件等）。

（6）建设方及上级主管部门对施工的要求。

（7）现行规范、规程及有关技术规定（国家现行的施工及验收规范、操作规程、技术规定和技术经济指标）。

（8）其他资料（如类似工程的进度计划）。

2. 确定进度控制目标

根据施工合同确定单位工程的先后施工顺序，作为进度控制目标。

3. 计算工程量

根据批准的工程项目一览表，按单位工程分别计算各主要项目的实物工程量。工程量的计算可以按照初步设计图纸和有关定额手册或资料进行。

4. 确定各单位工程施工工期

各单位工程的施工工期应根据合同工期确定。影响单位工程施工工期的因素很多，如建筑类型、结构特征和工程规模，施工方法、施工技术和施工管理水平，劳动力和材料供应情况，以及施工现场的地形、地质条件等。各单位工程的工期应根据现场具体条件，综合考虑上述影响因素后予以确定。

5. 确定各单位工程搭接关系

（1）同一时期施工的项目不宜过多，以避免人力、物力过于分散。

（2）尽量做到均衡施工，以使劳动力、施工机械和主要材料的供应在整个工期范围内达到均衡。

（3）尽量提前建设可供工程施工使用的永久性工程，以节省临时施工费用。

（4）对于某些技术复杂、施工工期较长、施工困难较多的工程，应安排提前施工，以利于整个工程项目按期交付使用。

（5）施工顺序必须与主要生产系统投入生产的先后次序相吻合，同时还要安排好配套工程的施工时间，以保证建成的工程能迅速投入生产或交付使用。

（6）应注意季节对施工顺序的影响，要确保施工季节不导致工期拖延，不影响工程质量。

（7）应使主要工种和主要施工机械能连续施工。

6. 编制施工总进度计划

首先，根据各施工项目的工期与搭接时间，以工程量大、工期长的单位工程为主导，编制初步施工总进度计划。其次，按照流水施工与综合平衡的要求，检查总工期是否符合要求，资源使用是否均衡且供应是否能得到满足，调整进度计划。最后，编制正式的施工总进度计划。

（二）单位工程施工进度计划的编制步骤

单位工程施工进度计划是施工单位在既定施工方案的基础上，根据规定的工期和各种资源供应条件，对单位工程中的各分部分项工程的施工顺序、施工起止时间及衔接关系进行合理安排。

1. 确定对单位工程施工进度计划的要求

研究施工图、施工组织设计、施工总进度计划，调查施工条件，以确定对单位工程施工进度计划的要求。

2. 划分施工过程

任何项目都是由许多施工过程所组成的，施工过程是施工进度计划的基本组成单元。编制单位工程施工进度计划时，应按照图纸和施工顺序将拟建工程的各个施工过程列出，并结合施工方法、施工条件、劳动组织等因素，加以适当调整。施工过程的划分应考虑以下因素：

（1）施工进度计划的性质和作用。一般来说，对规模大、工程复杂、工期长的建筑工程，编制控制性施工进度计划，施工过程划分可粗一些，综合性可大些，一般可按分部工程划分施工过程，如开工前准备、打桩工程、基础工程、主体结构工程等。

（2）施工方案及工程结构。不同的结构体系，其施工过程划分及其内容也各不相同。

（3）结构性质及劳动组织。施工过程的划分与施工班组的组织形式有关，如玻璃与油漆的施工，如果是单一工种组成的施工班组，可以划分为玻璃、油漆两个施工过程；同时为了组织流水施工的方便或需要，也可合并成一个施工过程，这时施工班组是由多工种混合的混合班组。

（4）对施工过程进行适当合并，达到简明清晰。将一些次要的、穿插性的施工过程合并到主要施工过程中去，将一些虽然重要但是工程量不大的施工过程与相邻的施工过程合并，同一时期由同一工种施工的施工项目也可以合并在一起，将一些关系比较密切、不容易分出先后的施工过程进行合并。

（5）设备安装应单独列项。民用建筑的水、暖、煤、卫、电等房屋设备安装是建筑工程的重要组成部分，应单独列项；工业厂房的各种机电等设备安装也要单独列项。

（6）明确施工过程对施工进度的影响程度。有些施工过程直接在拟建工程上进行作业，施工所占用的时间、资源，对工程的完成与否起着决定性的作用。它在条件允许的情况下，可以缩短或延长工期。这类施工过程必须列入施工进度计划，如砌筑、安装、混凝土的养护等。另外有些施工过程不占用拟建工程的工作面，虽需要一定的时间和消耗一定的资源，但不占用工期，所以不列入施工进度计划，如构件制作和运输等。

3. 编排合理的施工顺序

施工顺序一般按照所选的施工方法和施工机械的要求来确定。设计施工顺序时，必须根据工程的特点、技术上和组织上的要求以及施工方案等进行研究。

4. 计算各施工过程的工程量

施工过程确定之后,应根据施工图纸、有关工程量计算规则及相应的施工方法,分别计算各个施工过程的工程量。

5. 确定劳动量和机械需用量及持续时间

根据计算的工程量和实际采用的施工定额水平,即可进行劳动量和机械台班量的计算。

（1）劳动量的计算。

（2）机械台班量的计算。

（3）持续时间。施工项目工作持续时间的计算方法一般有经验估计法、定额计算法和倒排计划法。

6. 编排施工进度计划

编制施工进度计划可使用网络计划图,也可使用横道计划图。施工进度计划初步方案编制后,应检查各施工过程之间的施工顺序是否合理、工期是否满足要求、劳动力等资源需要量是否均衡,然后再进行调整,正式形成施工进度计划。

7. 编制劳动力和物资计划

有了施工进度计划后,还需要编制劳动力和物资需用量计划,附于施工进度计划之后。

3.2.3 建筑工程进度计划的表示方法

建筑工程进度计划的表示方法有多种,常用的有横道图和网络图两类。

（一）横道图

横道图进度计划法是传统的进度计划方法,横道计划图是按时间坐标绘出的,横向线条表示工程各工序的施工起止时间先后顺序,整个计划由一系列横道线组成。横道图计划表中的进度线（横道）与时间坐标相对应,简单易懂,在相对简单、短期的项目中,横道图都得到了最广泛的运用,如图 3-3 所示。

编码	项目名称	时间/月	费用强度/(万元·月⁻¹)	工程进度/月											
				01	02	03	04	05	06	07	08	09	10	11	12
11	场地平整	1	20	▬											
12	基础施工	3	15		▬▬▬										
13	主体工程施工	5	30				▬▬▬▬▬							
14	砌筑工程施工	3	20								▬▬▬			
15	屋面工程施工	2	30										▬▬	
16	楼地面施工	2	20											▬▬
17	室内设施安装	1	30										▬	
18	室内装饰	1	20											▬
19	室外装饰	1	10											▬
20	其他工程	1	10											

图 3-3　横道图实例

横道图进度计划法的优点是比较容易编辑,简单、明了、直观、易懂;结合时间坐标,各项工作的起止时间、作业时间、工作进度、总工期都能一目了然;流水情况表示得清清楚楚。

横道图的编制程序如下:

(1) 将构成整个工程的全部分项工程纵向排列填入表中。

(2) 横轴表示可能利用的工期。

(3) 分别计算所有分项工程施工所需要的时间。

(4) 如果在工期内能完成整个工程,则将第(3)项所计算出来的各分项工程所需工期安排在图表上,编排出日程表。这个日程的分配是为了要在预定的工期内完成整个工程,对各分项工程的所需时间和施工日期进行试算分配。

(二)网络图

与横道图进度计划方法相反,网络图进度计划方法能明确地反映出工程各组成工序之间的相互制约和依赖关系,可以用它进行时间分析,确定出哪些工序是影响工期的关键工序,以便施工管理人员集中精力抓施工中的主要矛盾,减少盲目性。而且它是一个定义明确的数学模型,可以建立各种调整优化方法,并可利用计算机进行分析计算。

网络计划技术作为现代管理的方法,与传统的计划管理方法相比较,具有明显优点,主要表现为:

第一,利用网络图模型,明确表达各项工作的逻辑关系,即全面而明确地反映出各项工作之间的相互依赖、相互制约的关系。

第二,通过网络图时间参数计算,确定关键工作和关键线路,便于在施工中集中力量抓住主要矛盾,确保竣工工期,避免盲目施工。

第三,显示了机动时间,能从网络计划中预见其对后续工作及总工期的影响程度,便于采取措施,进行资源合理分配。

第四,能够利用计算机绘图、计算和跟踪管理,便于对计划的调整与控制。

第五,便于优化和调整,加强管理,取得好、快、省的全面效果。

1. 网络计划的编制程序

在项目施工中用来指导施工,控制进度的施工进度网络计划,就是经过适当优化的施工网络。其编制程序如下:

(1) 调查研究。了解和分析工程任务的构成和施工的客观条件,掌握编制进度计划所需的各种资料,特别要对施工图进行透彻研究,并尽可能对施工中可能发生的问题作出预测,考虑解决问题的对策等。

(2) 确定方案。确定方案主要是指确定项目施工总体部署,划分施工阶段,制定施工方法,明确工艺流程,决定施工顺序等。这些一般都是施工组织设计中施工方案说明中的内容,且施工方案说明一般应在施工进度计划之前完成,故可直接从有关文件中获得。

(3) 划分工序。根据工程内容和施工方案,将工程任务划分为若干道工序。一个项目划分为多少道工序,由项目的规模和复杂程度,以及计划管理的需要来决定,只要能满足工作需要就可以了,不必分得过细。大体上要求每一道工序都有明确的任务内容,有一定的实物工程量和形象进度目标,能够满足指导施工作业的需要,完成与否有明确的判别标志。

（4）估算时间。估算时间即估算完成每道工序所需要的工作时间，也就是每项工作延续时间。这是对计划进行定量分析的基础。

（5）编工序表。将项目的所有工序依次列成表格，编排序号，以便于查对是否遗漏或重复，并分析相互之间的逻辑制约关系。

（6）画网络图。根据工序表画出网络图。工序表中所列出的工序逻辑关系既包括工艺逻辑，也包含由施工组织方法决定的组织逻辑。

（7）画时标网络图。给上面的网络图加上时间横坐标，这时的网络图就叫时标网络图。在时标网络图中，表示工序的箭线长度受时间坐标的限制，一道工序的箭线长度在时间坐标轴上的水平投影长度就是该工序延续时间的长短；工序的时差用波形线表示；虚工序延续时间为零，因而虚箭线在时间坐标轴上的投影长度也为零；虚工序的时差也用波形线表示。这种时标网络可以按工序的最早开工时间来画，也可以按工序的最迟开工时间来画，在实际应用中多采用前者。

（8）画资源曲线。根据时标网络图可画出施工主要资源的计划用量曲线。

（9）可行性判断。可行性判断主要是判别资源的计划用量是否超过实际可能的投入量。如果超过了，这个计划是不可行的，要进行调整，无非是要将施工高峰错开，削减资源用量高峰；或者改变施工方法，减少资源用量。这时就要增加或改变某些组织逻辑关系，重新绘制时间坐标网络图；如果资源计划用量不超过实际拥有量，那么这个计划是可行的。

（10）优化程度判别。可行的计划不一定是最优的计划。计划的优化是提高经济效益的关键步骤。所以，要判别计划是否最优。如果不是，就要进一步优化，如果计划的优化程度已经可以令人满意（往往不一定是最优），就得到了可以用来指导施工、控制进度的施工网络图了。

我国《工程网络计划技术规程》中推荐的常用的工程网络计划类型包括：

（1）双代号网络计划。

（2）单代号网络计划。

（3）双代号时标网络计划。

（4）单代号搭接网络计划。

2. 双代号网络计划图的组成

双代号网络计划图是由箭线、节点和线路组成的，用来表示工作流程的有向、有序网状图形。一个网络计划图表示一项计划任务。双代号网络计划图用两个圆圈和一个箭杆表示一个工序，工作名称写在箭杆上面，持续时间写在箭杆下面，箭尾表示工序的开始，箭头表示结束，圆圈表示先后两工序之间的连接，在网络图中叫节点，节点可以填入工序开始和结束时间，也可以表示代号（图3-4）。

图3-4 双代号网络计划图表示法

(1) 箭线:一条箭线表示一项工作,如砌墙、抹灰等。工作所包括的范围可大可小,既可以是一道工序,也可以是一个分项工程或一个分部工程,甚至是一个单位工程。在无时标的网络图中,箭线的长短并不反映该工作占用时间的长短。箭线的方向表示工作进行的方向和前进的路线,箭线的尾端表示该项工作的开始,箭头端则表示该项工作的结束。箭线可以画成直线、斜线或折线。虚箭线可以起到联系和断路的作用。指向某个节点的箭线称为该节点的内向箭线;从某节点引出的箭线称为该节点的外向箭线。

(2) 节点:节点代表一项工作的开始或结束。除起点节点和终点节点外,任何中间节点既是前面工作的结束节点,也是后面工作的开始节点。节点是前后两项工作的交接点,它既不消耗时间也不消耗资源。双代号网络计划图中,一项工作可以用其箭线两端节点内的号码来表示。对一项工作来说,其箭头节点的编号应大于箭尾节点的编号,即顺着箭线方向由小到大。

(3) 线路:网络图中从起点节点开始,沿箭头方向顺序通过一系列箭线与节点,最后到达终点节点的通路称为线路。线路上所有工作的持续时间总和称为该线路的总持续时间。总持续时间最长的线路称为关键线路,关键线路的长度就是网络计划的总工期。关键线路上的工作称为关键工作。关键工作的实际进度是建筑工程进度控制工作中的重点。在网络计划中,关键线路可能不止一条。在网络计划执行过程中,关键线路还会发生转移。

3. 绘制双代号网络计划图的基本原则

网络计划图的绘制是网络计划方法应用的关键,要正确绘制网络计划图,必须正确反映各项工作之间的逻辑关系,遵守绘图的基本规则。各工作间的逻辑关系既包括客观上的由工艺所决定的工作上的先后顺序关系,也包括施工组织所要求的工作之间相互制约、相互依赖的关系。逻辑关系表达得是否正确,是网络计划图能否反映工程实际情况的关键,而且逻辑关系搞错,图中各项工作参数的计算以及关键线路和工程工期都将随之出现错误。

(1) 逻辑关系

逻辑关系是指项目中各工作之间的先后顺序关系,具体包括工艺关系和组织关系。

①工艺关系:生产性工作之间由工艺过程决定的、非生产性工作之间由工作程序决定的先后顺序关系称为工艺关系。

②组织关系:工作之间由于组织安排需要或资源(劳动力、原材料、施工机具等)调配需要而规定的先后顺序关系称为组织关系。

在绘制网络图时,应特别注意虚箭线的使用。在某些情况下,必须借助虚箭线才能正确表达工作之间的逻辑关系,表 3-1 给出了常见逻辑关系及其表示方法。

(2) 绘图规则

①网络计划图中严禁出现从一个节点出发,顺箭头方向又回到原出发点的循环回路。如果出现循环回路,逻辑关系将混乱,工作无法按顺序进行。当然,此时节点编号也会出现错误。网络计划图中的箭线(包括虚箭线,以下同)应保持自左向右的方向,不应出现箭头指向左方的水平箭线和箭头偏向左方的斜向箭线(图 3-5)。若遵循该规则绘制网络图,就不会出现循环回路。

表 3 - 1 常见逻辑关系及其表示方法

序 号	工作之间的逻辑关系	网络图中的表示方法
1	A 完成后进行 B 和 C	
2	A、B 均完成后进行 C	
3	A、B 均完成后同时进行 C 和 D	
4	A 完成后进行 C A、B 均完成后进行 D	
5	A、B 均完成后进行 D A、B、C 均完成后进行 E D、E 均完成后进行 F	
6	A、B 均完成后进行 C B、D 均完成后进行 E	
7	A、B、C 均完成后进行 D B、C 均完成后进行 E	
8	A 完成后进行 C A、B 均完成后进行 D B 完成后进行 E	
9	A、B 两项工作分成三个施工段， 分段流水施工： A₃ 完成后进行 A₂、B₁ A₂ 完成后进行 A₁、B₂ A₁、B₂ 完成后进行 B₃ B₃、B₁ 完成后进行 B₂	有两种表示方法

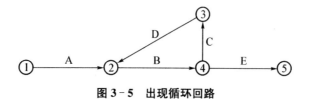

图 3 - 5 出现循环回路

②网络计划图中严禁出现双向箭头和无箭头的连线。因为工作进行的方向不明确，因而不能达到网络图有向的要求，如图3-6所示。

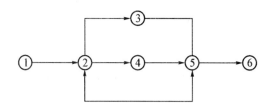

图3-6　出现双向箭头和无箭头的连线

③网络图中严禁出现没有箭尾节点的箭线和没有箭头节点的箭线。图3-7所示即为错误的画法。

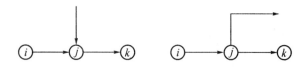

图3-7　出现没有箭尾节点的箭线和没有箭头节点的箭线

④严禁在箭线上引入或引出箭线，图3-8所示即为错误的画法。

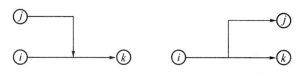

图3-8　在箭线上引入或引出箭线

⑤应尽量避免网络图中工作箭线的交叉。当交叉不可避免时，可以采用过桥法处理，如图3-9所示。

图3-9　过桥法

⑥网络图中应只有一个起点节点或一个终点节点，图3-10所示即为错误的画法。

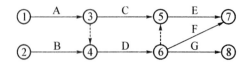

图3-10　存在多个起点节点和终点节点

⑦当网络图的起点节点有多条箭线引出(外向箭线)或终点节点有多条箭线引入(内向箭线)时,为使图形简洁,可用母线法绘图,如图 3-11 所示。

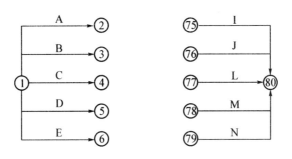

图 3-11 母线法

⑧对平行搭接进行的工作,在双代号网络计划图中,应分段表达。图 3-12 中所包含的工作为钢筋加工和钢筋绑扎,其分为三个施工段进行施工。

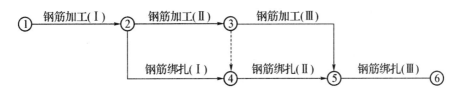

图 3-12 工作平行搭接的表达

⑨网络图应条理清楚,布局合理。在正式绘图以前,应先绘出草图,然后再作调整,在调整过程中要做到突出重点工作,即尽量把关键线路安排在中心醒目的位置(如何找出关键线路见后面的有关内容),把联系紧密的工作尽量安排在一起,使整个网络条理清楚,布局合理。如图 3-13 所示,(b)图由(a)图整理而得,看起来(b)图比(a)图整齐而合理。

(3) 绘图步骤

当已知每一项工作的紧前工作时,可按下述步骤绘制双代号网络计划图:

①绘制没有紧前工作的工作箭线,使它们具有相同的开始节点。

②从左至右依次绘制其他工作箭线。绘制工作箭线按下列原则进行:

当所要绘制的工作只有一项紧前工作时,将该工作箭线直接画在其紧前工作箭线之后即可。

当所要绘制的工作有多项紧前工作时,应按不同情况分别予以考虑。

当各项工作箭线都绘制出来之后,应合并那些没有紧后工作之工作箭线的箭头节点,以保证网络图只有一个终点节点。

当确认所绘制的网络图正确后,即可进行节点编号。

当已知每一项工作的紧后工作时,绘制方法类似,只是其绘图的顺序由上述的从左向右改为从右向左。

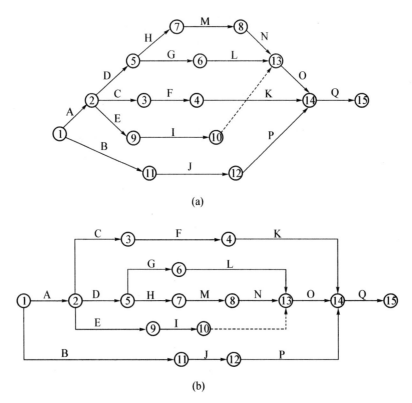

(a)

(b)

图 3-13　网络图的布局

4. 双代号网络计划时间参数的概念

所谓时间参数,是指网络计划、工作及节点所具有的各种时间值。网络计划的时间参数是确定工程计划工期、确定关键线路、关键工作的基础,也是判定非关键工作机动时间和进行优化、计划管理的依据。

时间参数计算应在各项工作的持续时间确定之后进行。双代号网络计划的时间参数主要有:

(1) 工作持续时间和工期

①工作持续时间是指一项工作从开始到完成的时间。在双代号网络计划中,工作 i 持续时间用 $i-j$ 表示。

②工期泛指完成一项任务所需要的时间。在网络计划中,工期一般有以下三种:

计算工期。计算工期是根据网络计划时间参数计算而得到的工期,用 T_c 表示。

要求工期。要求工期是任务委托人所提出的指令性工期,用 T_r 表示。

计划工期。计划工期是指根据要求工期和计算工期所确定的作为实施目标的工期,用 T_p 表示。

当已规定了要求工期时,计划工期不应超过要求工期。

当未规定要求工期时,可令计划工期等于计算工期。

(2) 工作的六个时间参数

除工作持续时间外,网络计划中工作的六个时间参数是:最早开始时间、最早完成时间、最迟完成时间、最迟开始时间、总时差和自由时差。

①最早开始时间(ES_{i-j})和最早完成时间(EF_{i-j})。工作的最早开始时间是指在其所有紧前工作全部完成后，本工作有可能开始的最早时刻。工作的最早完成时间是指在其所有紧前工作全部完成后，本工作有可能完成的最早时刻。工作的最早完成时间等于本工作的最早开始时间与其持续时间之和。在双代号网络计划中，工作 $i-j$ 的最早开始时间和最早完成时间分别用 ES_{i-j} 和 EF_{i-j} 表示。

②最迟完成时间(LF_{i-j})和最迟开始时间(LS_{i-j})。工作的最迟完成时间是指在不影响整个任务按期完成的前提下，本工作必须完成的最迟时刻。工作的最迟开始时间是指在不影响整个任务按期完成的前提下，本工作必须开始的最迟时刻。工作的最迟开始时间等于本工作的最迟完成时间与其持续时间之差。在双代号网络计划中，工作 $i-j$ 的最迟完成时间和最迟开始时间分别用 LF_{i-j} 和 LS_{i-j} 表示。

③总时差(TF_{i-j})和自由时差(FF_{i-j})。工作的总时差是指在不影响总工期的前提下，本工作可以利用的机动时间。在双代号网络计划中，工作 $i-j$ 的总时差用 TF_{i-j} 表示。工作的自由时差是指在不影响其紧后工作最早开始时间的前提下，本工作可以利用的机动时间。在双代号网络计划中，工作 $i-j$ 的自由时差用 FF_{i-j} 表示。

应用案例 3-2

1. 背景

已知各工作之间的逻辑关系如表 3-2 所示。

表 3-2 工作逻辑关系表

工作	A	B	C	D
紧前工作	—	—	A、B	B

2. 问题

试绘制其双代号网络图。

3. 案例分析

(1) 绘制工作箭线 A 和工作箭线 B，如图 3-14(a)所示。

(2) 绘制工作箭线 C，如图 3-14(b)所示。

(3) 绘制工作箭线 D 后，将工作箭线 C 和 D 的箭头节点合并，以保证网络图只有一个终点节点。当确认给定的逻辑关系表达正确后，再进行节点编号。表 3-2 给定逻辑关系所对应的双代号网络图如图 3-14(c)所示。

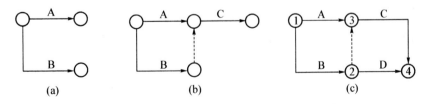

图 3-14 双代号网络进度计划图

5. 双代号网络计划时间参数的计算

双代号网络计划时间参数的计算有按工作计算法和按节点计算法两种,下面主要介绍按工作计算法计算时间参数。

按工作计算法是指以网络计划中的工作为对象,直接计算各项工作的时间参数。为了简化计算,网络计划时间参数中的开始时间和完成时间都应以时间单位的终了时刻为标准。如第 4 天开始即是指第 4 天终了(下班)时刻开始,实际上是第 5 天上班时刻才开始;第 6 天完成即是指第 6 天终了(下班)时刻完成。

按工作计算法计算时间参数的过程如下:

(1) 计算工作的最早开始时间和最早完成时间。工作的最早开始时间是指其所有紧前工作全部完成后,本工作最早可能的开始时刻。工作的最早开始时间用 ES_{i-j} 表示。规定:工作的最早开始时间应从网络计划的起点节点开始,顺着箭线方向自左向右依次逐项计算,直到终点节点为止。必须先计算其紧前工作,然后再计算本工作。工作最早完成时间是工作最早开始时间加上工作持续时间所得到时间。

①网络计划起点节点为开始节点的工作,当未规定其最早开始时间时,其最早开始时间为零。

②工作的最早完成时间可利用式(3-1)进行计算:

$$EF_{i-j}=ES_{i-j}+D_{i-j} \qquad\qquad (3-1)$$

③其他工作的最早开始时间应等于其紧前工作最早完成时间的最大值。

④网络计划的计算工期应等于以网络计划终点节点为完成节点的工作的最早完成时间的最大值。

(2) 确定网络计划的计划工期。

(3) 计算工作的最迟完成时间和最迟开始时间。工作最迟完成时间和最迟开始时间的计算应从网络计划的终点节点开始,逆着箭线方向依次进行。其计算步骤如下:

①以网络计划终点节点为完成节点的工作,其最迟完成时间等于网络计划的计划工期。

$$LF_{i-n}=T_p \qquad\qquad (3-2)$$

②工作的最迟开始时间可利用式(3-3)进行计算:

$$LS_{i-j}=LF_{i-j}-D_{i-j} \qquad\qquad (3-3)$$

③其他工作的最迟完成时间应等于其紧后工作最迟开始时间的最小值。

(4) 计算工作的总时差。工作的总时差等于该工作最迟完成时间与最早完成时间之差,或该工作最迟开始时间与最早开始时间之差。

(5) 计算工作的自由时差。工作自由时差的计算应按以下两种情况分别考虑:

①对于有紧后工作的工作,其自由时差等于本工作紧后工作最早开始时间减去本工作最早完成时间所得差的最小值。

②对于无紧后工作的工作,也就是以网络计划终点节点为完成节点的工作,其自由时差等于计划工期与本工作最早完成时间之差。

需要指出的是,对于网络计划中以终点节点为完成节点的工作,其自由时差与总时差相等。此外,由于工作的自由时差是其总时差的构成部分,所以,当工作的总时差为零时,其自由时差必然为零,可不必进行专门计算。

(6)确定关键工作和关键线路。在网络计划中,总时差最小的工作为关键工作。特别地,当网络计划的计划工期等于计算工期时,总时差为零的工作就是关键工作。

找出关键工作之后,将这些关键工作首尾相连,便构成从起点节点到终点节点的通路,位于该通路上各项工作的持续时间总和最大,这条通路就是关键线路。在关键线路上可能有虚工作存在。

关键线路一般用粗箭线或双线箭线标出,也可以用彩色箭线标出。关键线路上各项工作的持续时间总和应等于网络计划的计算工期,这一特点也是判别关键线路是否正确的准则。

应用案例 3-3

1. 背景

某项目逻辑关系如表 3-3 所示。

表 3-3　工作逻辑关系表

工作	A	B	C	D	E	F
紧前工作	—	—	A	A	B,C	D
持续时间	2	3	4	3	6	2

2. 问题

(1)绘制其网络计划图。

(2)试计算各个时间参数,并标明关键线路和工期(单位:天)。

3. 案例分析

(1)网络计划图如图 3-15 所示。

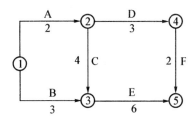

图 3-15　双代号网络进度计划图

(2)计算其时间参数(图 3-16)。

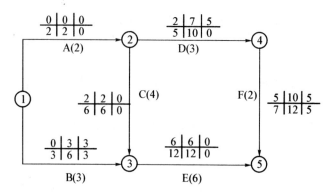

图 3 - 16 双代号网络进度计划的时间参数计算

总工期 12 天,关键线路:1—2—3—5。

3.3 建筑工程项目进度计划的实施、检查与比较

3.3.1 建筑工程项目进度计划的实施

实施施工进度计划,应逐级落实年、季、月、旬、周施工进度计划,最终通过施工任务书由班组实施,记录现场的实际情况以及调整、控制进度计划。

(一)编制年、月施工进度计划和施工任务书

1. 年(季)度施工进度计划

大型施工项目的施工,工期往往要几年。这就需要编制年(季)度施工进度计划,以实现施工总进度计划,该计划可采用表 3 - 4 的格式进行编制。

表 3 - 4 ××项目年度施工进度计划表

单位工程名称	工程量	总产值/万元	开工日期	计划完工日期	本年完成数量	本年形象进度

2. 月(旬、周)施工进度计划

对于单位工程来说,月(旬、周)计划有指导作业的作用,因此要具体编制成作业计划,应在单位工程施工进度计划的基础上分段细化编制。格式可参考表 3 - 5,施工进度每格代表天数根据月、旬、周分别确定。旬、周计划不必全编,可任选一种。

表3-5　××项目年度施工进度计划表

分项工程名称	工程量		本月完成工程量	需要人工数（机械数量）	施工进度					
	单位	数量								

3. 施工任务书

施工任务书是向作业班组下达施工任务的一种工具。它是计划管理和施工管理的重要基础依据，也是向班组进行质量、安全、技术、节约等交底的好形式，可作为原始记录文件供业务核算使用。随施工任务书下达的限额领料单是进行材料管理和核算的良好手段。施工任务书的表达形式见表3-6所示。任务书的背面是考勤表，随任务书下达的限额领料单见表3-7所示。

表3-6　施工任务书

工程名称：＿＿＿＿　字　第　号
施工队组：＿＿＿＿　签发日期　年　月　日

工期	开工	完工	天数
计划			
实际			

定额编号	工程项目	单位	计划				实际		附注
			工程量	时间定额	每工产量	工日数	工程量	定额工日	
	合计								

工作范围						
质量安全要求	技术、节约措施				质量验收意见	

签发				结算						功效	
工长	组长	劳资员	材料员	工长	组长	统计员	材料员	质安员	劳资员	定额工日	
										实际工日	
										完成/%	

表 3-7　限额领料单

领料部门：　　　　　　　　　　　　　　　　　　　　　　　　　　　　　领料编号：

领料用途：　　　　　　　　　年　　月　　日　　　　　　　　　　　　　发料仓库：

材料类别	材料编号	材料名称及规格	计量单位	领用限额	实际领用	单价	金额	备注

供应部门负责人：　　　　　　　　　　　　　　　　　　　　　　　计划生产部门负责人：

日期	领用				退料			限额结余
	申领数量	实发数量	发料人签章	领料人签章	退料数量	退料人签章	收料人签章	

（二）记录现场的实际情况

在施工中要如实做好施工记录，记录好各项工作的开、竣工日期和施工工期，记录每日完成的工程量，施工现场发生的事件及解决情况，可为计划实施的检查、分析、调整、总结提供原始资料。

（三）调整、控制进度计划

检查作业计划执行中出现的各种问题，找出原因并采取措施解决；监督供货商按照进度计划要求按时供料；控制施工现场各项设施的使用；按照进度计划做好各项施工准备工作。

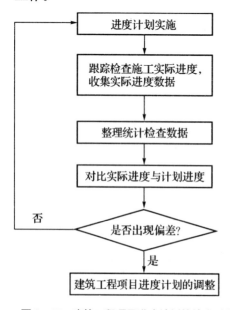

图 3-17　建筑工程项目进度计划的检查过程

3.3.2　建筑工程项目进度计划的检查

在建筑工程项目的实施过程中，为了进行进度控制，进度控制人员应经常、定期地跟踪检查施工实际进度情况。施工进度的检查与进度计划的执行是融合在一起的，施工进度的检查应与施工进度记录结合进行。计划检查是计划执行信息的主要来源，是施工进度调整和分析的依据，是进度控制的关键步骤。具体应主要检查工作量的完成情况、工作时间的执行情况、资源使用及与进度的互相配合情况等。进行进度统计整理和对比分析，确定实际进度与计划进度之间的关系，并视实际情况对计划进行调整，其主要工作如图 3-17 所示。

1. 跟踪检查施工实际进度，收集实际进度数据

跟踪检查施工实际进度是项目施工进度控制

的关键措施。其目的是收集实际施工进度的有关数据。跟踪检查的时间和收集数据的质量,直接影响控制工作的质量和效果。

2. 整理统计检查数据

为了进行实际进度与计划进度的比较,必须对收集到的实际进度数据进行加工处理,形成与计划进度具有可比性的数据。例如,对检查时段实际完成工作量的进度数据进行整理、统计和分析,确定本期累计完成的工作量、本期已完成的工作量占计划总工作量的百分比等。

3. 对比实际进度与计划进度

进度计划的检查方法主要是对比法,即把实际进度与计划进度进行对比,从而发现偏差。将实际进度数据与计划进度数据进行比较,可以确定建筑工程实际执行状况与计划目标之间的差距。为了直观反映实际进度偏差,通常采用表格或图形进行实际进度与计划进度的对比分析,从而得出实际进度比计划进度超前、滞后还是一致的结论。

实践中,我们可采用横道图比较法、S形曲线比较法、香蕉形曲线比较法、前锋线比较法、列表比较法等。

4. 调整建筑工程项目进度计划

若产生的偏差对总工期或后续工作产生了影响,经研究后需对原进度计划进行调整,以保证进度目标的实现。

3.3.3 建筑工程项目进度计划的比较

(一) 横道图比较法

用横道图编制施工进度计划,指导施工的实施已是人们常用的、很熟悉的方法。它简明、形象和直观,编制方法简单,使用方便。

横道图比较法,是把在项目施工中检查实际进度收集的信息,经整理后直接用横道线与原计划的横道线并列标于一起,进行直观比较的方法。通过上述记录与比较,为进度控制者提供了实际施工进度与计划进度之间的偏差,为采取调整措施提供了明确的任务。这是人们施工中进行施工项目进度控制经常使用的一种最简单的方法。

完成任务量可以用实物工程量、劳动消耗量和工作量三种物理量表示,为了方便比较,一般用它们实际完成量的累计百分比与计划的应完成量的累计百分比进行比较。

应用案例 3 - 4

1. 背景

某工程项目基础工程的计划进度和截止到第9周末的实际进度如图 3 - 18 所示,其中双线条表示该工程计划进度,粗实线表示实际进度。

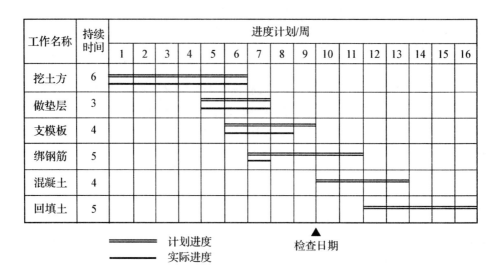

工作名称	持续时间	进度计划/周															
		1	2	3	4	5	6	7	8	9	10	11	12	13	14	15	16
挖土方	6																
做垫层	3																
支模板	4																
绑钢筋	5																
混凝土	4																
回填土	5																

　　━━━　计划进度　　　　　　　　　　▲
　　━━━　实际进度　　　　　　　检查日期

图 3 - 18　某工程项目基础工程的计划进度与实际进度

2. 问题

用横道图法进行实际进度和计划进度的比较。

3. 案例分析

从图中实际进度与计划进度的比较可以看出,到第 9 周末进行实际进度检查时,挖土方和做垫层两项工作已经完成;支模板按计划也应该完成,但实际只完成 75%,任务量拖欠 25%;绑钢筋按计划应该完成 60%,而实际只完成 20%,任务量拖欠 40%。

图 3 - 18 所表达的比较方法仅适用于工程项目中的各项工作都是均匀进展的情况,即每项工作在单位时间内完成的任务量都相等的情况。事实上,工程项目中各项工作的进展不一定是匀速的。根据施工项目施工中各项工作的速度不一定相同,以及进度控制要求和提供的进度信息不同,可以采用下列几种方法。

1. 匀速进展横道图比较法

匀速进展是指施工项目中,每项工作的施工进展速度都是匀速的,即在单位时间内完成的任务量都是相等的,累计完成的任务量与时间的关系曲线为直线,如图 3 - 19 所示。

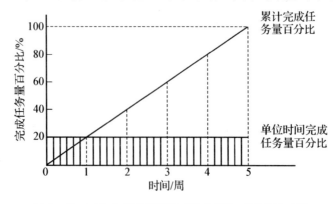

图 3 - 19　工作匀速进展时完成任务量与时间关系曲线

采用匀速进展横道图比较法(图3-20)时,其步骤为:

(1) 编制横道图进度计划。

(2) 在进度计划上标出检查日期。

(3) 将检查收集的实际进度数据,按比例用涂黑的粗线标于计划进度线的下方。

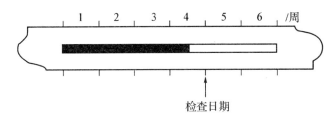

图3-20 匀速进展横道图比较法

(4) 比较分析实际进度与计划进度。

①涂黑的粗线右端与检查日期相重合,表明实际进度与施工计划进度相一致。

②涂黑的粗线右端在检查日期左侧,表明实际进度拖后。

③涂黑的粗线右端在检查日期右侧,表明实际进度超前。

该方法只适用于工作从开始到完成的整个过程中,其施工速度是不变的,累计完成任务量与时间成正比。若工作的施工速度是变化的,则这种方法不能进行工作的实际进度与计划进度之间的比较。

2. 非匀速进展横道图比较法

非匀速进展横道图比较法是适用于工作进度按变速进展的情况下,工作实际进度与计划进度进行比较的一种方法。这种方法是在表示工作实际进度的涂黑粗线的同时,标出其对应时刻完成任务量的累计百分比,将该百分比与其同时刻计划完成任务量累计百分比相比较,判断工作的实际进度与计划进度之间的关系的一种方法。

其比较方法的步骤为:

(1) 编制横道图进度计划。

(2) 在横道线上方标出每周(月)计划累计成任务量百分比。

(3) 在计划横道线的下方标出至检查日期实际完成的任务累计百分比。

(4) 用涂黑粗线标出实际进度线,并从开工日标起,同时反映出施工过程中工作的连续与间断情况。

(5) 通过比较同一时刻实际完成任务量累计百分比和计划完成任务量累计百分比,判断工作实际进度与计划进度之间的关系。

①若同一时刻上下两个累计百分比相等,则实际进度与计划进度一致。

②若同一时刻上面的累计百分比大于下面的累计百分比,则该时刻实际施工进度拖后,拖后的量为二者之差。

③若同一时刻上面的累计百分比小于下面累计百分比,则表明该时刻实际施工进度超前,超前的量为二者之差。

应用案例 3 - 5

1. 背景

某工程项目中的基槽开挖工作按施工进度计划安排需要 7 周完成,每周计划完成的任务量百分比如图 3 - 21 所示。

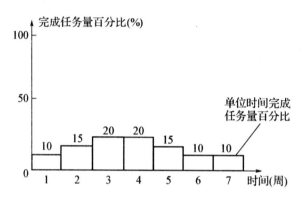

图 3 - 21   基槽开挖进展时间与完成工作量之间的关系

2. 问题

用双比例单侧横道图比较法进行施工实际进度与计划进度的比较。

3. 案例分析

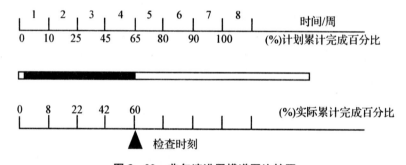

图 3 - 22   非匀速进展横道图比较图

比较实际进度与计划进度。从图 3 - 22 中可以看出,该工作在第一周实际进度比计划进度拖后 2%,以后各周末累计拖后分别为 3%、3% 和 5%。

(二)S 形曲线比较法

S 形曲线比较法与横道图比较法不同,它不是在编制的横道图进度计划上进行实际进度与计划进度比较,而是以横坐标表示时间,纵坐标表示累计完成任务量,绘制出一条按计划时间累计完成任务量的 S 形曲线,将工程项目实施过程中各检查时间实际累计完成任务量的 S 形曲线也绘制在同一坐标系中,并进行实际进度与计划进度相比较的一种方法。

对整个施工项目的施工全过程而言,一般在开始和结尾阶段,单位时间投入的资源量较少,中间阶段单位时间投入的资源量较多,与其相关,单位时间完成的任务量也是同样变化的,而随时间进展累计完成的任务量就应该呈S形变化。由于形似英文字母"S",S形曲线因此而得名,如图3-23所示。

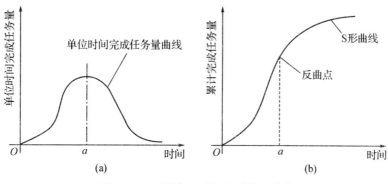

图3-23　时间与完成任务量关系曲线

1. S形曲线绘制

S形曲线的绘制步骤如下:

(1) 确定单位时间计划完成任务量。

(2) 计算规定时间 j 计划累计完成的任务量。其计算方法等于各单位时间完成的任务量累加求和。

(3) 按各规定时间的 Q_j 值(累计完成任务量)绘制S形曲线。

2. S形曲线比较

S形曲线比较法同横道图比较法一样,是在图上直观地进行施工项目实际进度与计划进度相比较。一般情况下,计划进度控制人员在计划实施前绘制出S形曲线。在项目施工过程中,按规定时间将检查的实际完成情况与计划S形曲线绘制在同一张图上,可得出实际进度S形曲线,如图3-24所示。

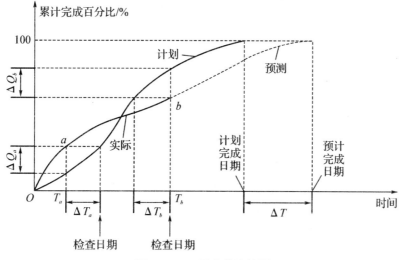

图3-24　S形曲线比较图

比较两条S形曲线,可以得到以下信息:

(1)工程项目实际进展状况。如果工程实际进展点落在计划S形曲线左侧,表明此时实际进度比计划进度超前,如图中的 a 点;如果工程实际进展点落在计划S形曲线右侧,表明此时实际进度拖后,如图中的 b 点;如果工程实际进展点正好落在计划S形曲线上,则表示此时实际进度与计划进度一致。

(2)工程项目实际进度超前或拖后的时间。在S形曲线比较图中可以直接读出实际进度比计划进度超前或拖后的时间。如图3-24所示, ΔT_a 表示 T_a 时刻实际进度超前的时间; ΔT_b 表示 T_b 时刻实际进度拖后的时间。

(3)工程项目实际超额或拖欠的任务量。在S形曲线比较图中也可直接读出实际进度比计划进度超额或拖欠的任务量。如图3-24所示, ΔQ_a 表示 T_a 时刻超额完成的任务量, ΔQ_b 表示 T_b 时刻拖欠的任务量。

(4)后期工程进度预测。如果后期工程按原计划速度进行,则可做出后期工程计划S形曲线,如图3-24中虚线所示,从而可以确定工期拖延预测值 ΔT 。

 **应用案例3-6**

1. 背景

某混凝土工程的浇筑总量为 2 000 m³,按照施工方案,计划9个月完成,每月计划完成的混凝土浇筑量如表3-8所示。

表3-8　每月计划完成的混凝土浇筑量

时间(月)	1	2	3	4	5	6	7	8	9
每月完成量(m³)	80	160	240	320	400	320	240	160	80

2. 问题

试绘制该混凝土工程的计划S曲线。

3. 案例分析

(1)计算不同时间累计完成任务量。依次计算每月计划累计完成的混凝土浇筑量,结果列于表3-9中。

表3-9　完成工作量汇总表

时间(月)	1	2	3	4	5	6	7	8	9
每月完成量(m³)	80	160	240	320	400	320	240	160	80
累计完成量(m³)	80	240	480	800	1 200	1 520	1 760	1 920	2 000

(2)根据累计完成的工作量绘制S曲线。在本例中,根据每月计划累计完成混凝土浇筑量而绘制的S曲线如图3-25所示。

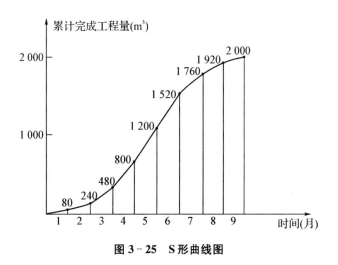

图 3-25 S形曲线图

（三）香蕉形曲线比较法

1. 香蕉形曲线的绘制

香蕉形曲线是由两条S形曲线组合成的闭合曲线。从S形曲线比较法中得知，按某一时间开始的施工项目的进度计划，其计划实施过程中进行时间与累计完成工作量的关系都可以用一条S形曲线表示。一个施工项目的网络计划，在理论上总是分为最早和最迟两种开始与完成时间的。因此，一般情况下，任何一个施工项目的网络计划，都可以绘制出两条曲线：其一是计划以各项工作的最早开始时间安排进度而绘制的S形曲线，称为 ES 曲线；其二是计划以各项工作的最迟开始时间安排进度而绘制的S形曲线，称为 LS 曲线。

两条S形曲线都是从计划的开始时刻开始和完成时刻结束，因此两条曲线是闭合的。一般情况，其余时刻 ES 曲线上的各点均落在 LS 曲线相应点的左侧，形成一个形如"香蕉"的曲线，故此称为香蕉形曲线，如图 3-26 所示。

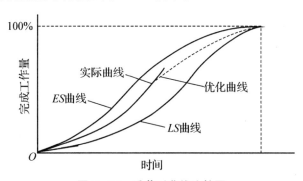

图 3-26 香蕉形曲线比较图

在项目的实施中，进度控制的理想状况是任一时刻按实际进度描绘的点，应落在该香蕉形曲线的区域内。

2. 香蕉形曲线比较法的作用

香蕉形曲线比较法能直观地反映工程项目的实际进展情况，并可以获得比S形曲线更多的信息。其主要作用有：

（1）合理安排工程项目进度计划。如果工程项目中的各项工作均按其最早开始时间安排进度,将导致项目的成本加大;而如果各项工作都按其最迟开始时间安排进度,则一旦受到进度影响因素的干扰,又将导致工期拖延,使工程进度风险加大。因此,一个科学合理的进度计划优化曲线应处于香蕉形曲线所包络的区域之内。

(2)进行施工实际进度与计划进度比较。在工程项目的实施过程中,根据每次检查收集到的实际完成任务量,绘制出实际进度 S 形曲线,便可以与计划进度进行比较。工程项目实施进度的理想状态是任一时刻工程实际进展点应落在香蕉形曲线图的范围之内。如果工程实际进展点落在 ES 曲线的左侧,表明此刻实际进度比各项工作按其最早开始时间安排的计划进度超前;如果工程实际进展点落在 LS 曲线的右侧,则表明此刻实际进度比各项工作按其最迟开始时间安排的计划进度拖后。

(3)利用香蕉形曲线可以对后期工程的进展情况进行预测。确定在检查状态下,后期工程的 ES 曲线和 LS 曲线的发展趋势。

3. 香蕉形曲线的作图方法

香蕉形曲线的作图方法与 S 形曲线的作图方法基本一致,所不同之处在于它是分别以工作的最早开始时间和最迟开始时间而绘制的两条 S 形曲线的结合。其具体步骤如下:

(1)确定各项工作每周(天)的劳动消耗量。

(2)计算工程项目劳动消耗总量。

(3)根据各项工作按最早开始时间安排的进度计划,确定工程项目每周(天)计划劳动消耗量及各周累计劳动消耗量。

(4)根据各项工作按最迟开始时间安排的进度计划,确定工程项目每周(天)计划劳动消耗量及各周累计劳动消耗量。

(5)根据不同的累计劳动消耗量分别绘制 ES 曲线和 LS 曲线,得到香蕉形曲线。

在工程项目实施过程中,根据检查得到的实际累计完成任务量,按同样的方法在原计划香蕉形曲线图上绘出实际进度曲线,便可以进行实际进度与计划进度的比较。

 应用案例 3 - 7

1. 背景

某工程项目网络计划如图 3 - 27 所示。图中箭线上方数字表示各项工作计划完成的任务量,以资源消耗量表示,箭线下方数字表示各项工作持续时间(单位为周)。

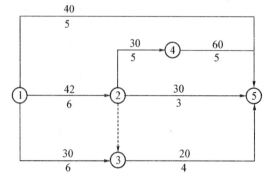

图 3 - 27　某网络进度计划图

2. 问题

试绘制"香蕉"曲线。

3. 案例分析

假设各项工作均为匀速进展,即各项工作每周的资源消耗量相等。

(1) 确定各项工作每周的资源消耗量

工作 1～2:42÷6＝7

工作 1～3:30÷6＝5

工作 1～5:40÷5＝8

工作 2～4:30÷5＝6

工作 2～5:30÷3＝10

工作 3～5:20÷4＝5

工作 4～5:60÷5＝12

(2) 计算工程项目资源消耗总量 Q

$Q＝40＋42＋30＋30＋30＋20＋60＝252$

(3) 根据各项工作按最早开始时间安排的进度计划,确定工程项目每周计划资源消耗量及各周累计资源消耗量,如图 3-28 所示:

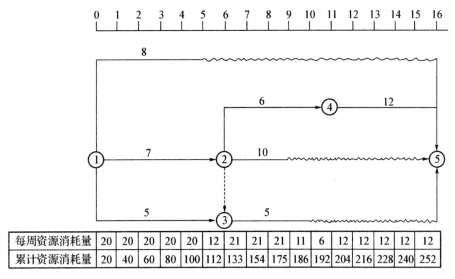

| 每周资源消耗量 | 20 | 20 | 20 | 20 | 20 | 12 | 21 | 21 | 21 | 11 | 6 | 12 | 12 | 12 | 12 | 12 |
| 累计资源消耗量 | 20 | 40 | 60 | 80 | 100 | 112 | 133 | 154 | 175 | 186 | 192 | 204 | 216 | 228 | 240 | 252 |

图 3-28 按工作最早时间安排的进度计划及劳动消耗量

(4) 根据各项工作按最迟开始时间安排的进度计划,确定工程项目每周计划资源消耗量及各周累计资源消耗量,如图 3-29 所示:

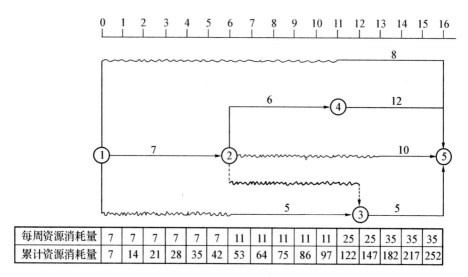

每周资源消耗量	7	7	7	7	7	7	11	11	11	11	11	25	25	35	35	35
累计资源消耗量	7	14	21	28	35	42	53	64	75	86	97	122	147	182	217	252

图 3 - 29　按工作最迟开始时间安排的进度计划及劳动消耗量

（5）根据不同的累计资源消耗量分别绘制 ES 曲线和 LS 曲线，得到"香蕉"曲线，如图 3 - 30 所示：

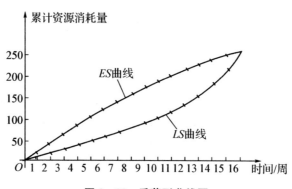

图 3 - 30　香蕉形曲线图

（四）前锋线比较法

施工项目的进度计划用时标网络计划表达时，还可以采用前锋线比较法进行实际进度与计划进度的比较。前锋线比较法是通过绘制某检查时刻工程项目实际进度前锋线，进行工程实际进度与计划进度比较的方法，它主要适用于时标网络计划。

前锋线比较法是从计划检查时间的坐标点出发，用点画线依次连接各项工作的实际进度点，最后到计划检查时间的坐标点为止，形成前锋线，按前锋线与工作箭线交点的位置判定施工实际进度与计划进度偏差。简言之，前锋线法是通过施工项目实际进度前锋线，判定施工实际进度与计划进度偏差的方法。

采用前锋线比较法进行实际进度与计划进度的比较，其步骤如下：

1. 绘制时标网络计划图

工程项目实际进度前锋线是在时标网络计划图上标示,为清楚起见,可在时标网络计划图的上方和下方各设一时间坐标。

2. 绘制实际进度前锋线

一般从时标网络计划图上方时间坐标的检查日期开始绘制,依次连接相邻工作的实际进展位置点,最后与时标网络计划图下方坐标的检查日期相连接。

工作实际进展位置点的标定方法有两种:

(1) 按该工作已完成任务量比例进行标定。

(2) 按尚需作业时间进行标定。

3. 进行实际进度与计划进度的比较

前锋线可以直观地反映出检查日期有关工作实际进度与计划进度之间的关系。对某项工作来说,其实际进度与计划进度之间的关系可能存在以下情况:

(1) 工作实际进展位置点落在检查日期的左侧(右侧),表明该工作实际进度拖后(超前),拖后(超前)的时间为两者之差。

(2) 工作实际进展位置点与检查日期重合,表明该工作实际进度与计划进度一致。

4. 预测进度偏差对后续工作及总工期的影响

通过实际进度与计划进度的比较确定进度偏差后,还可根据工作的自由时差和总时差预测该进度偏差对后续工作及项目总工期的影响。由此可见,前锋线比较法既适用于工作实际进度与计划进度之间的局部比较,又可用来分析和预测工程项目整体进度状况。

 应用案例 3-8

1. 背景

某工程项目时标网络计划如图3-31所示,该计划执行到第6周末检查实际进度时,发现工作A和B已经全部完成,工作D、E分别完成计划的任务量的20%和50%,工作C尚须3周完成。

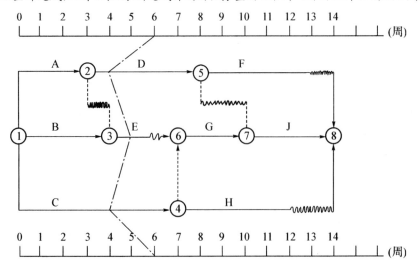

图 3-31 某工程项目前锋线比较图

2. 问题

试用前锋线法进行实际进度与计划进度的比较。

3. 案例分析

(1) 工作 D 拖后 2 周,将使后续工作 F 最早开始时间推迟 2 周,使总工期延长 1 周;对工作 J 的最早开始时间没有影响,不影响总工期。

(2) 工作 E 进度拖后 1 周,不影响后续工作 G 的最早开始时间,不影响总工期。

(3) 工作 C 拖后 2 周,将使后续工作 G、F、J 最早开始时间推迟 2 周,总工期延长 2 周。

(五) 列表比较法

当采用无时间坐标网络计划时,也可以采用列表比较法,即记录检查日期正在进行的工作名称和已经作业的时间,然后列表计算有关时间参数,根据原有总时差和尚有总时差判断实际进度与计划进度的比较方法。某项目的工程进展检查比较表见表 3 - 10 所示。

表 3 - 10 某项目工程进展检查比较表

工作 名称	检查计划时 尚需作业天数	到计划最迟完成时 尚有天数	原有 总时差	尚有 总时差	情况判断
F	4	4	1	0	拖后 1 天,但不影响工期
G	1	0	0	−1	拖后 1 天,影响工期 1 天
H	4	4	2	0	拖后 2 天,但不影响工期

3.4 建筑工程项目进度计划的调整

3.4.1 建筑工程进度计划的调整内容

通常,建筑工程进度计划需要及时进行调整,调整的内容包括:调整关键线路的长度;调整非关键工作时差;增减工作项目;调整逻辑关系;重新估计某些工作的持续时间;对资源的投入作相应调整。

对于以上六项调整内容,可以只调整一项,也可以同时调整多项,还可以将几项结合起来调整。例如将工期与资源、工期与成本、工期资源及成本结合起来调整,以求综合效益最佳。只要能达到预期目标,调整越少越好。

1. 调整关键线路长度

当关键线路的实际进度比计划进度提前时,首先要确定是否对原计划工期予以缩短。如果不拟缩短,可以利用这个机会降低资源强度或费用,方法是选择后续关键工作中资源占用量大的或直接费用高的予以适当延长,延长的长度不应超过已完成的关键工作提前的时间量;如果是要提前完成的关键线路,并导致整个计划工期的缩短,则应将计划的未完成部分作为一个新计划,重新进行计算与调整,再按新的计划执行,并保证新的关键工作按新的计划时间完成。

当关键线路的实际进度比计划进度落后时,计划调整的任务是采取措施把失去的时间抢回来,于是应在未完成的关键线路中选择资源强度小的予以缩短,重新计算未完成部分的时间参数,按新参数执行。这样做有利于减少赶工费用。

2. 调整非关键工作时差

时差调整的目的是更充分地利用资源,降低成本,满足施工需要,时差调整幅度不得大于计划总时差值。每次调整均需进行时间参数计算,从而观察这次调整对计划全局的影响。调整的方法有三种:在总时差范围内移动工作的起止时间;延长非关键工作的持续时间;缩短非关键工作的持续时间。三种方法的前提均是降低资源强度。

3. 增减工作项目

工作项目的增减均不应打乱原网络计划总的逻辑关系。由于增减工作项目只能改变局部的逻辑关系,此局部改变不影响总的逻辑关系。增加工作项目,只是对原遗漏或不具体的逻辑关系进行补充;减少工作项目,只是对提前完成了的工作项目或原不应设置而设置了的工作项目予以删除。只有这样才是真正调整而不是"重编"。增减工作项目之后应重新计算时间参数,以分析此调整是否对原网络计划工期有影响,如有影响,应采取措施消除。

4. 调整逻辑关系

逻辑关系调整的原因必须是施工方法或组织方法改变,但一般来说,只能调整组织关系,而工艺关系不宜调整,以免打乱原计划。调整逻辑关系是以不影响原定计划工期和其他工作的顺序为前提的。调整的结果绝对不应形成对原计划的否定。

5. 重新估计某些工作的持续时间

持续时间调整的原因应是原计划有误或实现条件不充分。调整的方法是重新估算。调整后应重新计算网络计划的时间参数,以观察对总工期的影响。

6. 对资源的投入作相应调整

资源的调整应在资源供应发生异常时进行。所谓异常,即因供应满足不了需要(中断或强度降低),影响了计划工期的实现。资源调整的前提是保证工期或使工期适当,故应进行适当的工期－资源优化,从而使调整取得较好的效果。

3.4.2　建筑工程进度计划的调整过程

在建筑工程项目进度实施过程中,一旦发现实际进度偏离计划进度,即出现进度偏差,必须认真分析产生偏差的原因及其对后续工作和总工期的影响,要采取合理、有效的纠偏措施对进度计划进行调整,确保进度总目标的实现。建筑工程进度计划调整的系统过程如图 3－32 所示。

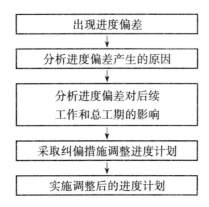

图 3－32　进度调整的系统过程

1. 分析进度偏差产生的原因

通过建筑工程项目实际进度与计划进度的比较,发现进度偏差,为了采取有效的纠偏措施调整进度计划,必须进行深入而细致的调查,分析产生进度偏差的原因。

2. 分析进度偏差对后续工作和总工期的影响

当查明进度偏差产生的原因之后,要进一步分析进度偏差对后续工作和总工期的影响程度,以确定是否应采取措施进行纠偏。

3. 采取纠偏措施调整进度计划

采取纠偏措施调整进度计划,应以后续工作和总工期的限制条件为依据,确保要求的进度目标得以实现。

4. 实施调整后的进度计划

进度计划调整之后,应执行调整后的进度计划,并继续检查其执行情况,进行实际进度与计划进度的比较,不断循环此过程。

3.4.3　分析进度偏差的影响

通过前述的进度比较方法,当判断出现进度偏差时,应当分析该偏差对后续工作和对总工期的影响。

1. 分析出现进度偏差的工作是否为关键工作

若出现偏差的工作是关键工作,则无论偏差大小,都对后续工作及总工期产生影响,必须采取相应的调整措施;若出现偏差的工作不是关键工作,需要根据偏差值与总时差和自由时差的大小关系,确定对后续工作和总工期的影响程度。

2. 分析进度偏差是否大于总时差

若工作的进度偏差大于该工作的总时差,说明此偏差必将影响后续工作和总工期,必须采取相应的调整措施。若工作的进度偏差小于或等于该工作的总时差,说明此偏差对总工期无影响,但它对后续工作的影响程度,需要根据比较偏差与自由时差的情况来确定。

3. 分析进度偏差是否大于自由时差

若工作的进度偏差大于该工作的自由时差,说明此偏差对后续工作产生影响,应该如何调整,应根据后续工作允许影响的程度而定。若工作的进度偏差小于或等于该工作的自由时差,则说明此偏差对后续工作无影响,因此,原进度计划可以不作调整。

 应用案例 3 - 9 （2014 二建案例）

1. 背景

某房屋建筑工程,建筑面积 6 800 m²,钢筋混凝土框架结构,外墙外保温节能体系。根据《建设工程施工合同(示范文本)》(GF—2013—0201)和《建设工程监理合同(示范文本)》(GF—2012—0202),建设单位分别与中标的施工单位和监理单位签订了施工合同和监理合同。

在合同履行过程中,发生了下列事件:

事件一:工程开工前,施工单位的项目技术负责人主持编制了施工组织设计,经项目负责人审核、施工单位技术负责人审批后,报项目监理机构审查。监理工程师认为该施工组织设计的编制、审核(批)手续不妥,要求改正;同时,要求补充建筑节能工程施工的内容。施工单位认为,在建筑节能工程施工前还要编制、报审建筑节能技术专项方案,施工组织设计中没有建筑节能工程施工内容并无不妥,不必补充。

事件二:建筑节能工程施工前,施工单位上报了建筑节能工程施工技术专项方案,其中包括如下内容:①考虑到冬期施工气温较低,规定外墙外保温层只在每日气温高于5℃的11:00~17:00之间进行施工,其他气温低于5℃的时段均不施工;②工程竣工验收后,施工单位项目经理组织建筑节能分部工程验收。

事件三:施工单位提交了室内装饰装修工期进度计划网络图(图3-33),经监理工程师确认后按此组织施工。

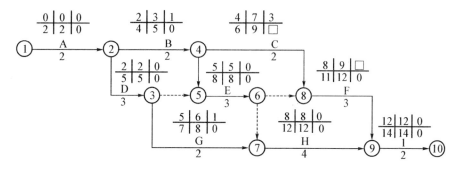

图 3-33 室内装饰装修网络进度计划图

事件四:在室内装饰装修工程施工过程中,因涉及变更导致工作C的持续为36天,施工单位以设计变更影响施工进度为由提出22天的工期索赔。

2. 问题

(1) 分别指出事件一中施工组织设计编制、审批程序的不妥之处,并写出正确做法。施工单位关于建筑节能工程的说法是否正确? 说明理由。

(2) 分别指出事件二中建筑节能工程施工安排的不妥之处,并说明理由。

(3) 针对事件三的进度计划网络图,列式计算工作C和工作F时间参数中的缺项,并确定该网络图的计算工期(单位:周)和关键线路(用工作表示)。

(4) 事件四中,施工单位提出的工期索赔是否成立? 说明理由。

3. 案例分析

(1) 错误一:施工单位的项目技术负责人主持编制了施工组织设计。

改正一:单位工程施工组织设计由项目负责人主持编制,项目经理部全体管理人员参加。

错误二:施工组织设计经项目负责人审核、施工单位技术负责人审批后,报项目监理机构审查。

改正二:施工组织设计经施工单位主管部门审核,施工单位技术负责人审批后,报项目监理机构审查。

施工单位关于建筑节能工程的说法不正确。因为根据《建筑节能工程施工质量验收规范》规定:单位工程的施工组织设计应包括建筑节能工程施工内容。

（2）错误一：冬期施工气温较低，规定外墙外保温层只在每日气温高于5℃的11:00～17:00之间进行施工，其他气温低于5℃的时段均不施工。

理由一：建筑外墙外保温工程冬期施工最低温度不应低于—5℃。外墙外保温工程施工期间以及完工后24 h内，基层及环境空气温度不应低于5℃。

错误二：工程竣工验收后，再组织建筑节能分部工程验收。

理由二：单位工程竣工验收应在建筑节能工程分部工程验收合格后进行。

错误三：施工单位项目经理组织建筑节能分部工程验收。

理由三：应由总监理工程师（建设单位项目负责人）组织建筑节能分部工程验收。

（3）①工作C：FF＝8－6＝2周

②工作F：TF＝9－8＝1周（注：FF＝12－11＝1周，题目有误）

③该网络图的计算工期为：2＋3＋3＋4＋2＝14周。

该网络计划的关键线路：A→D→E→H→I

（4）施工单位提出22天工期索赔不成立。

理由：因建设单位设计变更导致的，工作C持续时间变为36天，延误36－14＝22天，但C工作总时差为3周（即21天），故施工单位只能提出1天索赔。

3.4.4　施工项目进度计划的调整方法

在对实施的进度计划分析的基础上，应确定调整原计划的方法，一般主要有以下两种调整方法：

（1）改变某些工作间的逻辑关系。若检查的实际施工进度产生的偏差影响了总工期，在工作之间的逻辑关系允许改变的条件下，可改变关键线路和超过计划工期的非关键线路上的有关工作之间的逻辑关系，达到缩短工期的目的。

（2）缩短某些工作的持续时间。这种方法不改变工作之间的逻辑关系，通过采取增加资源投入、提高劳动效率等措施缩短某些工作的持续时间，而使施工进度加快，并保证实现计划工期。一般情况下，我们选取关键工作压缩其持续时间。这种方法实际上就是网络计划优化中的工期优化方法和费用优化方法。

应用案例 3－10

1. 背景

某钢筋混凝土工程，包括支模板、绑扎钢筋、浇筑混凝土三个施工过程，各施工过程的持续时间为9天、12天、15天，如果采取依次施工，则总工期为36天，为缩短该工期，在资源充足的条件下，可将该工程分为三个施工段组织流水作业。

2. 问题

试绘制该工程流水作业的网络计划，并确定总工期。

3. 案例分析

钢筋混凝土工程网络流水计划见图3－34所示，总工期为22天。

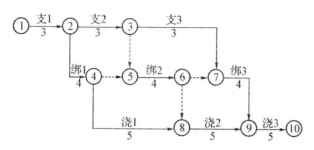

图 3-34 某钢筋混凝土工程网络流水计划

天津文化中心交通枢纽工程项目进度管理

中铁十六局集团有限公司

1 项目概况

天津市文化中心交通枢纽工程土建第四标段,位于枢纽工程的西南部,总建筑面积约 30 000 m²(图 3-35)。包括地铁 10 号线和地铁 Z1 线文化中心站。该工程合同开工日期为 2009 年 9 月 30 日,合同竣工日期为 2011 年 9 月 30 日。车站主体为地下三层钢筋混凝土框架结构,采用盖挖逆作法施工。车站围护结构采用连续墙的支护形式,其中 Z1 线车站地下连续墙(简称地连墙)深度为 66.5 m,为天津地铁施工领域之最。

图 3-35 天津文化中心总平面

2 特点及难点

(1)天津文化中心交通枢纽工程位于天津市中心地带,紧邻市政府新建的办公大楼,为展示天津现代化和国际都市文化形象而建设,是天津市头号重点工程。

(2)根据设计文件要求,整个车站采用地连墙的围护结构形式。地连墙深度为 66.5 m,为天津地铁施工首例,施工难度非常之大。

(3)地质条件复杂。

3 管理过程与方法

3.1 总体思路

施工合同工期730天,建设单位明确规定了主要施工部位的完成日期作为节点的阶段工期。为确保工期进度,必须对总工期及各部位节点阶段工期同时进行控制。

3.2 控制重点

3.2.1 控制围护结构施工工期

本工程共计138幅地连墙,为保证节点工期的完成,提前组织大型机械设备进场调试安装,施工方式根据以下两个方案对比的结果确定(图3-36)。

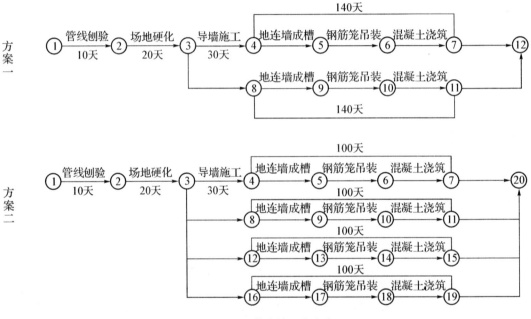

图3-36 待选的两个方案

方案一:2个作业面同时施工,从Z1线两端开始。由于作业面少,所以机械设备使用成本较低,但是总体进度较慢,需要施工140天以上,势必会造成节点工期延误。

方案二:4个作业面同时施工,从10号线和Z1线同时开始,人员机械全部充分利用,基本满足节点工期要求,但是由于场地限制容易造成大型机械相互影响而耽误施工,需要项目经理部调度员和值班员随时在场进行协调。

通过方案对比分析,决定采用第二种方案,即4个工作面同时开工,大量投入机械以缩短施工时间,最多达到8台成槽机,以实现建设单位的指定性目标工期。按方案二进行组织施工,提前13天完成地连墙施工,达到工期目标要求。

3.2.2 控制主体结构施工工期

天津文化中心地铁车站工程建设时间紧,任务重,要在合同工期完成建筑面积约为30 000 m² 的施工任务,同时解决包括超深地连墙、大直径立柱桩、盖挖土方外运、逆作法施工结构等一系列的难题。

方案一：按照盖挖逆作施工顺序是由上至下逐层进行施工，势必会对工期造成影响，初步估算推迟2个月。

方案二：经过分析认为，主体结构施工为盖挖逆作法，其中主体结构顶板、中板、底板施工是制约工期的主要因素，侧墙施工则可以穿插进行，不占用节点工期，可以缩短施工时间，保证目标工期完成。

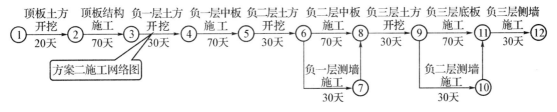

图3-37 施工计划网络图

经过分析比较，决定采用第二种方案（图3-37），为节约时间在结构中板施工中穿插进行侧墙施工，保证主体结构节点工期。采用第二种方案施工，主体结构达到工期目标要求。

4 管理成效

工期进度：按照合同工期和节点工期完成了施工任务。

工程安全：施工无伤亡，无安全等级事故。

文明施工：2010年获得天津市"文明工地"称号。

成本控制：工程成本控制降低率达到了0.5%。

本章小结

本章对建筑工程项目进度管理做了全面的讲述，包括项目进度管理的概念和目标的确定，进度计划的表示方法，项目控制性进度计划的编制，项目进度计划的实施与检查，项目进度计划的偏差与调整。

总而言之，建筑工程项目进度管理任务主要包括进度目标的确认、进度计划的编写、进度计划的实施与检查、进度计划的控制与调整等四个环节。

建筑工程项目进度管理目标分解方法有很多种，一般可按项目实施过程、专业、阶段或实施周期进行分解。

编制建筑工程项目进度计划的表示方法可使用文字说明、里程碑表、工作量表、横道图计划、网络计划等方法。其中横道图计划和网络计划是必须掌握的进度计划的编制方法，是施工项目管理课程学习的重点。

进度计划的比较方法主要包括横道图比较法、S形曲线比较法、香蕉形曲线比较法、前锋线比较法和列表比较法等。学习时可以有所侧重。重点是运用横道图和前锋线进行实际进度与计划进度的比较。

进度计划的控制与调整涉及网络计划的工期优化的相关知识，本章只提出进度计划调整的方法的基本知识,对网络计划的优化不作详细讲述。

本章的教学目标是具备实际应用的能力,具体说,就是能够编制单位施工进度计划和控制施工进度计划的实施。要达到这个目的,除了应当熟练掌握控制性进度计划的编写和施工进度计划检查与调整的相关知识外,还应当多接触实际工程,加强解决工程实际问题的能力培养。

练 习 题

一、单项选择题

1. 某工程双代号网络计划如图 3 - 38 所示(时间单位:天),其关键线路有（　　）条。（2013 年二建）

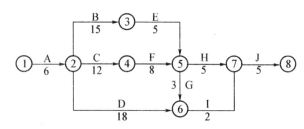

图 3 - 38　双代号网络计划图

  A. 2　　　　　　　　B. 4　　　　　　　　C. 3　　　　　　　　D. 5

2. 关于横道图进度计划表的说法,正确的是（　　）。（2014 年二建）

  A. 可以将工作简要说明直接放到横道图上　　B. 计划调整比较方便

  C. 可以直观地确定计划的关键线路　　D. 工作逻辑关系易于表达清楚

3. 双代号网路计划中的关键线路是指（　　）。（2014 年二建）

  A. 总时差为零的线路　　B. 总的工作持续时间最短的线路

  C. 一经确定,不会发生转移的线路　　D. 自始至终全部由关键工作组成的线路

4. 下列施工方进度控制的措施中,属于技术措施的是（　　）。（2014 年二建）

  A. 确定进度控制的工作流程　　B. 纠正偏差

  C. 选择合适的施工承发包方式　　D. 选择合理的合同结构

5. 在进行建设工程项目总进度目标控制前,首先应（　　）。（2014 年二建）

  A. 进行项目结构分析　　B. 确定项目的工作编码

  C. 编制各层进度计划　　D. 分析和论证目标实施的可能性

6. 施工进度计划调整的内容,不包括（　　）的调整。（2014 年二建）

  A. 工作关系　　B. 工程量

  C. 资源提供条件　　D. 工程质量

7. 关于双代号网络图绘图规则的说法,正确是（　　）(2014 年二建)

  A. 箭线不能交叉　　B. 关键工作必须安排在图面中心

  C. 只有一个起点节点　　D. 工作箭线只能用水平线

8. 关于建设工程项目管理进度计划系统的说法,正确的是（　　）。（2014 年二建）

A. 由多个相互独立的进度计划组成　　B. 由项目各参与方共同参与编制

C. 其建立是逐步完善的过程　　D. 一个项目的进度计划是唯一的

9. 项目进度跟踪和控制报告是基于进度的(　　)的定量化数据比较的成果。(2015 年二建)

A. 预测值与计划值　　B. 计划值与实际值

C. 实际值与预测值　　D. 计划值与定额标准值

10. 某工程施工过程中,为了纠正出现的进度偏差,承包人采取了夜间加班和增加劳动力投入措施,该措施属于纠偏措施中的(　　)。(2015 年二建)

A. 技术措施　　B. 组织措施

C. 经济措施　　D. 合同措施

11. 设计进度计划主要是确定各设计阶段的(　　)。(2015 年二建)

A. 专业协调计划　　B. 设计工作量计划

C. 设计人员配置计划　　D. 出图计划

12. 施工进度控制的主要工作环节包括:①编制资源需求计划;②编制施工进度计划;③组织进度计划的实施;④施工进度计划的检查与调整。其正确的工作程序是(　　)。(2015 年二建)

A. ①—②—③—④　　B. ②—①—③—④

C. ②—①—④—③　　D. ①—③—②—④

13. 建设工程项目的实施性施工进度计划是指(　　)。(2015 年二建)

A. 月度施工计划和旬施工作业计划

B. 季度施工计划和月度施工计划

C. 单位工程施工计划和月度施工计划

D. 季度施工计划和单位工程施工计划

14. 工程项目的施工总进度计划属于(　　)。(2015 年二建)

A. 项目的施工总进度方案　　B. 项目的指导性施工进度计划

C. 项目的控制性施工进度计划　　D. 项目施工的年度施工计划

二、多项选择题

1. 施工方进度控制工作的主要环节包括(　　)。(2014 年二建)

A. 确定施工项目的进度目标

B. 编制施工进度计划及相关资源需求计划

C. 论证施工项目的进度目标

D. 组织施工进度计划的实施

E. 施工进度计划的检查与调整

2. 关于实施性施工进度计划作用的说法,正确的有(　　)。(2014 年二建)

A. 确定一个月度的资源需求

B. 确定施工作业的具体安排

C. 作为编制单位工作施工进度计划的依据

D. 论证施工总进度目标

E. 确定里程碑事件的进度目标

3. 关于建设工程项目进度控制的说法,正确的是( )。(2014 年二建)

    A. 各参与方都有进度控制的任务

    B. 各参与方进度控制的目标和时间范畴相同

    C. 项目实施过程中不允许调整进度计划

    D. 进度控制是一个动态的管理过程

    E. 进度目标的分析论证是进度控制的一个环节

4. 施工进度计划的调整内容有( )。(2015 年二建)

    A. 合同工期目标的调整   B. 工程量的调整

    C. 工作起止时间的调整   D. 工作关系的调整

    E. 资源提供条件的调整

5. 建设工程项目实施性施工计划的主要作用有( )(2015 年二建)

    A. 确定试工作业的具体安排   B. 确定计划期内人、机、料的需求

    C. 确定控制性进度计划的关键指标   D. 确定里程碑计划节点

    E. 确定计划期内的资金需求

三、简答题

1. 什么是工程项目进度控制?

2. 工程项目进度控制的措施有哪些?

3. 工程项目进度控制计划的种类有哪些?

4. 单位工程进度计划的编制有哪些步骤?

5. 双代号网络进度计划绘制规则是什么?

6. 检查实际进度的方法有哪些?

7. 计划进度与实际进度的比较方法有哪些?

8. 进度计划的调整方法有哪些?

四、案例分析题(2015 年二建)

    某房屋建筑工程,建筑面积 2 680 m²,地下二层,地上七层,钢筋混凝土框架结构,根据《建设工程施工合同(示范文本)》(GF—2013—0204),建设单位分别于中标的施工总承包单位和监理单位签订了施工总承包合同和监理合同。

    在合同履行过程中,发生下列事件:

    事件一:经项目监理机构审核和建设单位同意,施工总承包单位将深基坑工程分包给了具有相应资质的某分包单位。深基坑工程开工前,分包单位项目技术负责人组织编制了深基坑工程专项施工方案,经该单位技术部门组织审核、技术负责人签字确认后,报项目监理机构审批。

    事件二:室内卫生间楼板二次埋置套管施工过程中,施工总承包单位采用与楼板同抗渗等级的防水混凝土埋置套管,聚氨酯防水涂料施工完毕后,从下午5:00开始进行蓄水检验,次日上午8:20,施工总承包单位要求项目监理机构进行验收,监理工程师对施工总承包单位的做法提出异议,不予验收。

    事件三:在监理工程师要求的时间内,施工总承包单位提交了室内装饰装修工程的进度计划双代号网络图(如图3-39所示),经监理工程师确认后按此组织施工。

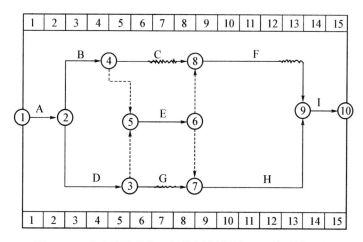

图 3 - 39 室内装饰装修工程进度计划网络图（时间单位：周）

事件四：在室内装饰装修工程施工过程中，因建设单位设计变更导致工作 C 的实际施工时间为 35 天。施工总承包单位以设计变更影响进度为由，向项目监理机构提出工期索赔 21 天的要求。

问题：

1. 分别指出事件一中专项施工方案编制、审批程序的不妥之处，并写出正确做法。

2. 分别指出事件二中的不妥之处，并写出正确做法。

3. 针对事件三的进度计划网络图，写出其计算工期、关键线路（用工作表示）。分别计算工作 C 与工作 F 的总时差和自由时差（单位：周）。

4. 事件四中，施工总承包单位提出的工期索赔天数是否成立？说明理由。

4　建筑工程项目质量管理

单元简介

　　建设工程质量不仅关系到建设工程的适用性、可靠性、耐久性和建设项目的投资效益,而且直接关系到人民群众生命和财产的安全。切实加强建设工程施工质量管理,预防和正确处理可能发生的工程质量事故,保证工程质量达到预期目标,是建设工程施工管理的主要任务之一。

　　我国《建设工程质量管理条例》(国务院令第 279 号)规定,参与工程建设各方依法对建设工程质量负责,施工单位对建设工程的施工质量负责。

　　本章的主要内容包括:施工质量管理与施工质量控制;施工质量管理体系;施工质量控制的内容和方法;施工质量事故预防与处理;施工质量的政府监督。

学习要求

知识结构	学习内容	能力目标	笔记
4.1　建筑工程项目质量管理概述	1. 质量的概念 2. 工程项目质量管理的概念	1. 掌握工程质量的特性 2. 掌握项目质量管理的内涵	
4.2　建筑工程施工质量管理体系	1. 质量管理和质量保证标准简介 2. 质量管理体系的基础 3. 质量管理的八项原则 4. 质量管理体系的建立程序 5. 质量管理体系的运行和改进	1. 了解 ISO 质量管理体系的由来 2. 掌握质量管理八项原则	
4.3　建筑工程施工质量控制	1. 施工准备阶段的质量控制 2. 施工阶段的质量控制 3. 竣工验收阶段的质量控制	1. 了解施工准备阶段的质量控制内容 2. 掌握施工阶段质量控制的方法和内容 3. 熟悉竣工验收阶段的质量控制的内容	

续 表

知识结构	学习内容	能力目标	笔记
4.4 建筑工程项目质量控制的统计分析方法	1. 排列图法 2. 因果分析图法 3. 直方图法 4. 控制图法 5. 相关图法 6. 分层法	1. 掌握排列图法、相关图法、控制图法、频数图法、因果分析图法的编制和分析方法 2. 了解分层法的编制和分析方法	
4.5 建筑工程质量事故及处理	1. 工程质量问题 2. 工程质量事故的分类 3. 工程质量事故的处理	1. 掌握工程问题和工程事故的概念 2. 掌握工程事故的分类 3. 掌握工程事故的处理程序 4. 了解工程质量问题的成因	

导入案例(四)

重庆綦江彩虹桥事故

重庆綦江彩虹桥(图4-1)是一座长102 m、宽10 m,桥净空跨度120 m的中承式拱形桥,于1994年11月5日动工修建,1996年2月16日完工投入正式使用,耗资368万元。

1999年1月4日18时50分,30余名群众正行走于彩虹桥上,另有22名驻綦武警战士进行训练,由西向东列队跑步至桥上约三分之二处时,整座大桥突然垮塌,桥上群众和武警战士全部坠入綦河中,经奋力抢救,14人生还,40人遇难死亡(其中18名武警战士、22名群众),直接经济损失630万元。

图4-1 重庆綦江彩虹桥

事故调查显示：该桥拱架钢管焊接质量不合格，存在严重缺陷，个别焊缝有陈旧性裂痕；混凝土的强度低于标准强度的三分之一；连接桥面、桥梁的钢拱架的拉索、锚片等严重锈蚀等；该桥还是一个修建前未经有关职能部门立项论证，修建工程中更无工程监理和质量检测，完工后也未经质检部门验收的，由个体承包商承包的工程。

彩虹桥事故发生的直接原因是工程施工存在严重危及结构安全的质量问题；同时，工程设计存在设计粗糙、更改随意等问题；彩虹桥的建设过程严重违反了基本建设程序，是一个典型的无立项及计划审批手续，无规划、国土手续，无设计审查，无招、投标，无建筑施工许可手续，无工程竣工验收的"六无工程"。"彩虹桥建成即是一座危桥，垮塌势在必行"，事故发生是人祸，不是天灾。因此，彩虹桥垮塌实属特大责任事故。

讨论：通过上述案例可以看出，施工项目质量的优劣，不仅关系到工程项目的适用性，而且还关系到人民生命财产的安全和社会的安定。因此施工质量低劣，造成工程项目质量事故或潜伏隐患，其后果是不堪设想的。那么在项目中如何做好质量控制呢？

4.1　建筑工程项目质量管理概述

4.1.1　质量

1. 质量的概念

质量的概念一般有狭义和广义之分。狭义的质量是指产品质量，即产品的好坏；而广义的质量不仅包含产品质量本身，还包括产品形成过程的工作质量。产品质量是工作质量的表现，而工作质量是产品质量的保证。

《质量管理体系　基础和术语》（GB/T19000—2008）将质量定义为：一组固定特性满足要求的程度。

质量有以下几方面的内涵：

（1）质量不仅是产品质量，也可以是某项活动或过程的工作质量，还可以是质量管理体系运行的质量。

（2）质量特征是固有的特性，即通过产品、过程或体系设计和开发及其后的实现过程形成的属性。固有的意思是指某事或某物中本来就有的，尤其是那种永久的特性。

（3）满足要求就是应满足明示的如合同、规范、技术、标准、文件、图纸中明确规定的、隐含的（如组织的惯例、一般习惯）或必须履行的（如法律、法规、行业规则）需要和期望。

（4）顾客和其他相关方对产品过程或体系的质量要求是动态的、发展的和相对的、可比的。

2. 建筑工程质量特性

建筑工程质量简称工程质量。

工程质量是指工程满足业主需要的，符合国家法律、法规、技术规范标准、涉及文件及合同规定等特性总和的程度。

建筑工程作为一种特殊产品，除具有一般产品共有的质量特性，如性能、寿命、可靠性、安全性、经济性等满足社会需要的使用价值及其属性外,还具有特定的内涵。

建筑工程质量的特性主要表现在以下六个方面:

(1)适用性。适用性即功能,是指工程满足使用目的的各种性能。

(2)耐久性。耐久性即寿命,是指工程在规定的条件下,满足规定功能要求使用的年限,也就是工程竣工后的合理使用寿命周期。

(3)安全性。安全性是指工程建成后在使用过程中保证结构安全、保证人身和环境免受危害的程度。

(4)可靠性。可靠性是指工程在规定的时间和规定的条件下完成规定功能的能力。

(5)经济性。经济性是指工程从规划、勘察、设计、施工到整个产品使用寿命周期内的成本和消耗的费用。工程经济性具体表现为设计成本、施工成本、使用成本三者之和,包括从征地、拆迁、勘察、设计、采购(材料、设备)、施工、配套设施等建设全过程的总投资和工程使用阶段的能耗、水耗、维护、保养乃至改建更新的使用维修费用。通过分析比较,判断工程是否符合经济性要求。

(6)与环境的协调性。与环境的协调性是指工程与其周围生态环境相协调、与所在地区经济环境相协调以及与周围已建工程相协调,以适应可持续发展的要求。

应用案例 4-1

2014年4月4日9时许,浙江省宁波市奉化锦屏街道居敬小区29幢住宅楼西侧房子发生坍塌,造成7人被困废墟下,其中1人经抢救无效死亡。

据了解,坍塌居民楼于1994年7月竣工,由奉化市房地产公司开发有限公司开发,象山第一建筑公司施工,奉化市建筑设计院设计,为砖混结构,共有40户住户。坍塌的是西边一个半单元,共15户。这幢危房楼2013年底已发现,鉴定结果为C级危房。从去年开始,就有住户在向相关部门反映房子是危房,"就在4日早上,还有人给当地电视台打电话反映。没多久,房子就塌了。"

这次事故违反了建筑质量的哪一个特性?

知识拓展

我国是每年新建建筑量最大的国家,却由于诸多原因只能持续25～30年,相较之下,英国建筑的平均寿命达到132年,美国是74年。

3. 工程质量的特点

建筑工程质量的特点是由建设工程本身和建设生产的特点决定的。建筑工程(产品)及其生产的特点如下:一是产品的固定性,生产的流动性;二是产品的多样性,生产的单件性;三是产品形体庞大、投入高、生产周期长、具有风险性;四是产品的社会性,生产的外部约束性。上述建设工程的特点决定了工程质量的如下特点:

（1）影响因素多。

（2）质量波动大。

（3）质量的隐蔽性。

（4）终检的局限性。

（5）评价方法的特殊性。

4. 工程质量的影响因素

影响工程质量的因素很多，而且不同工程的影响因素会有所不同，各种因素对不同工程的质量影响的程度也有所差异。但无论任何工程，也无论在工程的任何阶段，影响工程质量的因素归纳起来主要有五个方面，即人（Man）、机械（Machine）、材料（Material）、方法（Method）和环境（Environment），简称4M1E。

（1）人员素质。ISO9000:2000 版标准所提出的八项质量管理原则的第三条为"全员参与"，该条原则充分体现了人与质量的关系。

就建筑工程而言，人是其生产经营活动的主体，具体表现在人是工程建设的决策者、管理者、操作者。工程建设的全过程，如项目的规划、决策、勘察、设计和施工，都是通过人来完成的。所以，人将会对工程质量产生最直接、最重要的影响。人对工程的影响程度取决于人的素质和质量意识。人的素质，即人的文化水平、技术水平、决策能力、管理能力、组织能力、作业能力、控制能力、身体素质及事业道德等，都将直接和间接地对规划、决策、勘察、设计和施工的质量产生影响。而规划是否合理，决策是否正确，设计是否符合所需要的质量功能，施工能否满足合同、规范、技术标准的需要等，都将对工程质量产生不同程度的影响，所以人员素质是影响工程质量的一个重要因素。

因此，建筑行业实行经营资质管理和各类专业从业人员持证上岗制度，是保证人员素质的重要管理措施。

（2）机械设备。机械设备可分为两类：一是指组成工程实体及配套的工艺设备和各类机具，如电梯、泵机、通风设备等。它们构成了建筑设备安装工程或工业设备安装工程，形成完整的使用功能。二是指施工过程中使用的各类机具设备，包括大型垂直与横向运输设备、各类操作工具、各种施工安全设施、各类测量仪器和计量器具等，简称施工机具设备。它们是施工生产的手段。机具设备对工程质量也有重要的影响，工程用机具设备的产品质量优势直接影响工程使用功能质量。

施工机具设备的类型是否符合工程施工特点性能，是否先进、稳定，操作是否方便、安全等，都将会影响工程的质量。

（3）工程材料。工程材料泛指构成工程实体的各类建筑材料、构配件、半成品等。它们是工程建设的物质条件，是工程质量的基础。工程材料选用是否合理、质量是否合格、是否经过检验、保管使用是否得当等，都将直接影响建设工程的质量，甚至会造成质量事故；使用不合格材料是产生质量问题的根源之一。所以，在工程建设中，加强对材料的质量控制、杜绝使用不合格材料，是工程质量管理的重要内容。

（4）方法。方法是指在工程实施过程中采用的工艺方法、操作方法和施工方案等。在工程施工中，施工方案是否合理，施工工艺是否先进，施工操作是否正确，都会对工程质量产生重大的影响。大力推进新技术、新工艺、新方法的应用，不断提高工艺技术水平，是保证工程质量稳定提高的重要因素。

(5) 环境条件。环境条件是指对工程质量特性起重要作用的环境因素。环境条件往往对工程质量产生特定的影响。因此,在工程进行过程中,应对项目的环境条件加以认真分析,有针对性地采取措施,加强环境管理,改进作业条件,把好技术环境,辅以必要的措施,这些都是控制环境对质量影响的重要保证。

 应用案例 4 - 2

2007 年 8 月 13 日下午 4 时 40 分左右,湖南省湘西凤凰县正在建设的堤溪沱江大桥发生重大坍塌事故,桥梁将凤凰至山江公路阻断,当时现场正在施工,造成 64 人死亡,22 人受伤,直接经济损失 3974.7 万元。湖南凤凰县堤溪沱江大桥在竣工前出现整体倒塌,受到了社会公众的广泛关注,在社会上引起了强烈反响。

堤溪沱江大桥是湖南凤凰县至贵州铜仁地区大兴机场二级公路的公路桥梁。2003 年 11 月开工建设,2007 年 7 月 15 日开始拆架,原计划 8 月底竣工。堤溪沱江大桥属于圬工拱桥,是一种没有钢筋,由石头、水泥、沙子等构成的桥梁。这种石拱桥是一种传统桥型,也是一种风险桥型,对施工工艺有很高的要求。桥身设计长 328.45 m,宽 13 m,墩台高 33 m,桥高 42 m,设 3‰纵坡。桥型为 4 孔 65 m 等跨径等截面悬链线空腹式无铰连拱石拱桥。基础设在弱风化泥灰或白云岩上,混凝土、石块构筑成基础,未设制动墩。

事后调查,事故的主要原因是拱桥上部结构施工工序不合理、材料未满足规范和设计要求,加上质量监督流于形式,工程设计、工程施工违规转包,造成了这次重大事故。

4.1.2 质量管理与工程项目质量管理

(一)质量管理

质量管理是指导和控制某组织与质量有关的彼此协调的活动。质量管理是围绕使产品质量满足不断更新的质量要求而开展的策划、组织、计划、实施检查和监督审核等所有管理活动的总和,是组织管理的一个中心环节。其职能是负责确定并实施质量方针、目标和职能。一个企业如果以质量求生存、以品种求发展,积极参与到国际竞争中去,就必须制定正确的质量方针和适宜的质量目标。要保证方针、目标的实现,就必须建立健全的质量管理体系,并使之有效运行。

(二)工程项目质量管理

工程项目质量管理是指为保证工程项目质量满足工程合同、设计文件、规范标准所采取的一系列措施、方法和手段,主要包括质量规划、质量保证、质量控制和质量改进四个主要的工作过程。

工程项目质量管理的目的是以尽可能低的成本,按既定的工期完成一定数量的达到质量标准的建筑项目。它的主要任务是建立和健全质量管理体系,用企业的工作质量来保证建筑项目实物质量。

目前,我国对建筑工程质量的管理,是按照建筑工程质量的形成过程,分阶段对建筑工程质量进行管理。

1. 施工项目质量管理的内容

(1) 规定控制的标准,即详细说明控制对象应达到的质量要求。

(2) 确定具体的控制方法,如工艺规程、控制用图表等。

(3) 确定控制对象,如一道工序、一个分项工程、一个安装过程等。

(4) 明确所采用的检验方法,包括检验手段。

(5) 进行工程实施过程中的各项检验。

(6) 分析实测数据与标准之间产生差异的原因。

(7) 解决差异所采取的措施和方法。

2. 工程项目质量管理的特点

(1) 影响质量的因素多。

(2) 质量检查不能解体、拆卸。

(3) 质量要受投资、进度的制约。

(4) 容易产生第一、第二判断错误。

(5) 容易产生质量变异。

3. 工程项目质量管理原理

工程项目质量管理采用 PDCA 循环原理,即 P(计划 Plan)、D(实施 Do)、C(检查 Check)、A(总结处理 Action),把质量管理全过程划分为四个阶段。

施工质量控制可分为事前控制、事中控制和事后控制。

(1) 事前控制。事前质量控制是在正式施工前进行质量控制,控制终点是做好准备工作。要求在切实可行并有效实现预期质量目标的基础上,预先进行周密的施工质量计划,编制施工组织设计或施工项目管理实施规划,作为一种行动方案,对影响质量的各因素和有关方面进行预控。应注意,准备工作贯穿于施工全过程。

(2) 事中控制。①是对质量活动的行为约束,即对质量产生过程中各项技术作业活动操作者在相关制度管理下的自我行为约束的同时,充分发挥其技术能力,完成预定质量目标的作业任务。②是来自外部的对质量活动过程和结果的监督控制。事中质量控制的策略是全面控制施工过程及有关各方面的质量,重点是控制工序质量、工作质量和质量控制点。

(3) 事后控制。事后质量控制是指对于通过施工过程所完成的具有独立的功能和使用价值的最终产品(单位工程或整个工程项目)及其有关方面(如质量文档)的质量进行控制,包括对质量活动结果的评价和认定以及对质量偏差的纠正。在实际工程中,不可避免地存在一些难以预料的影响因素,很难保证所有作业活动"一次成功";另外,对作业活动的事后评价是判断其质量状态不可缺少的环节。

工程项目全面质量管理的基本核心是提高人的素质,调动人的积极性,人人做好本职工作,通过抓好工作质量,来保证和提高产品质量或服务质量。

**知识拓展**

一个火箭兵的工作质量

2014年12月7日上午，太原卫星发射中心。长征四号乙运载火箭拖曳着十几米的火舌从发射塔架上迅速升空(图4-2)。很快，火箭就变成了湛蓝天空中的一个小白点儿。

2013年6月26日，一次重大航天发射任务前夕，张枫像往常一样负责火工品的测试工作。他穿着防静电服，拿起了一枚点火药盒，这是火箭发动机的核心部件之一。如果把火箭比作汽车，点火药盒就相当于火花塞。点火药盒一旦有问题，就意味着火箭三级发动机无法启动，卫星不能准确入轨。几十亿元的投入将付之流水，数年的科研成果将毁于一旦。

图4-2 火箭升空

"当时，药盒的外观是正常的。"按照流程，张枫把它凑到耳边轻轻摇晃了一下，"没有声音。"他又小心地把药盒掂在手里，感觉有些轻，"当时我觉得应该是没有装药。"

经过精确称重，这枚药盒比标准轻4.5 g，而这正是应装药的重量。药盒分解后，里面空空如也。张枫消除了一起试验任务重大安全隐患，为国家挽回了巨大经济损失。为此，他荣立个人一等功，成为该中心唯一一位80后一等功臣。

4.2 建筑工程施工质量管理体系

4.2.1 质量管理和质量保证标准简介

ISO 9000族标准是由国际标准化组织(ISO)组织制定并颁布的国际标准。国际标准化组织是目前世界上最大的、最具权威性的国际标准化专门机构，是由131个国家标准化机构参加的世界性组织。ISO工作是通过约2 800个技术机构来进行的，到1999年10月，

ISO 标准总数已达到 12235 个,每年制定约 1000 份标准化文件。

　　ISO 为适应质量认证制度的实施,1971 年正式成立了认证委员会,1985 年改称为合格评定委员会(CASCO),并决定单独建立质量保证技术委员会 TC176,专门研究质量保证领域内的标准化问题,并负责制定质量体系的国际标准。

　　ISO 9000 族标准的修订工作,就是由 TC176 下属的分委员会负责相应标准的修订。

　　1987 年 3 月国际标准化组织(ISO)正式发布《质量管理和质量保证》ISO 9000 系列标准后,世界各国和地区纷纷表示欢迎,并等同或等效采用该标准。我国于 1992 年发布了等同于国际标准 ISO 9000《质量管理和质量保证》的 CB/T19000 系列标准。这一系列标准有助于帮助企业建立、完善质量体系,增强质量意识和质量保证能力,提高管理素质和市场经济条件下的竞争能力。

　　1994 年 7 月,ISO 颁布了 ISO 9000 标准系列的第一次修订版本,称为"有限的修订",在此期间共制定和修订了 16 个标准,形成了 ISO 9000 族标准的概念。

4.2.2　质量管理体系的基础

1. 质量管理体系的理论说明

质量管理体系能够帮助增进顾客满意。

　　顾客要求产品具有满足其需求和期望的特性,这些需求和期望在产品规范中表述,并集中归结为客户要求。顾客要求可以由顾客以合同方式规定或由组织自己确定。在任何情况下,顾客最终确定产品的可接受性。因为顾客的需求和期望是不断变化的,这就促使组织持续地改进其产品和过程。

　　质量管理体系方法鼓励组织分析顾客要求,规定相关的过程,并使其持续受控,以提供顾客能接受的产品。

　　质量管理体系能提供持续改进的框架,以增加使顾客和其他相关方满意的可能性。质量管理体系还就组织能够提供持续满足要求的产品,向组织及其顾客提供信任。

2. 质量管理体系的方法

建立和实施质量管理体系的方法包括以下步骤:

(1) 确定顾客和其他相关方的需求和期望。

(2) 建立组织的质量方针和质量目标。

(3) 确定实现质量目标必需的过程和职责。

(4) 确定和提供实现质量目标必需的资源。

(5) 规定测量每个过程的有效性和高效率的方法。

(6) 应用这些测量方法确定每个过程的有效性和效率。

(7) 确定防止不合格并消除产生原因的措施。

(8) 在建立和应用过程中以持续改进质量管理体系。

3. 质量方针和质量目标

建立质量方针和质量目标为组织提供了关注的焦点。两者确定了预期的结果,并帮助组织利用其资源达到这些结果。质量方针为建立和评审质量目标提供了框架。质量目标需要与质量方针和持续改进的承诺相一致,并是可测量的。质量目标的实现对产品质量、作业有效性和财务业绩都有积极的影响,因此对相关方的满意和信任也产生积极影响。

4. 最高管理者在质量管理体系中的作用

最高管理者通过其领导活动可以创造一个员工充分参与的环境,质量管理体系能够在这种环境中有效运行。

基于质量管理原则,最高管理者可发挥以下作用:

(1) 制定并保持组织的质量方针和质量目标。

(2) 在整个组织内促进质量方针和质量目标的实现,以增强员工的意识、积极性和参与程度。

(3) 确保整个组织关注顾客要求。

(4) 确保实施适宜的过程,以满足顾客和其他相关方要求并实现质量目标。

(5) 确保建立、实施和保持一个有效的质量管理体系,以实现这些质量目标。

(6) 确保获得必要资源。

(7) 定期评价质量管理体系。

(8) 决定有关质量方针和质量目标的措施。

(9) 决定质量管理体系的措施。

5. 质量管理体系评审

最高管理者的一项任务是对质量管理体系关于质量方针和质量目标的适宜性、充分性、有效性和效率进行定期、系统的评审。这些评审可包括考虑修改质量方针和目标的需求,以响应相关方需求期望的变化。评审包括确定采取措施的需求。

4.2.3　质量管理的八项原则

下面是质量管理八项原则的具体内容。

1. 以顾客为关注焦点

组织(从事一定范围生产经营活动的企业)依存于顾客。组织应理解顾客当前和未来的需求,满足顾客要求并争取超越顾客的期望。

2. 领导作用

领导者确立本组织统一的宗旨和方向,并营造和保持员工充分参与实现组织目标的内部环境。因此,领导在企业的质量管理中起着决定性作用。只有领导重视,各项质量活动才能有效开展。

3. 全员参与

各级人员都是组织之本,只有全员充分参与,才能使他们的才干为组织带来收益。产品质量是产品形成过程中全体人员共同努力的结果,其中也包含为他们提供支持的管理、检查、行政人员的贡献。企业领导应对员工进行质量意识等各方面的教育,激发他们的积极性和责任感,为其能力、知识、经验的提高提供机会,发挥创造精神,鼓励持续改进,给予必要的物质和精神奖励,使全员积极参与,为达到让顾客满意的目标而奋斗。

4. 过程方法

将相关的资源和活动作为过程进行管理,可以更高效地得到期望的结果。任何使用资源进行生产的活动和将输入转化为输出的一组相关联的活动都可视为过程。

5. 管理的系统方法

将相互关联的过程作为系统加以识别、理解和管理,有助于组织提高实现其目标的有效性和效率。不同企业应根据自己的特点,建立资源管理、过程实现、测量分析改进等方面的关联关系,并加以控制。即采用过程网络的方法建立质量管理体系,实施系统管理。

6. 持续改进

持续改进总体业绩是组织的一个永恒目标,其作用在于增强企业满足质量要求的能力,包括产品质量、过程及体系的有效性和效率的提高。持续改进是增强和满足质量要求能力的循环活动,使企业的质量管理走上良性循环的轨道。

7. 基于事实的决策方法

有效的决策应建立在数据和信息分析的基础上,数据和信息分析是事实的高度提炼。以事实为依据做出决策,可防止决策失误。为此,企业领导应重视数据信息的收集、汇总和分析,以便为决策提供依据。

8. 与供方互利的关系

组织与供方是相互依存的,建立双方的互利关系可以增强双方创造价值的能力。供方提供的产品是企业提供产品的一个组成部分。处理好与供方的关系,是涉及企业能否持续、稳定提供顾客满意产品的重要问题。因此,对供方不能只讲控制,不讲合作互利,特别是关键供方,更要建立互利关系,这对企业与供方都有利。

知识拓展

一个甜饼屋的质量管理原则

王强的孩子 5 岁了,胆子较小,从来没离开过大人的身边,王强一直为培养孩子的独立能力而发愁。

有一天晚上,孩子突然提出要吃肉松糕,王强心里一动,爽快地答应了孩子,但有一个条件,就是孩子必须独自去住宅小区门口的甜饼屋买。孩子经过一番犹豫,还是拿着王强给的 5 元钱走了。

当然,孩子第一次出门,王强不会大意,悄悄跟在孩子后面,一直看着孩子走进了甜饼屋。过了一会,孩子一手拿着面包,一手拉着饼屋店员的手走了出来,王强觉得奇怪,便沉住气继续观察。饼屋店员一直将小孩带到王强家的楼梯口。这时,王强已完全知道是怎么回事了,连忙道谢。

经了解,原来该饼屋有规定:如有小童单独光顾饼屋的,员工必须将小童安全送回家。此事令王强感慨不已,他也因此成了甜饼屋的忠诚顾客。

从这个事例中,大家得到了什么启示?

4.2.4　质量管理体系的建立程序

依据《质量管理体系　基础和术语》(GB/T19000—2008),建立一个新的质量管理体系或更新、完善现行的质量管理体系,一般应按照下列程序进行。

1. 企业领导决策

企业主要领导要下决心走质量效益型的发展道路,有建立质量管理体系的迫切需要。建立质量管理体系是企业内部多部门参加的一项全面性的工作,如果没有企业主要领导亲自领导、实践和统筹安排,是很难做好这项工作的。因此,领导真心实意地要求建立质量管理体系,是建立健全质量管理体系的首要条件。

2. 编制工作计划

工作计划包括培训教育、体系分析、职能分配、文件编制、配备仪器仪表设备等内容。

3. 分层次教育培训

组织学习《质量管理体系　基础和术语》(GB/T19000—2008),结合本企业的特点,了解建立质量管理体系的目的和作用,详细研究与本职工作有直接联系的要素,提出控制要素的办法。

4. 分析企业特点

结合建筑业企业的特点和具体情况,确定采用哪些要素和采用程度。确定的要素要对控制工程实体质量起主要作用,能保证工程的适用性和符合性。

5. 落实各项要素

企业在选好合适的质量管理体系要素后,要进行二级要素展开,制定实施二级要素所必需的质量活动计划,并把各项质量活动落实到具体部门或个人。

企业在领导的亲自主持下,合理地分配各级要素与活动,使企业各职能部门都明确各自在质量管理体系中应担负的责任、应开展的活动和各项活动的衔接办法。分配各级要素与活动的一个重要原则就是,责任部门只能是一个,但允许有若干个配合部门。

在各级要素和活动分配落实后,为了便于实施、检查和考核,还要把工作程序文件化,即把企业的各项管理标准、工作标准、质量责任制、岗位责任制形成与各级要素和活动相对应的有效运行的文件。

6. 编制质量管理体系文件

质量管理体系文件按其作用,可分为法规性文件和见证性文件两类。质量管理体系的法规性文件是用以规定质量管理工作的原则,阐述质量管理体系的构成,明确有关部门和人员的质量职能,规定各项活动的目的要求、内容和程序的文件。在合同环境下,这些文件是供方向需方证实质量管理体系实用性的证据。质量管理体系的见证性文件是用以表明质量管理体系的运行情况和证实其有效性的文件(如质量记录、报告等)。这些文件记录了各质量管理体系要素的实施情况和工程实体质量的状态,是质量管理体系运行的见证。

4.2.5　质量管理体系的运行和改进

保持质量管理体系的正常运行和持续使用有效,是企业质量管理的一项重要任务,是质量管理体系发挥实际效能、实现质量目标的主要阶段。质量管理体系的运行是执行质量管理体系文件、实现质量目标、保持质量管理体系持续有效和不断优化的过程。质量管理体系的有效运行是依靠体系的组织机构进行组织协调、实施质量监督、开展信息管理、运行质量管理体系审核和评审实现的。由于客户的要求不断变化,组织需要对其质量管理体系进行一种持续的改进活动,以增强满足要求的能力。为了进行质量管理体系的持续改进,可采用"PDCA"循环的模式方法。

4.2.6　质量管理体系的认证

1. 质量管理体系认证的概念

质量管理体系认证由具有第三方公正地位的认证机构依据质量管理体系的要求、标准,审核企业质量管理体系要求的复合型和实施的有效性,进行独立、客观、科学、公正的评价,得出结论。若通过,则办理认证证书和认证标志,但认证标志不能用于具体的产品上。获得质量管理体系认证资格的企业可以申请特定产品的认证。

2. 质量管理体系认证的实施阶段

质量管理体系认证过程总体上可分为以下四个阶段:

(1) 认证申请。组织向其自愿选择的某个体系认证机构提出申请,并按该机构要求提交申请文件,包括企业质量手册等。体系认证机构根据企业提交的申请文件,决定是否受理申请,并通知企业。按惯例,机构不能无故拒绝企业的申请。

(2) 体系审核。体系认证机构指派数名国家注册审核人员实施审核工作,包括审查企业的质量手册,到企业现场查证实际执行情况,并提交审核报告。

(3) 审批与注册发证。体系认证机构根据审核报告,经审查决定是否批准认证。对批准认证的企业颁发体系认证证书,并将企业的有关情况注册公布,准予企业以一定方式使用体系认证标志。证书有效期通常为3年。

(4) 监督。在证书有效期内,体系认证机构每年对企业进行至少一次的监督与检查,查证企业有关质量管理体系的保证情况。一旦发现企业有违反有关规定的事实证据,即对该企业采取措施,暂停或撤销该企业的体系认证。

获准认证后的质量管理体系,维持与监督管理内容包括以下几个方面:

(1) 企业通报。认证合格的企业质量体系在运行中出现较大变化时,需向认证机构通报,认证机构接到通报后,视情况采取必要的监督检查措施。

(2) 监督检查。认证机构对认证合格单位质量维持的情况进行监督性现场检查,包括定期和不定期的监督检查。定期检查通常是每年一次,不定期检查视需要临时安排。

(3) 认证注销。注销是企业的自愿行为。在企业体系发生变化或证书有效期届满时未提出重新申请等情况下,认证持证者提出注销的,认证机构予以注销,并收回体系认证证书。

(4) 认证暂停。认证暂停是认证机构对获认证企业质量体系发生不符合认证要求情况时采取的警告措施。认证暂停期间企业不得用体系认证证书做宣传。企业在采取纠正措施满足规定条件后,认证机构撤销认证暂停;否则,将撤销认证注册,收回合格证书。

(5) 认证撤销。当获证企业发生下列情况时,认证机构应做出撤销认证的决定:

①质量体系存在严重不符合规定的。

②在认证暂停的规定期限内未予以整改的。

③发生其他构成撤销体系认证资格的。

若企业不服可提出申诉。撤销认证的企业一年后可重新提出认证申请。

(6) 复评。认证合格有效期满前,如企业愿继续延长,可向认证机构提出复评申请。

（7）重新换证。在认证证书有效期内，出现体系认证标准变更、体系认证范围变更、体系认证证书持有者变更的，可按规定重新更换。

4.3 建筑工程施工质量控制

4.3.1 施工准备阶段的质量控制

施工准备阶段的质量控制是指项目正式施工活动开始前，对各项准备工作及影响质量的各种因素和有关方面进行的质量控制。施工准备是为保证施工生产正常进行而必须事先做好的工作。施工准备工作不仅是在工程开工前要做好，而且贯穿于整个施工过程。施工准备的基本任务就是为施工项目建立一切必要的施工条件，确保施工生产顺利进行，确保工程质量符合要求。

1. 技术资料、文件准备质量控制

工程施工前，应准备好以下技术资料与文件：

（1）质量管理相关法规、标准。国家及政府有关部门颁布的有关质量管理方面的法律、法规，规定了工程建设参与各方的质量责任和义务，质量管理体系建立的要求、标准，质量问题处理的要求，质量验收标准等，这些是进行质量控制的重要依据。

（2）施工组织设计或施工项目管理规则。施工组织设计或施工项目管理规划是指导施工准备和组织施工的全面性技术经济文件，要对其进行两方面的控制：

①选定施工方案后，制定施工进度过程中必须考虑施工顺序、施工流向，主要分部、分项工程的施工方法，特殊项目的施工方法和技术措施能否保证工程质量。

②制定施工方案时，必须进行技术经济比较，使工程项目满足符合性、有效性和可靠性要求，取得施工工期短、成本低、安全生产、效益好的经济质量。

（3）施工项目所在地的自然条件及技术经济条件调查资料。

（4）工程测量控制资料。施工现场的原始基准点、基准线、参考标高及施工控制网等数据资料，是施工前进行质量控制的基础性工作，这些数据资料是进行工程测量控制的重要内容。

2. 设计交底质量控制

工程施工前，由设计单位向施工单位有关人员进行设计交底，其主要内容包括：

（1）设计意图：设计思想、设计方案比较、基础处理方案、结构设计意图、设备安装和调试要求、施工进度安排等。

（2）地形、地貌、气象、工程地质及水文地质等自然条件。

（3）施工图设计依据：初步设计文件，规划、环境等要求，设计规范。

（4）施工注意事项：对基础处理的要求，对建筑材料的要求，采用新结构、新工艺的要求，施工组织和技术保证措施等。

3. 图纸研究和审核

通过研究和会审图纸，可以广泛听取使用人员、施工人员的正确意见，弥补设计上的不足，提高设计质量；可以使施工人员了解设计意图、技术要求、施工难点，为保证工程质量打好基础。

图纸研究和审核的主要内容包括：

（1）对设计者的资质进行认定。

（2）设计是否满足抗震、防火、环境卫生等要求。

（3）图纸与说明是否齐全。

（4）图纸中有无遗漏、差错或相互矛盾之处，图纸表示方法是否清楚并符合标准要求。

（5）地质及水文地质等资料是否充分、可靠。

（6）所需材料来源有无保证，能否替代。

（7）施工工艺、方法是否合理，是否切合实际，是否便于施工，能否保证质量要求。

（8）施工单位是否具备施工图及说明书中涉及的各种标准、图册、规范、规程等。

4. 物质准备质量控制

（1）材料质量控制的内容。材料质量控制的内容主要包括材料质量的标准，材料的性能，材料取样、试验方法，材料的适用范围和施工要求等。

（2）材料质量控制的要求。①掌握材料信息，优选供货厂家。②合理组织材料供应，确保施工正常进行。③合理地组织材料使用，减少材料的损失。④加强材料检查验收，严把材料质量关。⑤重视材料的使用认证，以防错用或使用不合格的材料。

（3）材料的选择和使用。材料的选择和使用不当，均会严重影响工程质量，甚至造成质量事故。因此，必须针对工程特点，根据材料的性能、质量标准、适用范围和对施工的要求等方面进行综合考虑，慎重地选择和使用材料。

5. 组织准备

建立项目组织机构、集结施工队伍、对施工队伍进行入场教育等。

6. 施工现场准备

控制网、水准点、标桩的测量；"五通一平"；生产、生活临时设施等的准备；组织机具、材料进场；拟订有关试验、试制和技术进步项目计划；编制季节性施工措施；制定施工现场管理制度等。

7. 择优选择分包商并对其进行分包培训

分包商是直接的操作者，只有他们的管理水平和技术实力提高了，工程才能达到既定的质量目标，因此要着重对分包队伍进行技术培训和质量教育，帮助分包商提高管理水平。对分包班组长及主要施工人员，按不同专业进行技术、工艺、质量综合培训，未经培训或培训不合格的分包队伍不允许进场施工。要责成分包商建立责任制，并将项目的质量保证体系贯彻落实到各自的施工质量管理中，督促其对各项工作的落实。

4.3.2 施工阶段的质量控制

建筑生产活动是一个动态过程，质量控制必须伴随着生产过程进行。施工过程中的质量控制就是对施工过程在进度、质量、安全等方面进行全面控制。

1. 工序质量控制

工序是基础，直接影响工程项目的整体质量。因此，要求施工作业人员应按规定，经考核后持证上岗。施工管理人员及作业人员应按操作规程、作业指导书和技术交底文件进行施工。工序质量包含工序活动质量和工序效果质量。工序活动质量是指每道工序的投入质量是否符合要求；工序效果质量是指每道工序完成的工程产品是否达到有关质量标准。

工序的检验和试验应符合过程检验和试验的规定,对查出的质量缺陷按不合格控制程序及时处理,对验证中发现不合格产品和过程应按规定进行鉴别、标志、记录、评价、隔离和处置。不合格处置应根据不合格的严重程度,按返工、返修或让步接受、降级使用、拒收或报废四种情况进行处理。构成等级质量事故的不合格,应按国家法律、行政法规进行处置。对返修或返工后的产品,应按规定重新进行检验和试验。进行不合格让步接受时,项目经理应向发包人提出书面让步申请,记录不合格程度和返修的情况,双方签字确认让步接受协议和接收标准。对影响建筑主体结构安全和使用功能的不合格,应邀请发包人代表或监理工程师、设计人,共同确定处理方案,报建设主管部门批准。检验人员必须按规定保存不合格控制的记录。

2. 质量控制点的设置

选择保证质量难度大、对质量影响大或是发生质量问题时危害大的对象作为质量控制点。主要有以下几个方面:

(1) 关键的分部、分项及隐蔽工程,如框架结构中的钢筋工程,大体积混凝土工程,基础工程中的混凝土浇筑工程等。

(2) 关键的工程部位,如民用建筑的卫生间、关键工程设备的设备基础等。

(3) 施工中的薄弱环节,即经常发生或容易发生质量问题的施工环节,或在施工质量控制过程中无把握的环节,如一些常见的质量通病(渗、漏水问题)。

(4) 关键的作业,如混凝土浇筑中的振捣作业、钻孔灌注桩中的钻孔作业。

(5) 关键作业中的关键质量特性,如混凝土的强度、回填土的含水量、灰缝的饱满度等。

(6) 采用新技术、新工艺、新材料的部位或环节。

表 4-1 是某建筑工程质量控制点的设置位置。

表 4-1 某建筑工程质量控制点的设置位置表

分项工程	质量控制点
工程测量定位	标准轴线桩、水平桩、龙门板、定位轴线、标高
地基、基础	基坑(槽)尺寸、标高、土质、地基承载力,基础垫层标高,基础位置、尺寸、标高,预留洞孔、预埋件的位置、规格、数量,基础标高、杯底弹线
砌体	砌体轴线,皮数杆,砂浆配合比,预留洞孔、预埋件位置、数量,砌块排列
模板	位置、尺寸、标高,预埋件位置,预留洞孔尺寸、位置,模板强度及稳定性,模板内部清理及湿润情况
钢筋混凝土	水泥品种、强度等级,砂石质量,混凝土配合比,外加剂比例,混凝土振捣,钢筋品种、规格、尺寸、搭接长度,钢筋焊接,预留洞、孔及预埋件规格、数量、尺寸、位置,预制构件吊装或出场(脱模)强度,吊装位置、标高、支承长度、焊缝长度
吊装	吊装设备起重能力、吊具、索具、地锚
钢结构	翻样图、放大样
焊接	焊接条件、焊接工艺
装修	视具体情况而定

3. 施工过程中的质量检查

在施工过程中,施工人员是否按照技术交底、施工图纸、技术操作规程和质量标准的要求实施,直接影响工程产品的质量。

(1) 施工操作质量的巡视检查。

(2) 工序质量交接检查。严格执行"三检"制度,即自检、互检和交接检。各工序按施工技术标准进行质量控制,每道工序完成后应进行检查。相互各专业工种之间应进行交接检验,并做记录。未经监理工程师检查认可,不得进行下道工序施工。

(3) 隐蔽验收检查。隐蔽验收检查,是指将其他工序施工所隐蔽的分项、分部工程,在隐蔽前所进行的检查验收。实践证明,坚持隐蔽验收检查,是避免质量事故的重要措施。隐蔽工程未验收签字,不得进行下道工序施工。隐蔽工程验收后,要办理隐蔽签证手续,列入工程档案。

(4) 工程施工预检。预检是指工程在未施工前所进行的预先检查。预检是确保工程质量,防止发生偏差,造成重大质量事故的有力措施。其内容包括:

①建筑工程位置。检查标准轴线桩和水平桩。

②基础工程。检查轴线、标高、预留孔洞、预埋件的位置。

③砌体工程。检查墙身轴线、楼房标高、砂浆配合比及预留孔洞位置尺寸。

④钢筋混凝土工程。检查模板尺寸、标高、支撑预埋件、预留孔等,检查钢筋型号、规格、数量、锚固长度、保护层等,检查混凝土配合比、外加剂、养护条件等。

⑤主要管线。检查标高、位置、坡度和管线的综合。

⑥预制构件安装。检查构件位置、型号、支撑长度和标高。

⑦电气工程。检查变电、配电位置,高低压进出口方向,电缆沟位置、标高、送电方向。预检后要办理预检手续,未经预检或预检不合格,不得进行下一道工序施工。

4. 工程变更

工程项目任何形式上、质量上、数量上的变动,都称为工程变更,它既包括了工程具体项目的某种形式上、质量上、数量上的改动,也包括了合同文件内容的某种改动。

5. 成品保护

在工程项目施工中,某些部位已完成,而其他部位还正在施工,对已完成部位或成品,不采取妥善的措施加以保护,就会造成损伤,影响工程质量,也会造成人、财、物的浪费和拖延工期;更为严重的是,有些损伤难以恢复原状,而成为永久性的缺陷。加强成品保护,要从两个方面着手,首先应加强教育,提高全体员工的成品保护意识;其次,要合理安排施工顺序,采取有效的保护措施。成品保护的措施包括:

(1) 护。护就是提前保护,防止对成品的污染及损伤。

(2) 包。包就是进行包裹,防止对成品的污染及损伤。

(3) 盖。盖就是表面覆盖,防止堵塞、损伤。

(4) 封。封就是局部封闭。

6. 现场质量检查的方法

现场质量检查的方法主要有目测法、实测法和试验法等。

（1）目测法

目测法即凭借感官进行检查，也称观感质量检验。其手段可概括为"看"、"摸"、"敲"、"照"四个字：所谓看，就是根据质量标准要求进行外观检查。例如，清水墙面是否洁净，喷涂的密实度和颜色是否良好、均匀，工人的操作是否规范，内墙抹灰的大面及口角是否平直，混凝土外观是否符合要求等。摸，就是通过触摸手感进行检查、鉴别。例如油漆的光滑度，浆活是否牢固、不掉粉等。敲，就是运用敲击工具进行音感检查。例如，对地面工程、装饰工程中的水磨石、面砖、石材饰面等，均应进行敲击检查。照，就是通过人工光源或反射光照射，检查难以看到或光线较暗的部位。例如，管道井、电梯井等内的管线、设备安装质量，装饰吊顶内连接及设备安装质量等。

（2）实测法

实测法就是通过实测数据与施工规范、质量标准的要求及允许偏差值进行对照，以此判断质量是否符合要求。其手段可概括为"靠"、"量"、"吊"、"套"四个字。所谓靠，就是用直尺、塞尺检查墙面、地面、路面等的平整度。量，就是指用测量工具和计量仪表等检查断面尺寸、轴线、标高、湿度、温度等的偏差。例如，大理石板拼缝尺寸与超差数量，摊铺沥青拌和料的温度，混凝土坍落度的检测等。吊，就是利用托线板以及线锤吊线检查垂直度。例如，砌体垂直度检查、门窗的安装等。套，就是以方尺套方，辅以塞尺检查。例如，对阴阳角的方正、踢脚线的垂直度、预制构件的方正、门窗口及构件的对角线检查等。

（3）试验法

试验法是指通过必要的试验手段对质量进行判断的检查方法。

①理化试验。工程中常用的理化试验包括物理力学性能方面的检验和化学成分及其含量的测定等两个方面。力学性能的检验如各种力学指标的测定，包括抗拉强度、抗压强度、抗弯强度、抗折强度、冲击韧性、硬度、承载力等。各种物理性能方面的测定，如密度、含水量、凝结时间、安定性及抗渗、耐磨、耐热性能等。化学成分及其含量的测定，如钢筋中的磷、硫含量，混凝土中粗集料中的活性氧化硅成分，以及耐酸、耐碱、抗腐蚀性等。此外，根据规定有时还需进行现场试验，例如，对桩或地基的静载试验、下水管道的通水试验、压力管道的耐压试验、防水层的蓄水或淋水试验等。

②无损检测。利用专门的仪器、仪表从表面探测结构物、材料、设备的内部组织结构或损伤情况。常用的无损检测方法有超声波探伤、X 射线探伤、γ 射线探伤等。

📋 应用案例 4-3

上海市普陀区某大厦地下 1 层，地面以上 20 层，为现浇钢筋混凝土剪力墙结构，总建筑面积 21 280 m²，混凝土设计强度等级为 C30。工程于 1994 年 2 月 1 日开工，同年 10 月 28 日为加快施工进度，改用普通硅酸盐水泥。11 月 14 日发现水泥安定性不合格，以后多次复验均不合格，12 月 14 日上海市技术监督局仲裁结论：该水泥为废品，禁止使用。因此，这段时间施工的第 11～14 层主体结构，使用了安定性不合格水泥，造成了重大事故。

出现事故后，进一步对库存水泥做检验，发现水泥中游离氧化钙含量高达 6.85%，超过国家标准的规定。在 11～14 层钻芯取样混凝土试样，用蒸煮法加速试验，结果是混凝土劈拉强度下降达 25% 以上，抗压强度下降也达 15%，且存在进一步下降的可能。

上海市建委1995年6月1日决定:该楼11~14层因使用安定性不合格水泥,应推倒重建。并于1995年9月12日至11月15日逐层爆破拆除。这起事故造成了直接经济损失211.8万元。

4.3.3 竣工验收阶段的质量控制

验收阶段的质量控制是指各分部分项工程都已经全部施工完毕后的质量控制。质量控制的主要工作有:收尾工作、竣工资料的准备、竣工验收的预验收、竣工验收、工程质量回访。

1. 收尾工作

收尾工作的特点是零星、分散、工程量小、分布面广,如不及时完成将会直接影响项目的验收及投产使用。因此,应编制项目收尾工作计划并限期完成。项目经理和技术员应对竣工收尾计划执行情况进行检查,对于重要部位要做好记录。

2. 竣工资料的准备

竣工资料是竣工验收的重要依据。承包人应按竣工验收条件的规定,认真整理工程竣工资料。竣工资料包括以下内容:

(1) 工程项目开工报告。

(2) 工程项目竣工报告。

(3) 图纸会审和设计交底记录。

(4) 设计变更通知单。

(5) 技术变更核定单。

(6) 工程质量事故发生后的调查和处理资料。

(7) 水准点位置、定位测量记录、沉降及位移观测记录。

(8) 材料、设备、构件的质量合格证明资料。

(9) 试验、检验报告。

(10) 隐蔽工程验收记录及施工日志。

(11) 竣工图。

(12) 质量验收评定资料。

(13) 工程竣工验收资料。

交付竣工验收的施工项目必须有与竣工资料目录相符的分类组卷档案。竣工资料的整理应注意以下几点:

①工程施工技术资料的整理应始于工程开工,终于工程竣工,真实记录施工全过程,不能事后伪造。

②工程质量保证资料的整理应按专业特点,根据工程的内在要求进行分类组卷。

③工程检验评定资料的整理应按单位工程、分部工程、分项工程划分的顺序,分别组卷。

④竣工资料按各省、市、自治区的要求组卷。

3. 竣工验收

(1) 竣工验收的依据。

①批准的设计文件、施工图纸及说明书。

②双方签订的施工合同。

③设备技术说明书。

④设计变更通知书。

⑤施工验收规范及质量验收标准。

（2）竣工验收。承包人确认工程竣工、具备竣工验收各项要求，并经监理单位认可签署意见后，向发包人提交"工程验收报告"。发包人收到"工程验收报告"后，应在约定的时间和地点，组织有关单位进行竣工验收。发包人组织勘察、设计、施工、监理等单位按照竣工验收程序，对工程进行核查后，应给出验收结论，并形成"工程竣工验收报告"，参与竣工验收的各方负责人应在竣工验收报告上签字并盖单位公章，对工程负责，如发现质量问题，也便于追查责任。

4. 工程质量回访

工程交付使用后，应定期进行回访，按质量保证书承诺及时解决出现的质量问题。

（1）回访属于承包人为使工程项目正常发挥功能而制订的工作计划、程序和质量体系。通过回访了解工程竣工交付使用后，用户对工程质量的意见，促进承包人改进工程质量管理，为顾客提供优质服务。全部回访工作结束后应提出"回访服务报告"，收集用户对工程质量的评价，分析质量缺陷的原因，总结正、反两方面的经验和教训，采取相应的对策措施，加强施工过程质量控制，改进施工项目管理。

（2）保修。业主与承包人在签订工程施工承包合同时，根据不同行业、不同的工程情况协商制订的建筑工程保修书，对工程保修范围、保修时间、保修内容进行约定。《建设工程项目管理规范》（GB/T50326—2006）规定：保修期自竣工验收合格之日起计算，在正常使用条件下，建设工程的最低保修期限为：

①基础设施工程、房屋建筑的地基基础工程和主体结构工程，为设计文件规定的该工程的合理使用年限。

②屋面防水工程、有防水要求的卫生间、房间和外墙面的防渗漏，为5年。

③供热与供冷系统，为2个采暖期、供冷期。

④电气管线、给水排水管道、设备安装和装修工程，为2年。

⑤其他项目的保修期限由发包方与承包方约定。

根据国务院公布的条例，发包人和承包人在签署"工程质量保修书"时，应约定在正常使用条件下的最低保修期限。保修期限应符合下列原则：

①条例已有规定的，应按规定的最低保修期限执行。

②条例中没有明确规定的，应在工程"质量保修书"中具体约定保修期限。

③保修期应自竣工验收合格之日起计算，保修有效期限至保修期满为止。

应用案例 4 - 4 （2014 年二建）

1. 背景

某新建办公楼，地下一层，筏板基础，地上十二层，框架剪力墙结构。筏板基础凝土强度等级 C30，抗渗等级 P6，总方量 1 980 m³，由某商品混凝土搅拌站供应，一次性连续浇筑。在施工现场内设置了钢筋加工区。

在合同履行过程中，发生了下列事件：

事件一：由于建设单位提供的高程基准点 A 点(高程 H_A 为 75.141 m)离基坑较远，项目技术负责人要求将高程控制点引测至临近基坑的 B 点。技术人员在两点间架设水准仪，A 点立尺读数 a 为 1.441 m，B 点立尺读数 b 为 3.521 m。

事件二：在筏板基础混凝土浇筑期间，试验人员随机选择了一辆处于等候状态的混凝土运输车放料取样，并留置了一组标准养护抗压试件(3 个)和一组标准养护抗渗试件(3 个)。

事件三：框架柱箍筋采用 ϕ8 盘圆钢筋冷拉调直后制作，经测算，其中 KZ1 的箍筋每套下料长度为 2 350 mm。

事件四：在工程竣工验收合格并交付使用一年后，屋面出现多处渗漏，建设单位通知施工单位立即进行免费维修。施工单位接到维修通知 24 小时后，以已通过竣工验收为由不到现场，并拒绝免费维修。经鉴定，该渗漏问题因施工质量缺陷所致。建设单位另行委托其他单位进行修理。

2. 问题

(1) 列式计算 B 点高程 H_B。

(2) 分别指出事件二中的不妥之处，并写出正确做法。本工程筏板基础混凝土应至少留置多少组标准养护抗压试件？

(3) 事件三中，在不考虑加工损耗和偏差的前提下，列式计算 100 m 长 ϕ8 盘圆钢筋经冷拉调直后，最多能加工多少套 KZ1 的柱箍筋？

(4) 事件四中，施工单位做法是否正确？说明理由。建设单位另行委托其他单位进行修理是否正确？说明理由。修理费用应如何承担？

3. 案例分析

(1) B 点高程 H_B：

$$H_B = H_A + a - b = 75.141 + 1.441 - 3.521 = 73.061(\text{m})$$

(2) ①不妥之处：试验人员随机选择了一辆处于等候状态的混凝土运输车放料取样。正确做法：应在混凝土的浇筑地点随机抽取。

②不妥之处：留置了一组标准养护抗压试件(3 个)。正确做法：应至少留置 10 组标准养护抗压试件(每组 3 个)，因为筏板基础混凝土总方量 1 980 m³，而没拌制 100 盘且不超过 100 m³ 的同配合比的混凝土取样不得少于一次；当一次连续浇筑超过 1 000 m³ 应每 200 m³ 取样不得少于一次。

③不妥之处：留置了标准养护抗渗试件(3 个)。正确做法：应至少留置一组用于标准养护的抗渗试件，每组为 6 个试件。因为对有抗渗要求的混凝土结构，对同一工程、同一配合比的混凝土，取样不应少于一次，留置组数应根据实际需要确定。

(3) 考虑光圆钢筋冷拉调直的冷拉率不宜大于 4%，故可加工柱箍筋最多的数量：100 m × 1 000 mm × (1 + 4%) / 2 350 mm = 44.55，即最多取 44 个柱箍筋(注：钢筋宜采用无延伸功能的机械设备进行调直，也可采用冷拉调直。当采用冷拉调直时，HPB300 光圆钢筋的冷拉率不宜大于 4%；HRB335、HRB400、HRB500、HRBF400、HRBF500 及

RRB400 带肋钢筋的冷拉率不宜大于 1%)。

（4）①不正确。理由：屋面防水工程的最低保修期限为 5 年。

②正确。理由：施工单位不按工程质量保修书约定保修的，建设单位可以另行委托其他单位保修，由原施工单位承担相应责任。

③修理费用由原施工单位承担。理由：经鉴定，该渗漏问题因施工质量缺陷所致。

4.4　建筑工程项目质量控制的统计分析方法

进行建筑工程质量控制，可以科学地掌握质量状态分析存在的质量问题，了解影响质量的各种因素，达到提高工程质量和经济效益的目的。

4.4.1　排列图法

排列图法又称帕氏图法或帕累托图法，也叫主次因素分析图法，是根据意大利经济学家帕累托（Pareto）提出的"关键的少数和次要的多数"的原理，由美国质量管理专家朱兰（Joseph M. Juran）运用于质量管理而发明的一种质量管理图形。其作用是寻找主要质量问题或影响质量的主要原因，以便抓住提高质量的关键，取得好的效果。

作排列图需要以准确而可靠的数据为基础，一般按以下步骤进行：

（1）按照影响质量的因素进行分类。分类项目要具体而明确，一般依产品品种、规格、不良品、缺陷内容或经济损失等情况而定。

（2）统计计算各类影响质量因素的频数和频率。

（3）画左、右两条纵坐标，确定两条纵坐标的刻度和比例。

（4）根据各类影响因素出现的频数大小，从左到右依次排列在横坐标上。各类影响因素的横向间隔距离要相同，并画出相应的矩形图。

（5）将各类影响因素发生的频率和累计频率逐个标注在相应的坐标点上，并将各点连成一条折线。划分 A、B、C 类区。A 类因素，对应累计频率 0～80%，为影响产品质量的主要因素；B 类因素，对应累计频率 80%～90%，为次要因素；C 类因素，对应累计频率为90%～100%，为一般因素。

（6）在排列图的适当位置，注明统计数据的日期、地点、统计者等可供参考的事项。

应用案例 4-5

1. 背景

某建筑工程对房间地坪质量不合格问题进行了调查，发现有 80 间房间起砂，调查结果统计见表 4-2 所示：

表4-2　不合格房间统计表

地坪起砂的原因	不合格的房间数	地坪起砂的原因	不合格的房间数
砂含泥量过大	16	水泥强度等级太低	2
砂粒径过细	45	砂浆终凝前压光不足	2
后期养护不良	5	其他	3
砂浆配合比不当	7		

2. 问题

应用排列图法,找出地坪起砂的主要原因。

3. 案例分析

对表中所列数据进行整理,将不合格的房间数由大到小顺序排列,以全部不合格点数为总数,计算各项的频率和累计频率,结果见表4-3所示:

表4-3　不合格房间频数统计表

序　号	地坪不合格的原因	频数	累计频数	累计频率/%
1	砂粒径过细	45	45	56.2
2	砂含泥量过大	16	61	76.2
3	砂浆配合比不当	7	68	85.0
4	后期养护不良	5	73	91.3
5	水泥强度等级太低	2	75	93.8
6	砂浆终凝前压光不足	2	77	96.2
7	其他	3	80	100

从横坐标左端点开始,依次连接各项目直方形右边线及所对应的累积频率值的交点,得到的曲线为累计频率曲线(图4-3)。

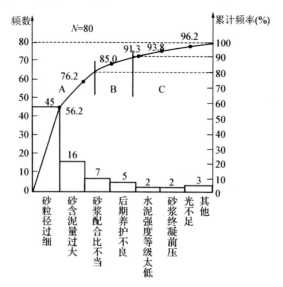

图4-3　地坪质量不合格各项原因累计频率曲线

4.4.2　因果分析图法

因果分析图,按其形状又可称为树枝图、鱼刺图,也叫特性要因图。所谓特性,就是施工中出现的质量问题;所谓要因,也就是对质量问题有影响的因素或原因。

（一）因果分析图法原理

因果分析图是一种逐步深入研究和讨论质量问题的图示方法。在工程实践中,任何一种质量问题的产生,往往是多种原因造成的。这些原因有大有小,把这些原因依照大小顺序分别用主干、大枝、中枝和小枝图形表示出来,便可一目了然、系统地观察产生质量问题的原因。运用因果分析图有助于制定对策,解决工程质量上存在的问题,从而达到控制质量的目的。

（二）因果分析图的绘制步骤

（1）先确定要分析的某个质量问题(结果),然后由左向右画粗干线,并以箭头指向所要分析的质量问题(结果)。

（2）座谈议论、集思广益、罗列影响该质量问题的原因。

（3）从整个因果分析图中寻找最主要的原因,并根据重要程度,以顺序①、②、③……表示。

（4）画出因果分析图并确定主要原因后,必要时可到现场做实地调查,进一步明确主要原因的项目,以便采取相应措施予以解决。

应用案例 4 - 6

（1）图 4 - 4 所示是混凝土强度不足的因果分析图。

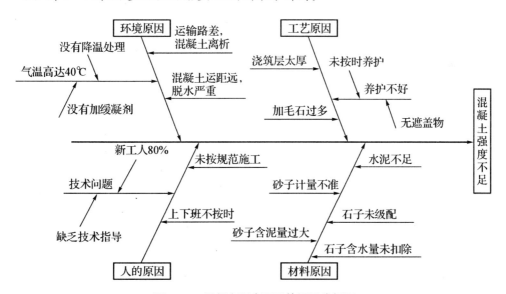

图 4 - 4　混凝土强度不足的因果分析图

（2）对策计划表

表 4 - 4 是对策计划表。

表 4-4 混凝土强度不足对策计划表

单位工程名称：

分部、分项工程：　　　　　　　　　　　　　　　　　　　年　　月　　日

质量存在问题	产生原因		采取对策及措施	执行者	期限	实效检查
混凝土强度未达到设计要求	操作者	(1) 未按规范施工； (2) 上下班不按时，劳动纪律松弛； (3) 新工人达80%； (4) 缺乏技术指导	(1) 组织学习规范； (2) 加强检查，对违反规范操作者必须立即停工，追究责任； (3) 严格上下班及交接班制度； (4) 班前工长交底，班中设两名老工人进行专门技术指导			
	工艺	(1) 天气炎热，养护不及时，无遮盖物； (2) 浇筑层太厚； (3) 加毛石过多	(1) 新浇混凝土上加盖草袋； (2) 前3天，白天每2 h养护1次； (3) 浇筑层控制在25 cm以内； (4) 加毛石控制在15%以内，并分布均匀			
	材料	(1) 水泥短秤； (2) 石子未级配； (3) 石子含水量未扣除； (4) 砂子计量不准； (5) 砂子含泥量过大	(1) 取消以包投料，改为重量投料； (2) 石子按级配配料； (3) 每日测定水灰比； (4) 洗砂、调水灰比，认真负责计量			
	环境	(1) 运输路不平，混凝土产生离析； (2) 运距太远，脱水严重； (3) 气温高达40 ℃，没有降温及缓凝处理	(1) 修整道路； (2) 改为大车装运混凝土并加盖； (3) 加缓凝剂拌制			

4.4.3 直方图法

1. 频数分布直方图原理

(1) 所谓频数，是指在重复试验中随机事件重复出现的次数，或一批数据中某个数据（或某组数据）重复出现的次数。

（2）产品在生产过程中，质量状况总是会有波动的。其波动的原因一般包括人的因素、材料的因素、工艺的因素、设备的因素和环境的因素。

为了解上述各种因素对产品质量的影响情况，在现场随机地实测一批产品的有关数据，将实测得来的这批数据进行分组整理，统计每组数据出现的频数。然后，在直角坐标的横坐标轴上自小至大标出各分组点，在纵坐标轴上标出对应的频数，画出其高度值为其频数值的一系列直方形，即成为频数分布直方图。

应用案例 4-7

1. 背景

某建筑工地浇筑 C30 混凝土，为对其抗压强度进行质量分析，共收集了 50 份抗压强度试验报告单，整理结果见表 4-5 所示。

表 4-5 数据整理表　　　　　　　　　　　　　　单位：N/mm²

序号	抗压强度数据					最大值	最小值
1	39.8	37.7	33.8	31.5	36.1	39.8	31.5
2	37.2	38.0	33.1	39.0	36.0	39.0	33.1
3	35.8	35.2	31.8	37.1	34.0	37.1	31.8
4	39.9	34.3	33.2	40.4	41.2	41.2	33.2
5	39.2	35.4	34.4	38.1	40.3	40.3	34.4
6	42.3	37.5	35.5	39.3	37.3	42.3	35.5
7	35.9	42.4	41.8	36.3	36.2	42.4	35.9
8	46.2	37.6	38.3	39.7	38.0	46.2	37.6
9	36.4	38.3	43.4	38.2	38.0	43.4	36.4
10	44.4	42.0	37.9	38.4	39.5	44.4	37.9

2. 问题

试利用直方图法对该混凝土抗压数据进行质量分析。

3. 案例分析

（1）计算极差

$R = X_{max} - X_{min} = 46.2 - 31.5 = 14.7 \ (N/mm^2)$

（2）数据分组

确定组数。本例 $k = 8$。

确定组距。$h = \dfrac{R}{k} = \dfrac{14.7}{8} = 1.8 \approx 2.0 \ (N/mm^2)$

确定组限。

第 1 组下限：$X_{min} - \dfrac{h}{2} = 31.5 - \dfrac{2.0}{2} = 30.5 \ (N/mm^2)$

第 1 组上限：$30.5+h=32.5(\text{N/mm}^2)$

第 2 组下限＝第 1 组上限＝32.5 N/mm^2

第 2 组上限＝$32.5+h=34.5(\text{N/mm}^2)$

依次类推。

（3）编制数据频数统计表（表 4-6）。

表 4-6   频率统计表

组号	组限(N/mm²)	频数统计	组号	组限(N/mm²)	频数统计
1	30.5～32.5	2	5	38.5～40.5	9
2	32.5～34.5	6	6	40.5～42.5	5
3	34.5～36.5	10	7	42.5～44.5	2
4	36.5～38.5	15	8	44.5～46.5	1

（4）绘制频数分布直方图，见图 4-5 所示。

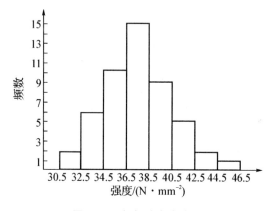

图 4-5   频数分布直方图

2. 频数分布直方图的作用

频数分布直方图的作用是通过对数据的加工、整理、绘图，掌握数据的分布状况，从而判断加工能力、加工质量，以及估计产品的不合格率。频数分布直方图又是控制图产生的直接理论基础。

（1）分析直方图的整体形状

①正常型又称为对称型。中部有一顶峰，左右两边低且近似对称，这时判定工序处于稳定状态。如图 4-6(a)所示。

②孤岛型。在直方图的左边或右边出现孤立的长方形。这是生产过程中出现异常因素而造成的。如原材料一时的变化；工人操作不当；或混入了不同规格的产品等。如图 4-6(b)所示。

③双峰型。直方图出现两个顶峰，往往是由于把不同材料、不同加工者、不同操作方法、不同设备生产的两批产品混在一起而造成的。如图 4-6(c)所示。

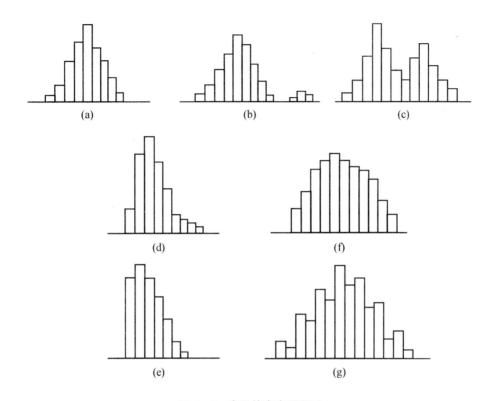

图 4-6　常见的直方图图形

（a）正常型；（b）孤岛型；（c）双峰型；

（d）偏向型；（e）平顶型；（f）陡壁型；（g）锯齿型

④偏向型。直方图的顶峰偏向一侧，故又称为"偏坡型"，它往往是因计数值或计量值只控制一侧界限或剔除了不合格数据而造成。如图 4-6(d)所示。

⑤平顶型。直方图没有突出的顶峰，这主要是在生产过程中有缓慢变化的因素影响而造成的。如刀具的磨损，操作者的疲劳等。见图 4-6(e)所示。

⑥陡壁型。直方图的一侧出现了陡峭绝壁状态。这是由于人为地剔除了一些数据进行不真实的统计造成的。如图 4-6(f)所示。

⑦锯齿型（包括掉齿型）。直方图像锯齿一样凹凸不平，大多是由于分组不当或是检测数据不准而造成的，应查明原因，采取措施，重新作图分析。见图 4-6(g)所示。

（2）将直方图与标准比较，判断实际过程的生产能力

①图 4-7(a)，B 在 T 中间，质量分布中心 x 与质量标准中心 M 重合，实际数据分布与质量标准相比较两边还有一定余地。这样的生产过程质量是很理想的，说明生产过程处于正常的稳定状态。在这种情况下生产出来的产品可认为全都是合格品。

②图 4-7(b)，B 虽然落在 T 内，但质量分布中心 x 与 T 的中心 M 不重合，偏向一边。这样如果生产状态一旦发生变化，就可能超出质量标准下限而出现不合格品。出现这种情况时应迅速采取措施，使直方图移到中间来。

③图 4-7(c)，B 在 T 中间，且 B 的范围接近 T 的范围，没有余地，生产过程一旦发生

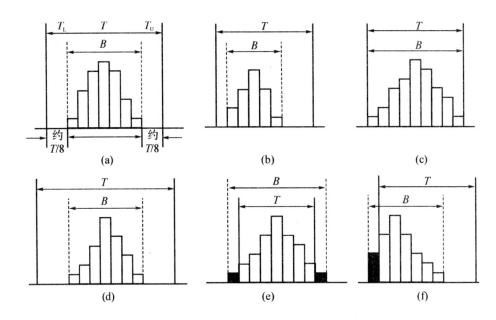

图 4-7　实际分布与标准公差的比较

(a) 理想型；(b) 偏向型；(c) 双侧压线型；

(d) 能力富余型；(e) 能力不足型；(f) 陡壁型

小的变化,产品的质量特性值就可能超出质量标准。出现这种情况时,必须立即采取措施,以缩小质量分布范围。

④图 4-7(d),B 在 T 中间,但两边余地太大,说明加工过于精细,不经济。在这种情况下,可以对原材料、设备、工艺、操作等控制要求适当放宽些,有目的地使 B 扩大,从而有利于降低成本。

⑤图 4-7(e),质量分布范围完全超出了质量标准上、下界限,散差太大,产生许多废品,说明过程能力不足,应提高过程能力,使质量分布范围 B 缩小。

⑥图 4-7(f),质量分布范围 B 已超出标准下限之外,说明已出现不合格品。此时必须采取措施进行调整,使质量分布位于标准之内。

4.4.4　控制图法

控制图又称管理图,是用于分析和判断施工生产工序是否处于稳定状态所使用的一种有控制界限的图表。它的主要作用是反映施工过程的运动状况,分析、监督、控制施工过程,对工程质量的形成过程进行预先控制。所以,常用于工序质量的控制。

1. 控制图的基本原理

控制图的基本原理,就是根据正态分布的性质,合理确定控制上下限。如果实测的数据落在控制界限范围内且排列无缺陷,则表明情况正常,工艺稳定,不会出废品;如果实测的数据落在控制界限范围外,或虽未越界但排列存在缺陷,则表明生产工艺状态出现异常,应采取措施调整。

2. 控制图的用途和应用

控制图是用样本数据来分析判断生产过程是否处于稳定状态的有效工具。它的用途

主要有两个:

(1)过程分析,即分析生产过程是否稳定。为此,应随机连续收集数据,绘制控制图,观察数据点分布情况并判定生产过程状态。

(2)过程控制,即控制生产过程质量状态。为此,要定时抽样取得数据,将其变为点描在图上,发现并及时消除生产过程中的失调现象,预防不合格品的产生。

3. 控制图的基本形式

(1)控制图的基本形式如图 4-8 所示。

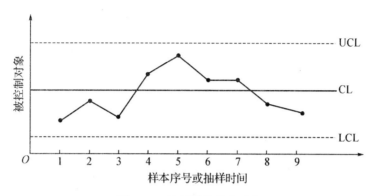

图 4-8　控制图的基本形式

横坐标为样本(子样)序号或抽样时间,纵坐标为被控制对象,即被控制的质量特性值。控制图上一般有三条线:在上面的一条虚线称为上控制界限,用符号 UCL 表示;在下面的一条虚线称为下控制界限,用符号 LCL 表示;中间的一条实线称为中心线,用符号 CL 表示。中心线标志着质量特性值分布的中心位置,上、下控制界限标志着质量特性值允许波动的范围。

(2)在生产过程中通过抽样取得数据,把样本统计量描在图上来分析判断生产过程状态。如果点随机地落在上、下控制界限内,则表明生产过程正常且处于稳定状态,不会产生不合格品;如果点超出控制界限或点排列有缺陷,则表明生产条件发生了异常变化,生产过程处于失控状态。

4. 控制图的数据分析

控制图是利用上、下控制界限,将产品质量特性控制在正常质量波动范围内。一旦有异常原因引起质量波动,通过管理图就可看出,并能及时采取措施,预防不合格品的产生。

图 4-9 是数据异常排列的五种情况。

(1)数据点在中心线一侧连续出现 7 次以上,见图 4-9(a)所示。

(2)连续 11 个数据点中,至少有 10 个点(可以不连续)在中心线一侧,见图 4-9(b)所示。

(3)数据连续 7 个以上点上升或下降,见图 4-9(c)所示。

(4)数据点呈周期性变化,见图 4-9(d)所示。

(5)连续 3 个数据点中,至少有 2 个点(可以不连续)在 $\pm 2\sigma$ 界限以外,见图 4-9(e)所示。

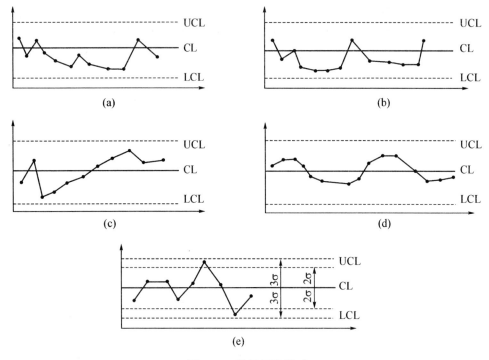

图 4-9　数据异常排列

4.4.5　相关图法

相关图又叫散布图，不同于其他各种方法，它不是对一种数据进行处理和分析，而是对两种测定数据之间的相关关系进行处理、分析和判断。

1. 相关图质量控制的原理

使用相关图，就是通过绘图、计算与观察，判断两种数据之间究竟是什么关系，建立相关方程，从而通过控制一种数据达到控制另一种数据的目的。正如掌握了在弹性极限内钢材的应力和应变的正相关关系（直线关系），就可以通过控制拉伸长度（应变）而达到提高钢材强度的目的一样（冷拉的原理）。

2. 相关图质量控制的作用

（1）通过对相关关系的分析、判断，可以得到对质量目标进行控制的信息。

（2）质量结果与产生原因之间的相关关系，有时从数据上比较容易看清，但有时很难看清，这就有必要借助于相关图进行相关分析。

3. 相关图控制的关系

（1）质量特性和影响因素之间的关系，如混凝土强度与温度的关系。

（2）质量特性与质量特性之间的关系，如混凝土强度与水泥强度等级之间的关系、钢筋强度与钢筋混凝土强度之间的关系等。

（3）影响因素与影响因素之间的关系，如混凝土密度与抗渗能力之间的关系、沥青的黏结力与沥青的延伸率之间的关系等。

4. 相关图状态类型

相关图是利用有对应关系的两种数值画出来的坐标图，如图 4-10 所示，由于对应的数值反映出来的相关关系不同,所以数据在坐标图上的散布点也各不相同。因此,表现出来的分布状态有各种类型,大体归纳起来有以下几种:

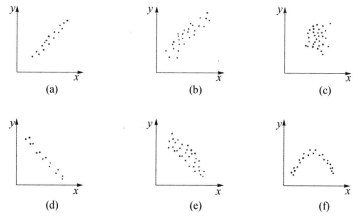

图 4-10　散布图的类型

(1) 强正相关。点的分布面较窄。当横轴上的 x 值增大时,纵轴上的 y 值也明显增大,散布点呈一条直线带,图 4-10(a)所示的 x 和 y 之间存在着相当明显的相关关系,称为强正相关。

(2) 弱正相关。点在图上散布的面积较宽,但总的趋势是横轴上的 x 值增大时,纵轴上的 y 值也增大。图 4-10(b)所示其相关程度比较弱,叫弱正相关。

(3) 不相关。在相关图上点的散布没有规律性。横轴上的 x 值增大时,纵轴上的 y 值可能增大,也可能减小,即 x 和 y 之间无任何关系,如图 4-10(c)所示。

(4) 强负相关。和强正相关所示的情况相似,也是点的分布面较窄,只是当 x 值增大时,y 值是减小的,如图 4-10(d)所示。

(5) 弱负相关。和弱正相关所示的情况相似,只是当横轴上的 x 值增大时,纵轴上的 y 值却随之减小,如图 4-10(e)所示。

(6) 曲线相关。图 4-10(f)所示的散布点不是呈线性散布,而是呈曲线散布,表明两个变量间具有某种非线性相关关系。

4.4.6　分层法

分层法又称分类法或分组法,就是将收集到的质量数据,按统计分析的需要进行分类整理,使之系统化,以便于找到产生质量问题的原因,并及时采取措施加以预防。

分层的结果使数据各层间的差异突出地显示出来,减少了层内数据的差异。在此基础上再进行层间、层内的比较分析,可以更深入地发现和认识质量问题的原因。

分层法的形式和作图方法与排列图法基本一样。分层时,一般按以下方法进行划分:

(1) 按时间分:如按日班、夜班、日期、周、旬、月、季划分。

(2) 按人员分:如按新、老、男、女或不同年龄特征划分。

(3) 按使用仪器、工具分:如按不同的测量仪器、不同的钻探工具等划分。

(4) 按操作方法分:如按不同的技术作业过程、不同的操作方法等划分。

(5) 按原材料分:如按不同材料成分、不同进料时间等划分。

4.5　建筑工程质量事故及处理

4.5.1　工程质量问题

（一）工程质量事故的概念

1. 质量不合格，凡工程产品没有满足某个规定的要求，就称之为质量不合格；而没有满足某个预期使用要求或合理的期望（包括安全性方面）要求，称为质量缺陷。

2. 质量问题凡是工程质量不合格，必须进行返修、加固或报废处理，由此造成直接经济损失低于规定限额的称为质量问题。

3. 质量事故凡是工程质量不合格，必须进行返修、加固或报废处理，由此造成直接经济损失在规定限额以上的称为质量事故。

（二）工程质量问题的成因

1. 违背建设程序

违背建设程序是指不经可行性论证，不做调查分析就拍板定案；没有弄清工程地质、水文地质就仓促开工；无证设计，无图施工；任意修改设计，不按图纸施工；工程竣工不进行试车运转、不经验收就交付使用等。这些常常是致使不少工程项目留有严重隐患，房屋倒塌事故发生的原因之一。

2. 工程地质勘察原因

工程地质勘察原因包括未认真进行地质勘察，提供地质资料、数据有误；地质勘察时，钻孔间距太大，不能全面反映地基的实际情况，如当基岩地面起伏变化较大时，软土层厚薄相差亦甚大；地质勘察钻孔深度不够，没有查清地下软土层、滑坡、墓穴、孔洞等地层构造；地质勘察报告不详细、不准确等。这些原因均会导致采用错误的基础方案，造成地基不均匀沉降、失稳，使上部结构及墙体开裂、破坏、倒塌。

3. 未加固处理好地基

对软弱土、冲填土、杂填土、湿陷性黄土、膨胀土、岩层出露、熔岩、土洞等不均匀地基未进行加固处理或处理不当，均是导致重大质量问题的原因。必须根据不同地基的工程特性，按照地基处理应与上部结构相结合、使其共同工作的原则，从地基处理、设计措施、结构措施、防水措施、施工措施等方面综合考虑治理。

4. 设计计算问题

设计考虑不周，结构构造不合理，计算简图不正确，计算荷载取值过小，内力分析有误，沉降缝及伸缩缝设置不当，悬挑结构未进行抗倾覆验算等，都是诱发质量问题的隐患。

5. 建筑材料及制品不合格

钢筋物理力学性能不符合标准，水泥受潮、过期、结块、安定性不良，砂石级配不合理，有害物含量过多，混凝土配合比不准，外加剂性能、掺量不符合要求时，均会影响混凝土的强度、和易性、密实性、抗渗性，导致混凝土结构强度不足、裂缝、渗漏、蜂窝、露筋等质量问题；制构件断面尺寸不准，支承锚固长度不足，未可靠建立预应力值，钢筋漏放、错位、板面开裂等，必然会出现断裂、垮塌。

6. 施工和管理问题

许多工程质量问题,往往是由施工和管理不善所造成的,通常表现为以下几方面:

(1) 不熟悉图纸,盲目施工;图纸未经会审,仓促施工。未经监理、设计部门同意,擅自修改设计。

(2) 不按图施工。

(3) 不按有关施工验收规范施工。

(4) 不按有关操作规程施工。

(5) 缺乏基本结构知识,施工蛮干。

(6) 施工管理紊乱,施工方案考虑不周,施工顺序错误。

7. 自然条件影响

施工项目周期长,露天作业多,受自然条件影响大,温度、湿度、日照、雷电、供水、大风、暴雨等都可能造成重大的质量事故,施工中应特别重视,采取有效措施予以预防。

8. 建筑结构使用问题

建筑物使用不当,亦易造成质量问题。如不经校核、验算,就在原有建筑物上任意加层;使用荷载超过原设计的容许荷载;任意开槽、打洞、削弱承重结构的截面等。

4.5.2 工程质量事故的分类

由于工程质量事故具有复杂性、严重性、可变性和多发性的特点,所以建设工程质量事故的分类有多种方法,但一般可按下列条件进行分类。

1. 按事故造成损失严重程度划分

(1) 一般事故,指造成 3 人以下死亡,或者 10 人以下重伤,或者在 100 万元以上 1 000 万元以下直接经济损失的。

(2) 较大事故,指造成 3 人以上 10 人以下死亡的,或者 10 人以上 50 人以下重伤的,或者在 1 000 万元以上 5 000 万元以下直接经济损失的。

(3) 重大事故,指造成 10 人以上 30 人以下死亡的,或者 50 人以上 100 人以下重伤的,或者在 5 000 万元以上 1 亿元以下直接经济损失的。

(4) 特别重大事故,指造成 30 人以上死亡的,或者 100 人以上重伤的,或者 1 亿元以上直接经济损失的。

2. 按事故责任分类

(1) 指导责任事故,指由于工程实施指导或领导失误而造成的质量事故。例如,由于工程负责人片面追求施工进度,放松或不按质量标准进行控制和检验,降低施工质量标准等。

(2) 操作责任事故,指在施工过程中,由于实施操作者不按规程和标准实施操作,而造成的质量事故。例如,浇筑混凝土时随意加水,或振捣疏漏造成混凝土质量事故等。

3. 按质量事故产生的原因分类

(1) 技术原因引发的质量事故是指在工程项目实施中由于设计、施工在技术上的失误而造成的质量事故。

(2) 管理原因引发的质量事故指管理上的不完善或失误引发的质量事故。

(3) 社会、经济原因引发的质量事故是指由于经济因素及社会上存在的弊端和不正之风引起建设中的错误行为,而导致出现质量事故。

4.5.3　工程质量事故处理

（一）工程质量事故处理的依据

工程质量发生后，主要应查明原因、落实措施、妥善处理、清除隐患、界定责任。下面是工程质量事故处理的依据。

1. 质量事故状况

要查明质量事故的原因和确定处理对策，首要的是掌握事故的实际情况，有关质量事故状况的资料主要来自以下几个方面：

（1）施工单位的质量事故调查报告。质量事故发生后，施工单位有责任就所发生的质量事故进行周密的调查、研究掌握情况，并在此基础上写出事故调查报告，对有关质量事故的实际情况做详尽的说明。其内容如下：

①质量事故发生的时间、地点，工程项目名称及工程的概况，如结构类型、建筑（工作量）、建筑物的层数，发生质量事故的部位，参加工程建设的各单位名称。

②质量事故状况的描述。

③质量事故现场勘察笔录，事故现场证物照片、录像，质量事故的证据资料，质量事故的调查笔录。

④质量事故的发展变化情况（是否继续扩大其范围、是否已经稳定）。

（2）事故调查组研究所获得的第一手材料，以及调查组所提供的工程质量事故调查报告。该材料主要用来和施工单位所提供的情况进行对照、核实。

2. 有关合同和合同文件

所涉及的合同文件有工程承包合同、设计委托合同、设备与器材购销合同、监理合同及分包工程合同等。有关合同和合同文件在处理质量事故中的作用，是对施工过程中有关各方是否按照合同约定的有关条款实施其活动，界定其质量责任的重要依据。

3. 有关的技术文件和档案

（1）有关的设计文件。

（2）与施工有关的技术文件和档案资料：

①施工组织设计或施工方案、施工计划。

②施工记录、施工日志等。

根据这些记录，可以查对发生质量事故的工程施工时的情况；借助这些资料，可以追溯和探寻事故的可能原因。

③有关建筑材料的质量证明文件资料。

④现场制备材料的质量证明资料。

⑤质量事故发生后，对事故状况的观测记录、试验记录或试验、检测报告等。

⑥其他有关资料。

上述各类技术资料对于分析事故原因，判断其发展变化趋势、推断事故影响及严重程度，考虑处理措施等，都起着重要的作用。

（二）工程质量事故的处理方案及鉴定验收

1. 工程质量事故的处理方案

工程质量事故的处理方案，应当在正确分析和判断质量事故原因的基础上进行。

对于工程质量事故,通常可以根据质量问题的情况,给出下列四类不同性质的处理方案。

(1)修补处理。这是最常采用的一类处理方案。通常当工程某些部分的质量虽未达到规定的规范、标准或设计要求,存在一定的缺陷,但经过修补后可达到要求,且不影响使用功能或外观要求时,可以做出进行修补处理的决定。属于修补的具体方案有很多,诸如封闭保护、复位纠偏、结构补强、表面处理等。

(2)返工处理。在工程质量未达到规定的标准或要求,有明显的严重质量问题,对结构的使用和安全有重大影响,而又无法通过修补的办法纠正所出现的缺陷情况下,可以做出返工处理的决定。

(3)限制使用。在工程质量事故按修补方案处理无法保证达到规定的使用要求和安全指标,而又无法返工处理的情况下,可以做出诸如结构卸荷或减荷以及限制使用的决定。

(4)不做处理。某些工程质量事故虽然不符合规定的要求或标准,但如其情况不严重,对工程或结构的使用及安全影响不大,经过分析、论证和慎重考虑后,也可做出不做专门处理的决定。可以不做处理的情况一般有以下几种:

①不影响结构安全和使用要求的。

②有些不严重的质量问题,经过后续工序可以弥补的。

③出现的质量问题,经复核验算,仍能满足设计要求的。

2. 工程质量事故处理的鉴定验收

工程质量事故处理是否达到预期的目的,是否留有隐患,则需要通过检查验收来得出结论。事故处理质量检查验收,必须严格按施工质量验收规范中的有关规定进行;必要时,还要通过实测、实量,荷载试验,取样试压,仪表检测等方法来获取可靠的数据。这样,才可能对事故得出明确的处理结论。

工程事故处理结论的内容有以下几种:

(1)事故已排除,可以继续施工。

(2)隐患已经消除,结构安全可靠。

(3)经修补处理后,完全满足使用要求。

(4)基本满足使用要求,但附有限制条件,如限制使用荷载、限制使用条件等。

(5)对耐久性影响的结论。

(6)对建筑外观影响的结论。

(7)对事故责任的结论等。

事故处理后,必须提交完整的事故处理报告,其内容包括:事故调查的原始资料、测试数据;事故的原因分析、论证;事故处理的依据;事故处理方案、方法及技术措施;检查验收记录;事故不需处理的论证以及事故处理结论等。

应用案例4-8

上海倒楼事故

2009年6月27日凌晨5点30分左右,当大部分上海市民都还在睡梦中的时候,家住上海闵行区莲花南路、罗阳路附近的居民却被"轰"的一声巨响吵醒,伴随的还有一些震动,没多久,他们知道不是发生地震,而是附近的小区"莲花河畔景苑"中一栋13层的在建的住宅楼倒塌了(图4-11)。

图4-11　上海倒楼事件现场

当天上午9时15分许,倒塌的庞然大物横"躺"于地,该栋楼整体朝南侧倒下,13层的楼房在倒塌中并未完全粉碎,但是,楼房底部原本应深入地下的数十根混凝土管桩被"整齐"地折断后裸露在外,非常触目惊心。所幸周边数栋在建楼房未受损。救护车已到达现场,消防人员从倒塌楼房中抬出一名工人,该工人已宣告不治。警方透露,在事故中丧生的工人为安徽籍民工,事发时正在楼里取工具。

一位建筑专家说:建筑物如此倒下"见所未见,闻所未闻"!

不久,官方公布了调查结果(来自14人的专家调查组,专家组组长为中国工程院院士、上海现代建筑设计集团总工程师江欢成)。直接原因是,紧贴7号楼北侧,在短时间内堆土过高,最高处达10m左右;与此同时,紧邻7号楼南侧的地下车库基坑正在开挖,开挖深度4.6m,大楼两侧的压力差使土体产生水平位移,过大的水平力超过了桩基的抗侧能力,导致房屋倾倒。

除了直接原因,还主要存在六个方面间接原因:

一是土方堆放不当。在未对天然地基进行承载力计算的情况下,建设单位随意指定将开挖土方短时间内集中堆放于7号楼北侧。

二是开挖基坑违反相关规定。土方开挖单位,在未经监理方同意、未进行有效监测,不具备相应资质的情况下,也没有按照相关技术要求开挖基坑。

三是监理不到位。监理方对建设方、施工方的违法、违规行为未进行有效处置,对施工现场的事故隐患未及时报告。

四是管理不到位。建设单位管理混乱,违章指挥,违法指定施工单位,压缩施工工期;总包单位未予以及时制止。

五是安全措施不到位。施工方对基坑开挖及土方处置未采取专项防护措施。

六是围护桩施工不规范。施工方未严格按照相关要求组织施工,施工速度快于规定的技术标准要求。

事故调查组认定其为重大责任事故,6 名事故责任人被依法判刑 3 年至 5 年。该楼房倒塌是房改以来发生的第一起,引起了社会的广泛关注而上榜 2009 年房地产十大新闻。

 **综合案例四**

国家会议中心工程项目质量管理

北京建工集团博海公司

1 项目概况

北京奥林匹克公园(B 区)国家会议中心工程,在奥运会期间提供国际广播中心(IBC)、击剑及现代五项中击剑和气手枪、残奥会硬地滚球及轮椅击剑等比赛项目的使用场所。工程位于北京奥林匹克公园中心区,建筑面积 27 万 m²,地下 2 层,地上 8 层,东西向长 148 m,南北向长 398 m,框架剪力墙结构、钢结构,最大建筑高度 43.5 m,建筑檐高 42 m。建筑立面设计取自中国古代建筑屋檐的曲线概念,对传统的建筑形式赋予现代的演绎,同时又象征一座桥梁,与"鸟巢"、"水立方"遥相呼应,推动人文、信息的沟通和交流,跨向未来(图 4-12)。

本工程建设单位为北京建工集团博海公司。工程于 2005 年 4 月 29 日开工,2008 年 5 月 2 日竣工。本案例阐述该工程项目质量管理。

图 4-12 国家会议中心

2 特点及难点

2.1 设计复杂

主体结构包含了大跨钢筋混凝土结构、预应力混凝土结构、巨形桁架式钢结构、劲性钢结构、铸钢支座节点、摇摆柱结构等多种结构形式。

2.2 科技含量高

建筑规模大、超长超宽、使用功能多样,集奥运会与残运会、赛时与赛后为一体。立面造型新颖独特,悬挑唇形结构主体和装饰异常复杂。建筑物耐久年限 100 年,施工中必须采用科技含量高的新技术、新工艺、新材料、新设备。

2.3 环保要求高及总包管理难度大

2.4 项目目标

(1)质量目标:创建中国建设工程鲁班奖、中国土木工程詹天佑奖。

(2)工期目标:2005 年 4 月 29 日开工,2008 年 5 月 2 日竣工,其中结构工程工期约为 1 年,装饰工程工期不足 2 年。

3 管理过程及方法

3.1 建立质量管理保证体系

调配精干人员,建立动态的组织管理机构。有针对性地建立健全质量创优、技术创新实施指挥体系,成立专业小组,制定上百项管理制度,其中质量管理制度达 30 余项。加强全面质量教育,概括为:一个中心(以人为中心发挥人的积极性)、三不放过(质量交底不清不放过,责任不明不放过,没有质量措施不放过)、五勤(管理及操作人员对质量工作做到眼勤、嘴勤、手勤、脚勤、脑勤)、七严(思想严正、技术严谨、质量严格、措施严肃、隐患严防、蛮干严禁、奖罚严明)。

3.2 清水混凝土模板技术保障

超大体量混凝土结构的清水效果:针对本工程的高层高、构件形式多样、梁柱节点截面形式复杂等特点,通过科学合理的模板选型与设计、统一混凝土的原材料、优化混凝土的配合比、控制混凝土的振捣与养护等综合措施,21 万 m³ 的普通预拌混凝土外观质量全部达到了清水效果,颜色均匀一致,垂直度偏差均小于 3 mm,平整度偏差均小于 2 mm,真正实现了"内坚外美"。节约了板材的投入,节约了装修阶段的抹灰。

3.3 楼面大型塔式起重机安装大跨度钢屋盖施工技术保障

国内外首次创造性地使大吨位塔吊可以在混凝土楼板上行走而混凝土楼板不需加固。通过组合工具式可拆装支撑体系将塔吊的荷载直接传递至框架柱,有效地解决了大面积钢结构构件的吊装问题。

3.4 大跨度钢结构楼板竖向减震体系改善舒适度的研究和应用

击剑馆位于地上 4 层,下方为硬地滚球和轮椅击剑比赛场馆,楼板为 60 m×81 m 大跨度双层单向钢桁架结构,共计约 1 400 t。针对该楼板的竖向振动舒适度水平及改善方法,决定对该楼板进行消能减振设计,采用多点 TMD 黏滞流体阻尼器消能减振系统。

3.5 国际广播中心(IBC)声学技术研究与应用

北京奥运会期间,全世界有 200 多家转播商、1.6 万名电视转播记者将云集于国家会议中心,向全世界发送奥运会的最新信息。合理进行建筑平面布局,从隔振系统的自然频率、隔振元件的纵波传播特性和楼板的弯曲振动等三个条件出发,达到了国际广播中心在演播厅内有 35 dB 的声学要求。

4　管理成效

4.1　社会效果

工程建设过程中,胡锦涛等国家领导人先后亲临现场视察慰问,给予了工程高度评价。国际奥委会主席罗格先生说:"这是我见过的世界最好的施工现场"。

4.2　管理业绩

(1) 获得北京市结构"长城杯"金质奖、建筑"长城杯"金质奖。

(2) 获得中国建筑钢结构金奖、中国建筑工程"鲁班奖"、中国土木工程"詹天佑奖"。

(3) 获全国建筑业新技术应用示范工程、八项北京市工法及五项国家级工法、两项北京市科技进步奖。

本章小结

本章介绍了建设工程项目的质量控制体系、概念以及质量控制要求,质量控制程序和质量计划以及项目采购质量控制。详细阐述了建设工程项目施工准备阶段、施工阶段和竣工验收阶段的质量控制。

编制质量控制体系,根据建设工程项目质量控制的要求,制定质量控制程序及计划。注重施工前的准备阶段质量控制,施工阶段的质量控制以及竣工验收阶段的质量控制,对施工中出现的质量事故采取处理措施。

同时,应注意对建设工程项目的材料、设备采购进行质量控制。

练习题

一、单项选择题

1. 某工厂设备基础的混凝土浇筑工程中,由于施工管理不善,导致 28 天的混凝土实际强度达不到设计强度的 30%,对这起质量事故的正确处理方法是(　　)。(2013 年二建)

　　A. 返工处理　　　B. 修补处理　　　C. 加固处理　　　D. 不作处理

2. 对各种投入要素质量和环境条件质量的控制,属于施工过程质量控制中(　　)的工作。(2014 年二建)

　　A. 工序施工质量控制　　　　　　B. 技术交底

　　C. 测量控制　　　　　　　　　　D. 计量控制

3. 项目施工质量保证体系中,确定质量目标的基本依据是(　　)。(2014 年二建)

　　A. 质量方针　　　　　　　　　　B. 工程承包合同

　　C. 质量计划　　　　　　　　　　D. 设计文件

4. 根据质量事故产生的原因,属于管理原因引发的质量事故是(　　)。(2014 年二建)

　　A. 材料检验不严引发的质量事故

　　B. 采用不适宜施工方法引发的质量事故

　　C. 盲目追求利润引发的质量事故

　　D. 对地质情况估计错误引发的质量事故

5. 根据施工质量控制的特点,施工质量控制应( )。(2014 年二建)

    A. 加强对施工过程的质量检测 　　　B. 解体检查内在质量

    C. 建立固定的生产流水线 　　　　　D. 加强观感质量验收

6. 施工企业质量管理体系的认证方应为( )。(2014 年二建)

    A. 企业最高领导者 　　　　　　　　B. 第三方认证机构

    C. 企业行政主管部门 　　　　　　　D. 行业管理部门

7. 在施工质量管理中,以控制人的因素为基本出发点而建立的管理制度是( )。

   (2014 年二建)

    A. 见证取样制度 　　　　　　　　　B. 专项施工方案论证制度

    C. 执业资格注册制度 　　　　　　　D. 建设工程质量监督管理制度

8. 分部工程验收时,各方分别签字的质量证明文件在验收后 3 天内,应由( )报送质量

   监督机构备案。(2014 年二建)

    A. 建设单位 　　　B. 监理单位 　　　C. 施工单位 　　　D. 设计单位

9. 施工现场对墙面平整度进行检查时,适合采用的检查手段是( )。(2014 年二建)

    A. 量 　　　　　　B. 靠 　　　　　　C. 吊 　　　　　　D. 套

10. 下列施工质量控制工作中,属于技术准备工作质量控制的是( )。(2014 年二建)

    A. 建立施工质量控制网 　　　　　　B. 设置质量控制点

    C. 制定施工场地质量管理制度 　　　D. 实行工序交接检查制度

11. 某工程项目施工工期紧迫,楼面混凝土刚浇筑完毕即上人作业,造成混凝土表面不平

   并出现楼板裂缝,按事故责任分此质量事故属于( )事故。(2015 年二建)

    A. 操作责任 　　　B. 社会责任 　　　C. 自然灾害 　　　D. 指导责任

12. 根据质量事故处理的一般程序,经事故调查及原因分析,则下一步应进行的工作是

   ( )。(2015 年二建)

    A. 制定事故处理方案 　　　　　　　B. 事故的责任处罚

    C. 事故处理的鉴定验收 　　　　　　D. 提交处理报告

13. 关于施工质量控制特点的说法,正确的是( )。(2015 年二建)

    A. 施工质量受到多种因素影响,因此要保证质量合格很难完全做到

    B. 施工生产不能进行标准化施工,因此各个工程质量有差异是难免的

    C. 施工质量主要依靠对工程实体的终检来判断是否合格

    D. 施工质量控制中,必须强调过程控制,及时做好检查、签证记录

14. 下列施工质量保证体系的内容中,属于工作保证体系的是( )。(2015 年二建)

    A. 建立质量检查制度 　　　　　　　B. 明确施工质量目标

    C. 树立"质量第一"的观点 　　　　　D. 建立质量管理组织

15. 关于项目施工质量目标的说法,正确的是( )。(2015 年二建)

    A. 项目施工质量总目标应符合行业质量最高目标要求

    B. 项目施工质量总目标应逐级分解以形成在合同环境下的各级质量目标

    C. 项目施工质量总模板要以相关标准规范为基本依据

    D. 项目施工质量总目标的分解仅需从空间角度立体展开

16. 在影响施工质量的五大因素中,建设主管部门推广的高性能混凝土技术,属于(　　)的因素。(2015 年二建)

  A. 方法　　　　　　B. 环境　　　　　　C. 材料　　　　　　D. 机械

17. 下列质量控制点的重点控制对象中,属于施工技术参数类的是(　　)。(2015 年二建)

  A. 水泥的安全性　　　　　　　　　　B. 预应力钢筋的张拉

  C. 砌体砂浆的饱满度　　　　　　　　D. 混凝土浇筑后的拆模时间

18. 下列现场质量检查的方法中,属于目测法的是(　　)(2015 年二建)

  A. 利用全站仪复查轴线偏差　　　　　B. 利用酚酞液观察混凝土表面碳化

  C. 利用磁场磁粉探查焊缝缺陷　　　　D. 利用小锤检查面砖铺贴质量

19. 下列施工质量控制的工作中,属于事前质量控制的是(　　)(2015 年二建)

  A. 分析可能导致质量问题的因素并制定预防措施

  B. 隐蔽工程的检查

  C. 工程质量事故的处理

  D. 进场材料抽样检验或试验

二、多项选择题

1. 政府质量监督机构按照监督方案应对工程项目全过程施工的情况进行不定期检查,其中在(　　)阶段应每月安排监督检查。(2014 年二建)

  A. 基础施工　　　　B. 施工准备　　　　C. 设备安装　　　　D. 竣工验收

  E. 主体结构施工

2. 项目施工质量工作计划的内容有(　　)。(2014 年二建)

  A. 质量目标的具体描述　　　　　　　B. 重要工序的检验大纲

  C. 质量事故的预防成本　　　　　　　D. 质量计划修订程序

  E. 特殊的质量评定费用

3. 根据《关于做好房屋建筑和市政基础设施工程质量事故报告和调查处理工作的通知》建质〔2010〕,111 号的规定,质量事故处理报告的内容有(　　)。(2014 年二建)

  A. 事故原因分析及论证　　　　　　　B. 对事故处理的建议

  C. 事故调查的原始资料　　　　　　　D. 检查验收记录

  E. 事故发生后的应急防护措施

4. 下列导致施工质量事故发生的原因中,属于施工失误的有(　　)。(2015 年二建)

  A. 使用不合格的工程材料　　　　　　B. 施工人员不具备上岗的技术资质

  C. 边勘察、边设计、边施工　　　　　D. 勘察报告不准、不细

  E. 施工管理混乱

5. 下列工程建设的参建主体中,应在建设单位报送工程质量监督机构的主体结构分部工程质量验收证明上签字的单位有(　　)。(2015 年二建)

  A. 勘察单位　　　　B. 设计单位　　　　C. 施工单位

  D. 检测单位　　　　E. 监理单位

6. 下列施工质量保证体系的内容中,属于施工阶段工作保证体系的有(　　)。(2015 年二建)

  A. 建立质量检验制度　　　　　　B. 建立施工现场管理制度

  C. 做好成品保护　　　　　　　　D. 建立质量信息系统

  E. 开展群众性的 QC 活动

7. 建筑工程施工质量控制难度大的原因有(　　)。(2015 年二建)

  A. 规范化的生产工艺　　　　　　B. 承包的生产设备

  C. 建筑产品的单件性　　　　　　D. 施工生产的流动性

  E. 复杂的工序关系

三、简答题

1. 什么是质量管理?

2. 质量控制的原则是什么?

3. 什么是全面质量管理?

4. 施工质量管理的特点是什么?

5. 施工项目质量计划的编制的步骤有哪些?

6. 施工项目质量控制的方法有哪些?

7. 如何绘制质量排列图?

8. 质量分析因果分析图的原理是什么?

9. 什么是工程质量事故?

10. 简述工程质量事故的分类方法。

11. 一般的工程质量事故的处理方法是什么?

四、案例分析题(2015 年二建)

  某办公楼工程,钢筋混凝土框架结构,地下一层,地上八层。层高 4.5 m。工程柱采用泥浆护壁钻孔灌柱桩,墙体采用普通混凝土小砌块,工程外脚手架采用双排落地扣件式钢管脚手架,位于办公楼顶层的会议室,其框架柱间距为 8 m×8 m,项目部按照绿色施工要求,收集现场施工废水循环利用。

  在施工过程中,发生了下列事件:

  事件一:项目部完成灌注桩的泥浆循环清孔工作后,随即放置钢筋笼,下导管及桩身混凝土灌筑,混凝土浇筑至桩顶设计标高。

  事件二:会议室顶板底模支撑拆除前,试验员从标准养护室取一组试件进行试验。试验强度达到设计强度的 90%,项目部据此开始拆模。

  事件三:因工期紧,砌块生产 7 天后运往工地进行砌筑。砌筑砂浆采用收集的循环水进行现场拌制。墙体一次砌筑至梁底以下 200 mm 位置。留待 14 天后浇筑顶紧。监理工程部进行现场巡视后责令停工整改。

  问题:

  1. 分别指出事件一中的不妥之处,并写出正确做法。

  2. 事件二中,项目部的做法是否正确? 说明理由,当设计无规定时,通常情况下模板拆除顺序的原则是什么?

  3. 针对事件三中的不妥之处,分别写出相应的正确做法。

5　建筑工程项目成本管理

单元简介

　　施工成本管理应从工程投标报价开始,直至项目竣工结算,保修金返还为止,贯穿于项目实施的全过程。施工成本管理要在保证工期和质量要求的前提下,采取相应管理措施,包括组织措施、经济措施、技术措施和合同措施,把成本控制在计划范围内,并进一步寻求最大限度的成本节约。

　　本章内容包括:建筑安装工程费用项目的组成与计算,建设工程定额,合同价款约定与工程结算,施工成本管理与施工成本计划,施工成本控制与施工成本分析等。

学习要求

知识结构	学习内容	能力目标	笔记
5.1　建筑工程项目成本管理概述	1. 项目成本的概念及构成 2. 施工成本管理	1. 掌握工程施工成本的分类 2. 了解项目成本管理的原则 3. 熟悉项目成本管理的方法	
5.2　建筑工程项目成本计划	1. 项目成本计划的概念、类型和特点 2. 项目成本计划的编制和作用	1. 了解成本计划的概念 2. 掌握项目成本计划的编制 3. 熟悉成本计划的作用	
5.3　建筑工程项目成本控制	1. 项目成本控制的概念、基本要求和对象 2. 项目成本控制的方法 3. 项目成本事前控制与运行控制	1. 了解项目成本控制的概念 2. 掌握 S 形曲线法 3. 掌握挣值法	
5.4　建筑工程项目成本核算	1. 项目成本核算的概念、要求、制度和特点 2. 项目成本核算的对象、方法和工作内容	1. 了解成本核算的概念 2. 熟悉成本核算的方法	
5.5　建筑工程项目成本分析与考核	1. 项目成本分析的概念、原则和方法 2. 项目成本考核	1. 了解成本分析的概念 2. 熟悉成本分析的方法 3. 了解成本考核的概念	

"鸟巢"的建设风波

　　国家体育育(鸟巢)位于北京奥林匹克公园中心区南部,2003年12月24日开工建设,2008年3月完工。作为国家标志性建筑,2008年奥运会主体育场,国家体育场结构特点十分显著。体育场为特级体育建筑,大型体育场馆。主体结构设计使用年限100年,耐火等级为一级,抗震设防烈度8度,地下工程防水等级1级。

　　然而,"鸟巢"的建设并非一帆风顺。

　　2003年初,国家主体育场的设计招标进入了最关键的阶段。从177家设计单位、13个参赛方案中,"鸟巢"获得了最后的胜利。

　　"鸟巢"的设计者就是瑞士赫尔佐格和德梅隆。这次他们设计的"鸟巢"体育场却超越他们之前所有的建筑,宛若金属树枝编织而成的巨大鸟巢向所有人展示了一种从未有过的建筑形式。

　　起初这个体育场最吸引大家目光的的确是它奇特的外部造型,人们给它起了一个形象的名字——鸟巢(图5-1)。法国有一句广为流传的谚语"人类除了鸟巢之外什么都能制造出来"。可见,自然界中鸟巢结构的复杂程度,法国人认为这是一种大自然巧夺天工的杰作,是人类建筑结构无法逾越的界限。

图5-1　国家体育馆(鸟巢)

　　2003年12月24日10时,"鸟巢"正式开工。然而,在短短一年半的时间里,赫尔佐格和德梅隆便经历了他们设计生涯中最富戏剧性的转折,2004年7月30日,"鸟巢"方案从一片溢美之词中忽然被勒令停工修改。

导致"鸟巢"停工的原因,是一封直呈总理温家宝的信件。起草者质疑这些建筑"片面营造视觉冲击",极大地提高了工程造价,并忽略安全、实用、环保等建筑基本要义。两位院士提出对奥运场馆瘦身有三个重要的理由,就是工人、安全和成本。它造价为38.9亿元,用钢量高达13.6万 t,被指责为既昂贵又笨重。

经过议定,建筑师和工程师们决定把可开启的滑动式屋顶拿掉,"鸟巢"的用钢量估计可以节约1万 t左右,同时增加了安全系数。建筑师和工程师们重新编织体育场结构,完整保留了原设计的重要特征。2004年12月28日,"鸟巢"复工。2006年12月30日主钢结构完工。

最终,"鸟巢"于2008年3月完工,总造价22.67亿元。

那么,我们在建筑工程项目中,如何更好地控制成本、节约资金?

5.1　建筑工程项目成本管理概述

成本是一种耗费,是耗费劳动的货币表现形式。工程项目是拟建或在建的建筑产品,其成本属于生产成本,是生产过程所消耗的生产资料、劳动报酬和组织生产的管理费用的总和,成本管理是项目管理的核心问题之一。

5.1.1　项目成本的概念及构成

1. 项目成本的概念

项目成本是建筑施工企业以施工项目作为成本核算对象,在施工过程中所耗费的生产资料转移价值和劳动者必要劳动所创造价值的货币形式,项目成本包括所耗费的主、辅材料,构配件,周转材料的摊销费或租赁费,施工机械的台班费或租赁费,支付给生产工人的工资、奖金以及在施工现场进行施工组织与管理所发生的全部费用支出。

施工项目成本不包括工程造价组成中的利润和税金,也不应包括构成施工项目价值的一切非生产性支出。

施工项目成本是施工企业的主要产品成本,也称工程成本,一般以项目的单位工程作为成本核算对象,通过对各单位工程成本核算的综合来反映施工项目成本。

2. 项目成本的构成

(1) 按费用构成要素划分的建筑安装工程费用项目组成(图 5-2)。

根据建标〔2013〕44 号:住房和城乡建设部、财政部关于印发《建筑安装工程费用项目组成》的通知的规定,建筑安装工程费用项目按费用构成要素组成划分为人工费、材料费、施工机具使用费、企业管理费、利润、规费和税金。

(2) 按造价形成划分的建筑安装工程费用项目组成(图 5-3)。

建筑安装工程费按照工程造价形成由分部分项工程费、措施项目费、其他项目费、规费、税金组成,分部分项工程费、措施项目费、其他项目费包含人工费、材料费、施工机具使用费、企业管理费和利润。

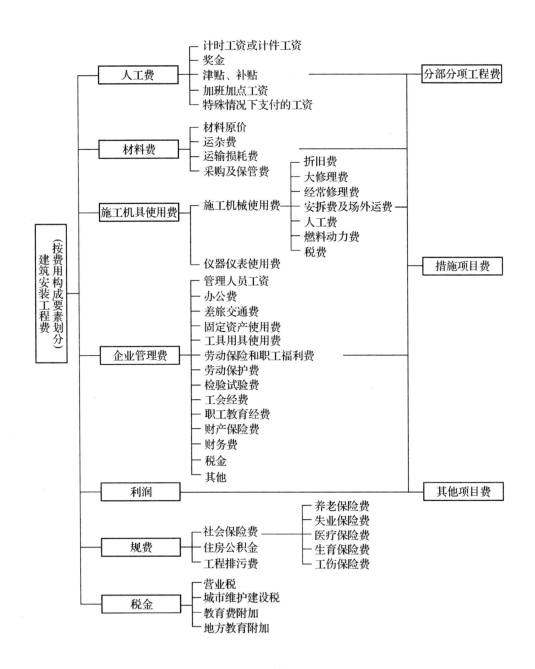

图 5－2　按费用构成要素划分的建筑安装工程费用项目组成

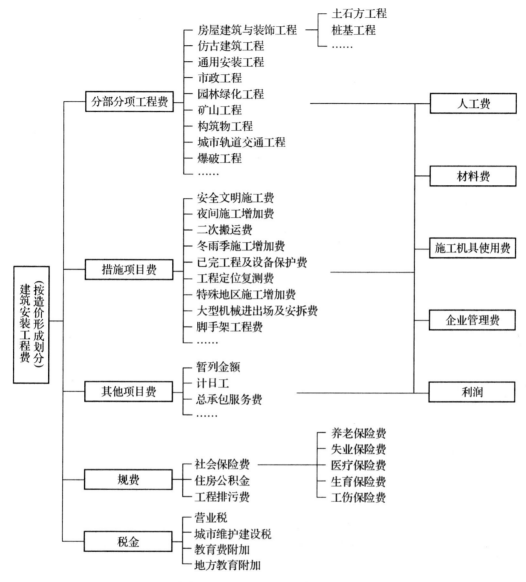

图 5-3 按造价形成划分的建筑安装工程费用项目组成

5.1.2 项目成本的特点（表 5-1）

表 5-1 项目成本的特点

特点	内　　　容
事前计划性	从工程项目投标报价开始到工程项目竣工结算前,对于工程项目的承包商而言,各阶段的成本数据都是事前的计划成本,包括投标书的预算成本、合同预算成本、设计预算成本、组织对项目经理的责任目标成本、项目经理部的施工预算及计划成本等。基于这样的认识,人们把动态控制原理应用于项目的成本控制过程。其中,项目总成本的控制,总是对不同阶段的计划成本进行相互比较,以反映总成本的变动情况。只有在项目的跟踪核算过程中,才能对已完的工作任务或分部、分项工程,进行实际成本偏差的分析

特点	内　　容
投入复杂性	①工程项目成本的形成从投入情况看,在承包组织内部有组织层面的投入和项目层面的投入,在承包组织外部有分包商的投入,甚至业主方以甲供材料设备的方式的投入等。②工程项目最终作为建筑产品的完全成本和承包商在实施工程项目期间投入的完全成本,其内涵是不一样的。作为工程项目管理责任范围的项目成本,显然要根据项目管理的具体要求来界定
核算困难大	工程项目成本核算的关键问题在于动态地对已完的工作任务或分部、分项工程的实际成本进行正确的统计归集,以便与相同范围的计划成本进行比较分析,把握成本的执行情况,为后续的成本控制提供指导。但是,由于成本的发生或费用的支出与已完的工程任务量,在时间和范围上不一定一致,这就给实际成本的统计归集造成很大的困难,影响核算结果的数据可比性和真实性,以致失去对成本管理的指导作用
信息不对称	建设工程项目的实施通常采用分包的模式,由于商业机密,总包方对于分包方的实际成本往往很难把握,这给总包方的事前成本计划带来一定的困难

5.1.3　项目成本的管理

项目成本的管理就是要在保证工期和质量满足要求的情况下,利用组织措施、经济措施、技术措施、合同措施把成本控制在计划范围内,并进一步寻求最大限度的成本节约。实际上项目一旦确定,则收入也就确定了。如何降低工程成本、获取最大利润,是项目管理的目标。施工成本管理的任务主要包括:成本预测、成本计划、成本控制、成本核算、成本分析和成本考核。

1. 工程项目成本管理的内容

项目成本管理工作贯穿于项目实施的全过程,成本管理应伴随项目的进行渐次展开。项目成本管理依次有如下工作:建立健全项目成本管理的责任体系;进行项目成本预测;编制成本计划;进行成本运行控制;进行成本核算;进行成本分析;项目成本考核、核算。

(1) 项目成本管理,首先,应建立以项目经理为中心的成本管理体系,确定项目经理是成本管理的第一责任人;然后,按内部各岗位和作业层进行目标分解,明确各管理人员和作业层的成本责任、权限及相互关系。

(2) 成本目标一旦确定,项目经理部的主要职责就是通过组织施工生产、加强过程控制,千方百计地确保成本目标的实现。为此,企业应建立和完善项目管理层作为成本控制中心的功能和机制,并为项目成本控制创造优化配置生产要素、实施动态管理的环境和条件。项目经理部应对施工过程中发生、在项目经理部管理职责权限内能控制的各种消耗和费用进行成本控制。通常是成立成本控制小组,定期进行项目经济活动分析,同时制定成本管理办法及奖惩办法,做到奖罚分明,以充分调动各级领导和项目所有成本管理人员的积极性。

(3) 因为各个阶段的工作要求和特点不同,所以,各阶段成本管理工作的内容也不同,但它们相互作用和相互依赖。

(4) 成本预测是成本决策的前提,成本计划是成本决策确定目标的具体化。成本控制则是对成本计划的实施和监督,保证决策的成本目标实现,而成本核算又是对成本计划是否实现的最后检验。核算所提供的成本信息,又为下一个施工项目成本预测和决策提供参考资料。成本考核是实现成本目标责任制的保证和实现决策目标的重要手段。

2. 工程项目成本管理的特点

（1）工程项目成本管理是一个复杂的系统工程

工程项目成本管理从横向可以分为工程项目投标报价、成本预测、成本计划、统计、质量、信誉等。从纵向可以分为组织、控制、核算、分析、跟踪和考核等。由此,可形成一个工程建设项目成本管理系统。

（2）工程项目成本管理是一个动态管理的过程

工程建设项目的建设周期往往很长。在整个建设过程中,又受到各种内部、外部因素的影响,工程建设项目的成本在整个建设过程中不断地发生变化。因此,工程建设项目成本管理必须根据不断变化的内外部环境,不断地对成本进行组织、控制和调整,以保证工程建设项目成本的有效控制和监督。

3. 工程项目成本管理的原则

（1）以人为本、全员参与原则

①项目成本管理工作是一项系统工程,项目的进度管理、质量管理、安全管理、施工技术管理、物资管理、劳务管理、计划统计、财务管理等一系列管理工作都关系到项目成本,项目成本管理是项目管理的中心工作,必须让企业全体人员共同参与。

②项目成本管理的每一项工作、每一个内容都需要相应的人员来完善,所以,抓住本质,全面提高人的积极性和创造性,是搞好项目成本管理的前提。

（2）领导者推动原则

企业的领导者是企业成本的责任人,必然是工程项目施工成本的责任人。领导者应该制定项目成本管理的方针和目标,负责项目成本管理体系的建立和保持,创造使企业全体员工能充分参与项目施工成本管理、实现企业成本目标的良好内部环境。

（3）管理层次与管理内容的一致性原则

项目成本管理是企业各项专业管理的一个部分,从管理层次上讲,企业是决策中心、利润中心,项目是企业的生产场地、生产车间,由于大部分的成本耗费在此发生,因而它也是成本中心。项目完成了材料和半成品在空间和时间上的流水,绝大部分要素或资源要在项目上完成价值转换,并要求实现增值,其管理上的深度和广度远远大于一个生产车间所能完成的工作内容,因此,项目上的生产责任和成本责任非常大,为了完成或实现过程管理和成本目标,就必须建立一套相应的管理制度,并授予其相应的权力。因而相应的管理层次,它相对应的管理内容和管理权力必须相称和匹配,否则会发生责、权、利的不协调,从而导致管理目标和管理结果的扭曲。

（4）动态性、及时性、准确性原则

①项目成本管理是为了实现项目成本目标而进行的一系列管理活动,是对项目成本实际开支的动态管理过程。由于项目成本的构成随着工程施工的进展而不断变化,因而动态性是项目成本管理的属性之一。

②进行项目成本管理是不断调整项目成本支出与计划目标的偏差,使项目成本支出基本与目标一致的过程。这就需要进行项目成本的动态管理,它决定了项目成本管理不是一次性的工作,而是项目全过程每日、每时都在进行的工作。

③项目成本管理需要及时、准确地提供成本核算信息,不断反馈,为上级部门或项目经理进行项目成本管理提供科学的决策依据。如果这些信息的提供严重滞后,就起不到及时纠偏、亡羊补牢的作用。

(5)目标分解、责任明确原则

①项目成本管理的工作业绩最终要转化为定量指标,而这些指标的完成通过上述各级各个岗位的工作实现,为明确各级各岗位的成本目标和责任,就必须进行指标分解。

②企业确定工程项目责任成本指标和成本降低率指标,是对工程成本进行了一次目标分解。企业的责任是降低企业管理费用和经营费用,组织项目经理部完成工程项目责任成本指标和成本降低率指标。

③项目经理部还要对工程项目责任成本指标和成本降低率目标进行二次目标分解,根据岗位、管理内容的不同,确定每个岗位的成本目标和所承担的责任。把总目标进行层层分解,落实到每一个人,通过每个指标的完成来保证总目标的实现。

(6)过程控制与系统控制原则

①项目成本由施工过程各个环节的资源消耗所形成。因此,项目成本的控制必须采用过程控制的方法,分析每一个过程影响成本的因素,制定工作程序和控制程序,使之时刻处于受控状态。

②项目成本形成的每一个过程又与其他过程互相关联。一个过程成本的降低,可能会引起关联过程成本的提高。因此,项目成本的管理必须遵循系统控制的原则,进行系统分析;制定过程的工作目标必须从全局利益出发,不能为了小团体利益而损害整体利益。

4. 工程项目成本管理的流程

项目成本管理的流程如图 5-4 所示。

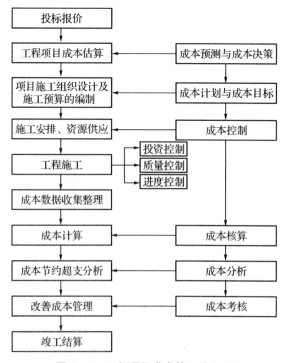

图 5-4 工程项目成本管理流程图

5. 工程项目成本管理的措施

（1）经济措施。经济措施是最易为人接受和采用的措施。管理人员应编制资金使用计划,确定、分解项目成本管理目标;对项目成本管理目标进行风险分析,并制定防范性对策。通过偏差原因分析和对未完项目进行成本预测,可发现一些可能导致未完项目成本增加的潜在问题,对这些问题应以主动控制为出发点,及时采取预防措施。

（2）组织措施。项目成本管理不仅是专业成本管理人员的工作,各级项目管理人员也都负有成本控制责任。组织措施是从项目成本管理的组织方面采取的措施,如实行项目经理责任制,落实项目成本管理的组织机构和人员,明确各级项目成本管理人员的任务和职能分工、权力和责任,编制本阶段项目成本控制工作计划和详细的工作流程图等。组织措施是其他各类措施的前提和保障,而且一般不需要增加什么费用,运用得当可以收到良好的效果。

（3）技术措施。技术措施不仅对解决项目成本管理过程中的技术问题不可缺少,而且对纠正项目成本管理目标偏差也有相当重要的作用。运用技术措施的关键,一是要能提出多个不同的技术方案;二是要对不同的技术方案进行技术经济分析。在实践中,要避免仅从技术角度选定方案而忽视对其经济效果的分析论证。

（4）合同措施。成本管理要以合同为依据,因此合同措施就显得尤为重要。对于合同措施从广义上理解,除了参加合同谈判、修订合同条款、处理合同执行过程中的索赔问题、防止和处理好与业主和分包商之间的索赔之外,还应分析不同合同之间的相互联系和影响,对每一个合同作总体和具体的分析。

 **应用案例 5 - 1**

1. 背景

某项工程发包人与承包人签订了工程施工合同,合同中含两个子项工程,估算工程量甲项为 2 300 m³,乙项为 3 200 m³,经协商合同价甲项为 180 元/m³,乙项为 160 元/m³。承包合同规定:

①开工前发包人应向承包人支付合同价 20% 的预付款;

②发包人自第一个月起,从承包人的工程款中,按 5% 的比例扣留滞纳金;

③当子项工程实际工程量超过估算工程量 10% 时,可进行调价,调整系数为 0.9;

④根据市场情况规定价格调整系数平均按 1.2 计算;

⑤监理工程师签发付款最低金额为 25 万元;

⑥预付款在最后两个月扣除,每月扣 50%。

承包人各月实际完成并经监理工程师签证确认的工程量如表 5 - 2 所示。

表 5 - 2　承包人各月实际完成并经监理工程师签证确认的工程量

月　份	1 月	2 月	3 月	4 月
甲项（m³）	500	800	800	600
乙项（m³）	700	900	800	600

2. 问题

(1) 预付款是多少?

(2) 从第二个月起每月工程量价款是多少? 监理工程师应签证的工程款是多少? 实际签发的付款凭证金额是多少?

3. 案例分析

(1) 预付款金额为 $(2\,300 \times 180 + 3\,200 \times 160) \times 20\% = 18.52$(万元)

(2) ①第一个月:

工程量价款为 $500 \times 180 + 700 \times 160 = 20.2$(万元)

应签证的工程款为 $20.2 \times 1.2 \times (1 - 5\%) = 23.028$(万元)

由于合同规定监理工程师签发的最低金额为 25 万元,故本月监理工程师不予签发付款凭证。

②第二个月:

工程量价款为 $800 \times 180 + 900 \times 160 = 28.8$(万元)

应签证的工程款为 $28.8 \times 1.2 \times (1 - 5\%) = 32.832$(万元)

本月实际签发的付款凭证金额为 $23.028 + 32.832 = 55.86$(万元)

③第三个月:

工程量价款为 $800 \times 180 + 800 \times 160 = 27.2$(万元)

应签证的工程款为 $27.2 \times 1.2 \times (1 - 5\%) = 31.008$(万元)

该月应支付的净金额为 $31.008 - 18.52 \times 50\% = 21.748$(万元)

由于未达到最低结算金额,故本月监理工程师不予签发付款凭证。

④第四个月:

甲项工程累计完成工程量为 $2\,700\ \text{m}^3$,较估计工程量 $2\,300\ \text{m}^3$ 差额大于 10%。

$2\,300 \times (1 + 10\%) = 2\,530(\text{m}^3)$

超过 10% 的工程量为 $2\,700 - 2\,530 = 170(\text{m}^3)$

其单价应调整为 $180 \times 0.9 = 162(\text{元/m}^3)$

故甲项工程量价款为 $(600 - 170) \times 180 + 170 \times 162 = 10.494$(万元)

乙项累计完成工程量为 $3\,000\ \text{m}^3$,与估计工程量相差未超过 10%,故不予调整。

乙项工程量价款为 $600 \times 160 = 9.6$(万元)

本月甲、乙两项工程量价款为 $10.494 + 9.6 = 20.094$(万元)

应签证的工程款为 $20.094 \times 1.2 \times (1 - 5\%) - 18.52 \times 50\% = 13.647$(万元)

本期实际签发的付款凭证金额为 $21.748 + 13.647 = 35.395$(万元)

5.2 建筑工程项目成本计划

5.2.1 项目成本计划的概念、类型和特点

1. 项目成本计划的概念

项目成本计划是以货币形式编制施工项目在计划期内的生产费用、成本水平、成本降

低率以及为降低成本所采取的主要措施和规划的书面方案,它是建立施工项目成本管理责任制、开展成本控制和核算的基础。

一般来说,一个施工项目成本计划应包括从开工到竣工所必需的施工成本,它是该施工项目降低成本的指导性文件,是设立目标成本的依据。可以说,成本计划是目标成本的一种形式。

2. 项目成本计划的类型

(1)实施性成本计划。实施性成本计划是指项目施工准备阶段的施工预算成本计划,它是以项目实施方案为依据,以落实项目经理责任目标为出发点,采用组织施工定额并通过施工预算的编制而形成的成本计划。

(2)指导性成本计划。指导性成本计划是选派工程项目经理阶段的预算成本计划。这是组织在总结项目投标过程合同评审、部署项目实施时,以合同标书为依据,以组织经营方针目标为出发点,按照设计预算标准提出的项目经理的责任成本目标,而且一般情况下,只是确定责任总成本指标。

(3)竞争性成本计划。竞争性成本计划是工程投标及合同阶段的估算成本计划。这类成本计划以招标文件为依据,以投标竞争策略与决策为出发点,按照预测分析,采用估算或概算定额、指标等编制而成。这种成本计划虽然也着力考虑降低成本的途径和措施,甚至作为商业机密参与竞争,但总体上都较为粗略。

3. 项目成本计划的特点

项目成本计划的特点见表5-3所示。

表5-3　项目成本计划的特点

特　点	内　容
具有积极 主动性	成本计划不再仅仅是被动地按照已确定的技术设计、工期、实施方案和施工环境来预算工程的成本,而是更注重进行技术经济分析,从总体上考虑项目工期、成本、质量和实施方案之间的相互影响和平衡,以寻求最优的解决途径
动态控制 的过程	项目不仅在计划阶段进行周密的成本计划,而且要在实施过程中将成本计划和成本控制合为一体,不断根据新的情况,如工程设计的变更、施工环境的变化等,随时调整和修改计划,预测项目施工结束时的成本状况以及项目的经济效益,形成一个动态控制的过程
采用全寿命 周期理论	成本计划不仅针对建设成本,还要考虑运营成本的高低。在通常情况下,对施工项目的功能要求高、建筑标准高,则施工过程中的工程成本增加,但今后使用期内的运营费用会降低;反之,如果工程成本低,则运营费用会提高。这就在确定成本计划时产生了争执,通常是通过对项目全寿命期作总经济性比较和费用优化来确定项目的成本计划
成本目标的最小化 与项目盈利的 最大化相统一	盈利的最大化经常是从整个项目的角度分析的。如经过对项目工期和成本的优化选择一个最佳工期,以降低成本;但是,如果通过加班加点适当压缩工期,使得项目提前竣工投产,根据合同获得的资金高于工程成本的增加额,这时成本的最小化与盈利的最大化并不一致,从项目的整体经济效益出发,提前完工是值得的

5.2.2　项目成本计划的编制和作用

1. 项目成本计划的内容组成

项目成本计划的内容组成如图 5-5 所示。

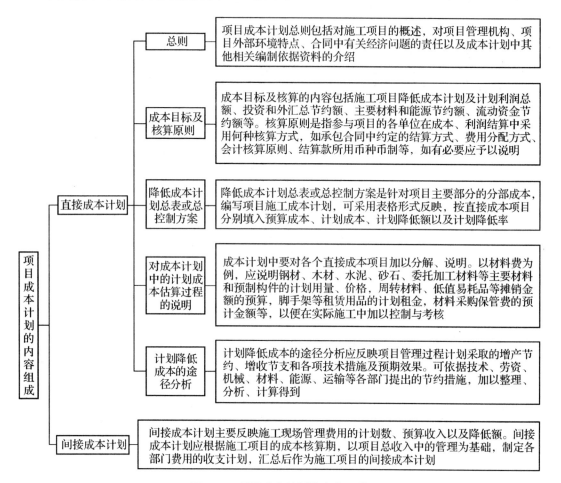

图 5-5　项目成本计划的内容组成

2. 项目成本计划编制的要求

（1）应有具体的指标

①成本计划的数量指标；

②成本计划的质量指标；

③成本计划的效益指标。

$$设计预算成本计划降低额＝设计预算总成本－计划总成本$$

$$责任目标成本计划降低率＝责任目标总成本－计划总成本$$

（2）应有明确的责任部门和工作方法

项目成本计划由项目管理组织负责编制，并采取自下而上分级编制并逐层汇总的做法。这里的项目管理组织就是组织派出的工程项目经理部，应承担项目成本实施性计划的编制任务。当工程项目的构成有多个子项，分级进行项目管理时，应由各子项的项目管理组织分别编制子项目成本计划,然后进行自下而上的汇总。

(3) 应有明确的依据

①工程承包合同文件。除合同文本外,招标文件、投标文件、设计文件等均是合同文件的组成内容,合同中的工程内容、数量、规格、质量、工期和支付条款都将对工程的成本计划产生重要的影响,因此,承包方除了在签订合同前进行详细的合同评审外,尚需进行认真的研究与分析,以谋求在正确履行合同的前提下降低工程成本。

②工程项目管理的实施规划。其中,包括以工程项目施工组织设计文件为核心的项目实施技术方案与管理方案,它们在充分调查和研究现场条件及有关法规条件的基础上制定。不同实施条件下的技术方案和管理方案,将导致工程成本的不同。

③可行性研究报告和相关设计文件。

④生产要素的价格信息、反映企业管理水平的消耗定额(企业施工定额)以及类似工程的成本资料等。

3. 项目成本计划编制的程序

项目成本计划编制的程序如图 5 - 6 所示。

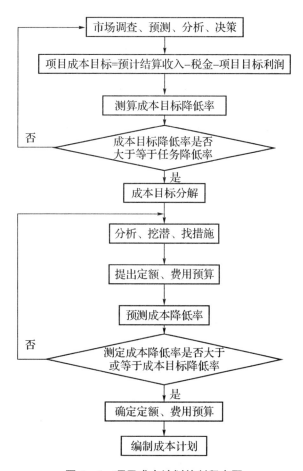

图 5 - 6　项目成本计划编制程序图

4. 项目成本计划的作用

（1）为工程项目实施过程提供成本控制依据。成本计划主要的作用,体现在为工程实施过程的各项作业技术活动和管理活动提供成本控制的依据。不能片面地理解为,项目成本计划仅仅规定了明确的成本数量目标或指标,而且还要看到,项目成本计划提出了实现成本目标的各种措施和方案,为成本形成过程的各种作业活动和管理活动提供了必要的指导。

（2）支持工程项目成本目标决策。成本目标决策和成本计划是互动的关系,成本计划一方面能起到支持成本目标决策的作用;另一方面也能起到落实和执行成本决策意图的作用。

（3）实行工程项目成本事前预控。在成本计划过程中,对总成本目标及各子项、单位工程及分部、分项工程,甚至各个细部工程或作业成本目标的分解或确定,都要对任务量、消耗量、劳动效率及其影响成本变动的因素进行具体分析,并编制相应的成本管理措施,以使各项成本计划指标建立在技术可行、经济合理的基础上。如果没有计划过程的预控基础,过程的动态控制将陷入混乱。

（4）促进工程项目实施方案优化。成本计划对促进实施方案优化起着重要的作用,因为在成本计划阶段,管理者通常是先考虑项目赢利的预期,再在保证项目效益的前提下,千方百计地从技术、组织、经济、管理等方面采取措施,通过不断优化实施方案,制定降低成本的措施,来寻求效率和效益。这由计算公式（5-1）可以看出:

$$计划成本＝造价成本－计划利润 \qquad (5-1)$$

而在建筑市场竞争日趋激烈的情况下,企业经营效益的来源在于自身技术与管理的综合优势,以最经济、合理的实施方案,在规定的工期内提供质量满足要求的产品。项目效益与实际成本、合同造价成本的关系为:

$$实际利润＝造价成本－实际成本 \qquad (5-2)$$

即:效益追求是成本管理的出发点,效益的取得是成本管理过程的必然结果。

5. S形曲线法

在网络分析的基础上将施工成本分解、落实到各项工作中,将各项工作计划成本在其持续时间上平均分配,这样就可以获得"工期—成本曲线"（或计划成本强度曲线,又称投入曲线）,在此基础上可进一步得到"工期—计划成本累计曲线",即S形曲线。

S形曲线的绘制方法如下:

①按照成本控制的不同需要,曲线中所用成本值可用计划成本或实际成本。

②以计划成本为作图依据得到的S形曲线,即计划成本曲线,又称为施工项目计划成本模型。

③以实际成本为作图依据得到的S形曲线,是施工项目的实际成本曲线。

④由于网络的时间坐标计划分为早时标计划与迟时标计划,因此,以不同的时标网络计划,就可做出两条S形曲线,分别为早时标S形曲线、迟时标S形曲线,它们共同组成"香蕉图"。

S形曲线法控制成本的作用。利用成本模型或"香蕉图"可以进行不同工期（进度）

方案、不同技术方案的对比,可以进行"计划—实际"成本以及进度的对比。这对把握整个工程进度、分析成本进度状况、预测成本趋向十分有用。

 **应用案例 5 - 2**

1. 背景

已知某项目的数据资料,见表 5 - 4 所示。

表 5 - 4   工程数据资料

编　码	项目名称	最早开始时间(月份)	工期(月)	成本强度(万元/月)
11	场地平整	1	1	20
12	基础施工	2	3	15
13	主体工程施工	4	5	30
14	砌筑工程施工	8	3	20
15	屋面工程施工	10	2	30
16	楼地面施工	11	2	20
17	室内设施安装	11	1	30
18	室内装饰	12	1	20
19	室外装饰	12	1	10

2. 问题

绘制该项目的时间—成本累计曲线。

3. 案例分析

(1) 确定施工项目进度计划,编制进度计划的横道图,如图 5 - 7 所示。

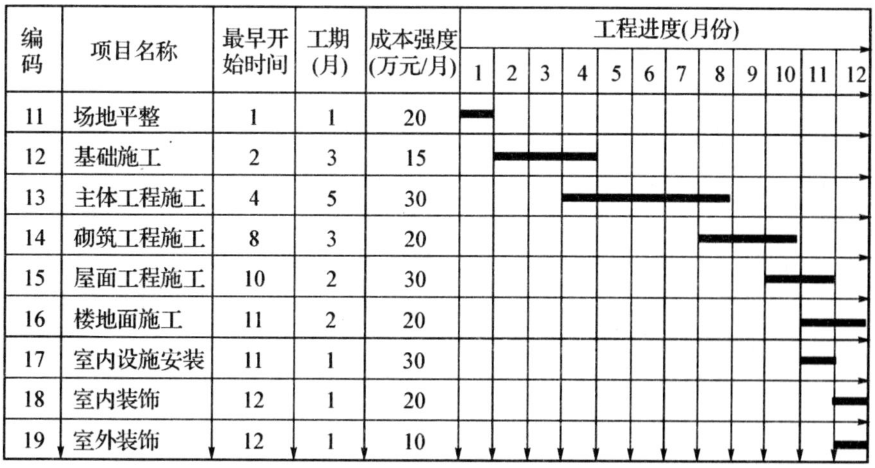

编码	项目名称	最早开始时间	工期(月)	成本强度(万元/月)	工程进度(月份)
					1 2 3 4 5 6 7 8 9 10 11 12
11	场地平整	1	1	20	
12	基础施工	2	3	15	
13	主体工程施工	4	5	30	
14	砌筑工程施工	8	3	20	
15	屋面工程施工	10	2	30	
16	楼地面施工	11	2	20	
17	室内设施安装	11	1	30	
18	室内装饰	12	1	20	
19	室外装饰	12	1	10	

图 5 - 7   进度计划横道图

（2）在横道图上按时间编制成本计划，如图 5-8 所示。

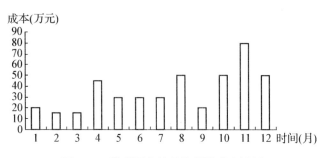

图 5-8　横道图上按月编制的成本计划

（3）计算规定时间 t 计划累计支出的成本额。

$Q_1=20$ 万元，$Q_2=35$ 万元，$Q_3=50$ 万元，…，$Q_{10}=305$ 万元，$Q_{11}=385$ 万元，$Q_{12}=435$ 万元。

（4）绘制 S 形曲线，如图 5-9 所示。

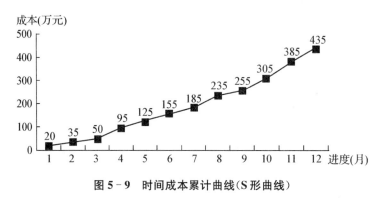

图 5-9　时间成本累计曲线（S 形曲线）

5.3　建筑工程项目成本控制

5.3.1　项目成本控制的概念、基本要求和对象

1. 项目成本控制的概念

项目成本控制是指在施工过程中，对影响施工项目成本的各种因素加强管理，并采取各种有效措施，将施工中实际发生的各种消耗和支出严格控制在成本计划范围内，随时揭示并及时反馈，严格审查各项费用是否符合标准，计算实际成本和计划成本之间的差异并进行分析，消除施工中的损失浪费现象，发现和总结先进经验。

（1）施工项目成本控制应贯穿于施工项目从投标阶段开始直到项目竣工验收的全过程，它是企业全面成本管理的重要环节。

（2）施工项目成本控制可分为事前控制、事中控制（过程控制）和事后控制。

2. 项目成本控制的基本要求

项目成本控制的基本要求见表 5-5 所示。

表 5-5　项目成本控制的基本要求

项　目	内　容
全过程控制	①全过程项目成本控制,就是要求按照事前、事中和事后控制的方式展开控制。②项目成本控制应依据合同文件、成本计划、进度报告、工程变更与索赔等资料进行。这就包含着对项目全过程成本控制的要求。其中,对于作为成本控制依据的合同文件的评审及研究分析,以及项目成本计划的编制及价值工程方法的应用等,实质上就是项目成本的事前预控过程
动态控制	①动态控制是事中控制或过程控制的基本方法。②动态控制的程序包括:所要求的收集实际成本数据、对实际成本数据与成本计划目标进行比较、分析成本偏差及原因、采取措施纠正偏差、必要时修改成本计划等
科学控制	无论在项目成本计划阶段的预控过程还是在项目成本发生阶段的动态控制过程,经分析,一旦发现预期的成本目标经过挖潜努力而所采用的各种措施仍然无法实现时,应该修改成本计划目标,采用科学的态度与方法进行控制

3.　项目成本控制的对象

(1) 以项目成本形成的过程作为成本控制对象。以项目成本形成的过程作为控制对象的成本控制内容,如图 5-10 所示。

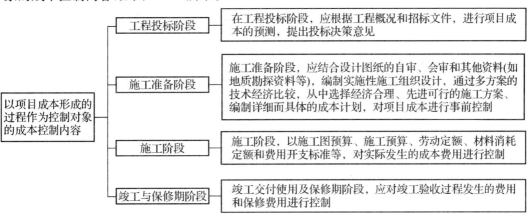

图 5-10　以项目成本形成的过程作为控制对象的成本控制内容

(2) 以项目的职能部门、施工队和生产班组作为成本控制对象。成本控制的具体内容是日常发生的各种费用和损失。这些费用和损失都发生在各个职能部门、施工队和生产班组,因此,也应以职能部门、施工队和班组作为成本控制对象,使其接受项目经理和企业有关部门的指导、监督、检查和考评。项目的职能部门、施工队和班组应对自己承担的责任成本进行自我控制。应该说,这是最直接、最有效的项目成本控制。

(3) 以分部、分项工程作为项目成本的控制对象。为了把成本控制工作做得扎实、细致、落到实处,还应以分部、分项工程作为项目成本的控制对象。正常情况下,项目应该根据分部、分项工程的实物量,参照施工预算定额,联系项目经理部的技术素质、业务素质和技术组织措施的节约计划,编制包括工、料、机消耗数量以及单价、金额在内的施工预算,作为对分部、分项工程成本进行控制的依据。对于边设计边施工的项目,不可能在开工前一次编出整个项目的施工预算,但可根据出图情况编制分阶段的施工预算。即不论是完整的施工预算,还是分阶段的施工预算,都是进行项目成本控制必不可少的依据。

(4) 以对外经济合同作为成本控制对象。在社会主义市场经济体制下,工程项目的对外经济业务,都要以经济合同为纽带建立合约关系,以明确双方的权利和义务。在签订经济合同时,除了要根据业务要求规定的时间、质量、结算方式和履(违)约奖罚等条款外,还必须强调要将合同的数量、单价、金额控制在预算收入以内。

5.3.2 项目成本控制的方法

1. 一般控制法

项目成本的一般控制方法见表 5-6 所示。

表 5-6 项目成本一般控制方法

控制方法	内　　容
以工程投标报价控制成本支出	按工程投标报价(或施工图预算),实行"以收定支",或者叫"量入为出",是最有效的成本控制方法之一。①以投标报价控制人工费的支出,以稍低于预算的人工工资单价与施工队签订劳务合同,将节余出来的人工费用于关键工序的奖励费及投标报价之外的人工费。②以投标报价中所采用的价格来控制材料采购成本;对于材料消耗数量的控制,应通过"限额领料"去落实
以施工预算控制人力资源或物质资源的消耗	①以施工预算控制人力资源或物质资源的消耗,表现在对施工作业队或施工班组签发施工任务单(以工作包为基础),其成本责任以各种资源消耗量为指标,其消耗量取施工预算中的材料消耗量。②在工程实施过程中,做好各施工队或施工班组实际完成的工程量和实际消耗的人工、材料的原始记录,作为与施工队结算的依据,并按照结算内容支付报酬(包括资金)

2. 挣值控制法

(1) 挣值法的原理

挣值法的英文全称为 Earned Value Concept,简记 EVC。挣值法是 20 世纪 70 年代美国开发研究的,它首先在国防工业中应用并获得成功,以后推广到其他工业领域的项目管理。20 世纪 80 年代,世界上主要的工程公司均已采用挣值法作为项目管理和控制的准则,并做了大量基础性工作,完善了挣值法在项目管理和控制中的应用。

挣值法是通过分析项目成本目标实施与项目成本目标期望之间的差异,从而判断项目实施的费用、进度绩效的一种方法。挣值法主要运用三个成本值进行分析,它们分别是已完成工作预算成本、计划完成工作预算费用和已完成工作实际成本。

①已完成工作预算成本

已完成工作预算成本为 BCWP,是指在某一时间已经完成的工作(或部分工作),以批准认可的预算为标准所需的成本总额。由于业主正是根据这个值为承包商完成的工作量支付相应的成本,也就是承包商获得(挣得)的金额,故称挣得值或挣值。

$$BCWP=已完成工程量×预算成本单价$$

②计划完成工作预算成本

计划完成工作预算成本,简称 BCWS,即根据进度计划,在某一时刻应当完成的工作(或部分工作),以预算为标准计算所需要的成本总额。一般来说,除非合同有变更,BCWS在工作实施过程中应保持不变。

$$BCWS=计划工程量×预算成本单价$$

③已完成工作实际成本

已完成工作实际成本,简称 ACWP,即到某一时刻为止,已完成的工作(或部分工作)所实际花费的成本金额。

将 BCWP、BCWS、ACWP 的时间序列数相累加,便可形成三个累加数列,把它们绘制在时间—成本坐标内,就形成了三条 S 形曲线,结合起来就能分析出动态的成本和进度状况。挣值法控制成本原理如图 5-11 所示。

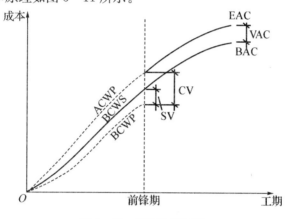

图 5-11　挣值法原理图

(2) 在三个成本值的基础上,可以确定挣值法的四个评价指标,它们也都是时间的函数。

①成本偏差 CV: $\qquad CV=BCWP-ACWP$

当 CV 为负值时,即表示项目运行超出预算成本;当 CV 为正值时,表示项目运行节支,实际成本没有超出预算成本。

②进度偏差 SV: $\qquad SV=BCWP-BCWS$

当 SV 为负值时,表示进度延误,即实际进度落后于计划进度;当 SV 为正值时,表示进度提前,即实际进度快于计划进度。

③成本绩效指数 CPI: $\qquad CPI=\dfrac{BCWP}{ACWP}$

当 CPI<1 时,表示超支,即实际费用高于预算成本;当 CPI>1 时,表示节支,即实际费用低于预算成本。

④进度绩效指数 SPI: $\qquad SPI=\dfrac{BCWP}{BCWS}$

当 SPI<1 时,表示进度延误,即实际进度比计划进度滞后;当 SPI>1 时,表示进度提前,即实际进度比计划进度快。

应用案例 5-3

1. 背景

某装饰工程公司承接一项酒店装修改造工程,前5个月各月完成费用情况如表5-7所示。合同总价1500万元,总工期6个月。

表 5-7　检查记录表

月　份	计划完成工作预算费用 BCWS(万元)	已经完成工作量(%)	实际发生费用 ACWP(万元)	挣　值(万元)
1	180	95	185	
2	220	100	205	
3	240	110	250	
4	300	105	310	
5	280	100	275	

2. 问题

(1) 计算各月的已完工程预算费用 BCWP 及5个月的 BCWP。

(2) 计算5个月累计的计划完成预算费用 BCWS、实际完成预算费用 ACWP。

(3) 计算5个月的费用偏差 CV、进度偏差 SV,并分析成本和进度状况。

(4) 计算5个月的费用绩效指数 CPI、进度绩效指数 SPI,并分析成本和进度状况。

3. 案例分析

(1) 各月的 BCWP 计算结果见表5-8所示。

表 5-8　计算结果

月　份①	计划完成工作预算费用 BCWS(万元)②	已经完成工作量(%)③	实际发生费用 ACWP(万元)④	挣值 BCWP(万元)⑤=②×③
1	180	95	185	171
2	220	100	205	220
3	240	110	250	264
4	300	105	310	315
5	280	100	275	280
合　计	1 220		1 225	1 250

其中:已完工作预算费用 BCWP=计划完成预算费用 BCWS×已经完成工作量的百分比,5个月的已完工作预算费用 BCWP 合计为1250万元。

(2) 从表5-8中可见,5个月的累计的计划完成预算费用 BCWS 为1220万元,实际完成预算费用 ACWP 为1225万元。

（3）5个月的费用偏差 CV：CV＝BCWP－ACWP＝1 250－1 225＝25（万元）

由于 CV 为正，说明费用节约。

5个月的进度偏差 SV：SV＝BCWP－BCWS＝1 250－1 220＝30（万元）

由于 SV 为正，说明进度提前。

（4）费用绩效指数：$CPI=\dfrac{BCWP}{ACWP}=\dfrac{1\ 250}{1\ 225}=1.020\ 4$

由于 CPI 大于1，说明费用节约。

进度绩效指数：$SPI=\dfrac{BCWP}{BCWS}=\dfrac{1\ 250}{1\ 220}=1.024\ 6$

由于 SPI 大于1，说明进度提前。

5.3.3 项目成本事前控制与运行控制

1. 项目成本事前控制的概念

所谓工程项目成本的事前控制，主要就是通过科学、合理地确定各类计划成本目标和相应的控制措施，并论证其可行性，进而具体编制成本计划文件，按成本计划的安排和要求，采购和使用各项生产要素。事前控制实质上伴随着成本计划阶段技术经济活动的全过程而进行。

2. 项目成本事前控制的内容

项目成本事前控制的内容，如图5-12所示。

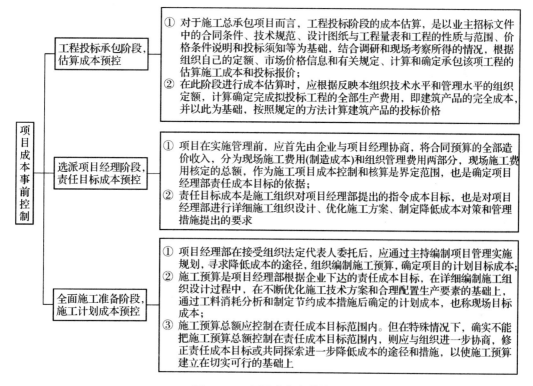

图5-12 项目成本事前控制

3. 项目成本运行控制

项目成本运行控制是在项目的实施过程中,项目经理部采用目标管理方法对实际施工成本的发生过程进行的有效控制。项目经理应根据计划目标成本的控制要求,做好施工采购策划,通过生产要素的优化配置、合理使用、动态管理,有效控制实际成本。

加强施工定额管理和施工任务单管理,控制好活劳动和物化劳动的消耗。科学地计划管理和施工调度,避免因施工计划不周和盲目调度造成窝工损失、机械利用率降低、物料积压等情况而使成本增加;加强施工合同管理和施工索赔管理,正确运用合同条件和有关法规,及时进行索赔。

(1) 人工费控制

人工费的控制实行"量价分离"。将安全生产、文明施工、零星用工等按作业用工定额劳动量(工日)的一定比例(如20%)综合确定用工数量与单价,通过劳务合同管理进行控制。

(2) 材料费的控制

①材料价格的控制。施工项目材料价格由买价、运杂费、运输中的损耗等组成,因此,控制材料价格,主要是通过市场信息收集、询价、应用竞争机制和经济合同手段等进行控制,包括对买价、运费和损耗这三方面的控制。

②材料用量的控制。材料用量控制是指在保证符合设计规格和质量标准的前提下,合理使用材料和节约材料,通过定额管理、计量管理等手段,以及控制施工质量、避免返工等,有效地控制材料物资的消耗。

(3) 施工机械设备使用费的控制

合理地选择、使用施工机械设备对工程项目的施工及其成本控制具有十分重要的意义,尤其是高层建筑施工。据某些工程实例统计,高层建筑地面以上部分的总费用中,垂直运输机械费用占6%~10%。

施工机械费用主要由台班数量和台班单价两方面决定。为有效控制台班费支出,主要从以下几个方面控制:

①合理安排施工生产,加强设备租赁计划管理,减少因安排不当引起的设备闲置。

②做好机上人员与辅助生产人员的协调与配合,提高施工机械台班产量。

③加强机械设备的调度工作,尽量避免窝工,提高现场设备利用率。

④加强现场设备的维修保养,避免因使用不当造成机械设备的停置。

(4) 施工管理费的控制

现场管理费在项目成本中占有一定比例,项目在使用和开支时弹性较大,控制与核算上都较难把握。可采取的主要控制措施如下:

①制定并严格执行项目经理部施工管理费使用的审批、报销程序。

②编制项目经理部施工管理费总额预算,制定施工项目管理费开支标准和范围,落实各部门、岗位的控制责任。

③按照现场施工管理费占总成本的一定比重,确定现场施工管理费总额。

(5) 临时设施费的控制

施工现场临时设施费用是施工项目成本的构成部分。施工规模大或施工集中度大,虽然可以缩短施工工期,但所需要的施工临时设施数量也多,势必导致施工成本增加,反之亦然。因此,合理确定施工规模或集中度,在满足计划工期目标要求的前提下,做到各类临时设施的数量尽可能最少,同样蕴藏着极大的降低施工项目成本的潜力。

临时设施费的控制表现在:

①现场生产及办公、生活临时设施和临时房屋的搭建数量、形式的确定,在满足施工基本需要的前提下,应尽可能做到简洁、适用,充分利用已有和待拆除的房屋。

②材料堆场、仓库类型、面积的确定,应在满足合理储备和施工需要的前提下,力求配置合理。

③施工临时道路的修筑、材料工器具放置场地的硬化等,在满足施工需要的前提下,应尽可能数量最小,尽可能先做永久性道路路基,再修筑施工临时道路。

④临时供水、供电管网的铺设长度及容量确定应尽可能合理。

(6) 施工分包费用的控制

做好分包工程价格的控制,是施工项目成本控制的重要工作之一。对分包费用的控制主要是抓好建立稳定的分包商关系网络,做好分包询价、订立互利平等的分包合同、施工验收与分包结算等工作。

5.4　建筑工程项目成本核算

5.4.1　项目成本核算的概念、要求、制度和特点

1. 项目成本核算的概念

施工项目成本核算是指按照规定开支范围对施工费用进行归集,计算出施工费用的实际发生额,并根据成本核算对象,采用适当的方法计算出该施工项目的总成本和单位成本。

施工项目成本核算所提供的各种成本信息,是成本预测、成本计划、成本控制、成本分析和成本考核等各个环节的依据。

2. 项目成本核算的要求

(1) 项目成本核算应坚持形象进度、产值统计、成本归集三同步的原则。

(2) 项目经理部应根据财务制度和会计制度的有关规定,建立项目成本核算制,明确项目成本核算的原则、范围、程序、方法、内容、责任及要求,并设置核算台账,记录原始数据。

(3) 项目经理部应按照规定的时间间隔进行项目成本核算。

(4) 项目经理部应编制定期成本报告。

3. 项目成本核算的制度

施工项目成本核算制度是施工项目管理的基本制度之一。成本核算是实施成本核算制的关键环节,是搞好成本控制的首要条件。项目经理部应建立成本核算制,明确成本核算的原则、范围、程序、方法、内容、责任及要求。这项制度与项目经理责任制同等重要。

4. 项目成本核算的特点

由于建筑产品具有多样性、固定性、形体庞大、价值巨大等不同于其他工业产品的特

点,建筑产品的成本核算也具有如下特点:

(1)项目成本核算的内容繁杂、周期长。

(2)在项目总分包制条件下,对分包商的实际成本很难把握。

(3)成本核算满足"三同步"要求难度大。

(4)成本核算需要全员分工与协作来共同完成。

5.4.2 项目成本核算的对象、方法和工作内容

1. 项目成本核算的对象

项目成本核算的对象如图 5－13 所示。

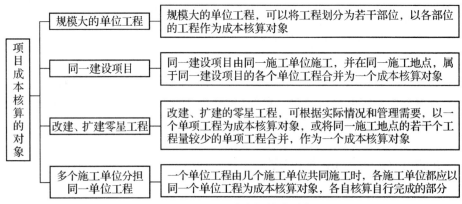

图 5－13 项目成本核算的对象

2. 项目成本核算的方法

项目成本核算的方法有项目成本直接核算、项目成本间接核算、项目成本列账核算。

(1)项目成本直接核算。直接核算是将核算放在项目上,既便于及时了解项目各项成本情况,也可以减少一些扯皮现象。不足的是,每个项目都要配有专业水平和工作能力较强的会计核算人员。目前,一些单位还不具备直接核算的条件。此种核算方式,一般适用于大型项目。

(2)项目成本间接核算。间接核算是将核算放在企业的财务部门,项目经理部不配专职的会计核算部门,由项目有关人员按期与相应部门共同确定当期的项目成本。

①项目按规定的时间、程序和质量向财务部门提供成本核算资料,委托企业的财务部门在项目成本收支范围内,进行项目成本支出的核算,落实当期项目成本的盈亏。这样可以使会计专业人员相对集中,一个成本会计可以完成两个或两个以上的项目成本核算。

②项目成本间接核算的不足之处是:项目了解成本情况不方便,项目对核算结论信任度不高。由于核算不在项目上进行,项目开展管理岗位成本责任核算,就会失去人力支持和平台支持。

(3)项目成本列账核算。项目成本列账核算是介于直接核算和间接核算之间的一种方法。项目经理部组织相对直接核算,正规的核算资料留在企业的财务部门。

①项目每发生一笔业务,其正规资料由财务部门审核存档后,与项目成本员办理确认和签认手续。项目凭此列账通知作为核算凭证和项目成本收支的依据,对项目成本范围的各项收支,登记台账会计核算,编制项目成本及相关的报表。企业财务部门按期予以确

认资料,对其进行审核。

②列账核算法的正规资料在企业财务部门,方便档案保管,项目凭相关资料进行核算,也有利于项目开展项目成本核算和项目岗位成本责任考核。但企业和项目要核算两次,相互之间往返较多,比较繁琐。

③机械使用费按照项目当月使用台班和单价计入工程成本。

④其他直接费、临时设施费等,应根据有关核算资料进行财务处理计入工程成本。

⑤间接成本应根据现场发生的间接成本项目的有关资料进行账务处理,计入工程成本。

⑥按照统计人员提供的当月完成工程量的价值及有关规定,扣减各项上缴税费后,作为当期工程的结算收入。

3. 项目成本核算的工作内容

(1) 项目成本核算的辅助记录台账。项目成本核算的辅助记录台账的方式见表5-9所示。

表5-9　项目成本核算的辅助记录台账方式

项　目	内　容
为项目成本核算积累资料的台账	为项目成本核算积累资料的台账包括产值构成台账、预算成本构成台账、增减台账等
对项目资源消耗进行控制的台账	为项目资源消耗进行控制的台账包括人工耗用台账、材料耗用台账、构配件耗用台账、周转材料使用台账、机械使用台账、临时设施台账等
为项目成本分析积累资料的台账	为项目成本分析积累资料的台账包括技术组织措施执行情况台账、质量成本台账等
为项目管理服务和"备忘"性质的台账	为项目管理服务和"备忘"性质的台账包括甲方供料台账、分包合同台账等。为了避免项目管理人员的重复劳动,原则上应用如下分工:由项目有关业务人员记录各项经济业务的过程,项目成本员记录各项经济业务的结果,例如,项目材料员记录各种材料的收、发、耗、存数量和金额,项目成本员记录主要耗用和金额的总数

(2) 项目成本实际数据的收集与计算。施工产值及实际成本数据的收集与计算应按以下方法来进行:

①人工费应按照劳动管理人员提供的用工分析和受益对象进行账务处理,计入工程成本。

②材料费应根据当月项目材料的消耗和实际价格,计算当期耗费,计入工程成本;周转材料应实行内部调配制,按照当月使用时间、数量、单价计算计入工程成本。

应用案例5-4（2014年二建）

1. 背景

某建设单位投资兴建一大型商场,地下二层,地上九层,钢筋混凝土框架结构,建筑面积为71 500 m²。经过公开招标,某施工单位中标,中标造价25 025.00万元。双方按照《建设工程施工合同(示范文本)》(GF—2013—0201)签订了施工总承包合同。合同中约定工程预付款比例为 10％，并从未完施工工程尚需的主要材料款相当于工程预付款时起扣，主要材料所占比重按 60％ 计。

在合同履行过程中，发生了下列事件：

事件一：施工总承包单位为加快施工进度，土方采用机械一次开挖至设计标高；租赁了 30 辆特种渣土运输汽车外运土方，在城市道路路面遗撒了大量渣土；用于垫层的 2∶8 灰土提前 2 天搅拌好备用。

事件二：中标造价费用组成为：人工费 3 000 万元，材料费 17 505 万元，机械费 995 万元，管理费 450 万元，措施费用 760 万元，利润 940 万元，规费 525 万元，税金 850 万元。施工总承包单位据此进行了项目施工承包核算等工作。

事件三：在基坑施工过程中，发现古化石，造成停工 2 个月。施工总承包单位提出了索赔报告，索赔工期 2 个月，索赔费用 34.55 万元。索赔费用经项目监理机构核实，人员窝工费 18 万元，机械租赁费 3 万元，管理费 2 万元，保函手续费 0.1 万元，资金利息 0.3 万元，利润 0.69 万元，专业分包停工损失费 9 万元，规费 0.47 万元，税金 0.99 万元。经审查，建设单位同意延长工期 2 个月；除同意支付人员窝工费、机械租赁费外，不同意支付其他索赔费用。

2. 问题

(1) 分别列式计算本工程项目预付款和预付款的起扣点是多少万元(保留两位小数)?

(2) 分别指出事件一中施工单位做法的错误之处，并说明正确做法。

(3) 事件二中，除了施工成本核算、施工成本预测属于成本管理任务外，成本管理任务还包括哪些工作? 分别列式计算本工程项目的直接成本和间接成本各是多少万元?

(4) 列式计算事件三中建设单位应该支付的索赔费用是多少万元。(保留两位小数)

3. 案例分析

(1) ①本工程项目预付款：$25\,025.00×10\% = 2\,502.50$(万元)

②预付款的起扣点：$25\,025.00 - \dfrac{2\,502.50}{60\%} = 20\,854.17$(万元)

(2) ①错误之处：土方采用机械一次开挖至设计标高。正确做法：在接近设计坑底高程或边坡边界时应预留 20~30 cm 厚的土层，用人工开挖和修坡，边挖坡边修坡，保证高程符合设计要求。

②错误之处：在城市道路路面遗撒了大量渣土。正确做法：运送渣土的汽车应有封闭覆盖措施，防止沿途遗撒；万一发生有遗撒，应及时清理路面。

③错误之处：用于垫层的 2∶8 灰土提取 2 天搅拌好备用。正确做法：2∶8 灰土应随拌随用。

(3) ①成本管理任务还应包括：施工成本计划、施工成本控制、施工成本分析、施工成本考核。

②直接成本：$3\,000 + 17\,505 + 995 + 760 = 22\,260.00$(万元)

间接成本：$450 + 525 = 975.00$(万元)。

(4) 建设单位应该支付的索赔费用：

①人工窝工费 18 万元。

②机械租赁费用 3 万元。

③管理费 2 万元(注:本题全工地停工;如果是局部停工,不赔)。

④保函手续费 0.1 万元(注:本题全工地停工;如果是局部停工,不赔)。

⑤资金利息 0.3 万元(注:本题全工地停工;如果是局部停工,不赔)。

⑥利润不赔。

⑦专业分包停工损失费 9 万元(注:属分包向总包索赔,总包向建设方索赔程序)。

⑧规费 0.47 万元(注:因上述索赔费用而产生的规费,应同时计入)。

⑨税金 0.99 万元(注:因上述索赔费用而产生的规费,应同时计入)。

合计:人工窝工费＋机械租赁费用＋管理费＋保函手续费＋资金利息＋专业分包停工损失费＋规费＋税金＝18＋3＋2＋0.1＋0.3＋9＋0.47＋0.99＝33.86(万元)

(注:根据《标准施工招标文件》中的合同条款 1.10.1 条款规定,施工过程发现文物、古迹以及其他遗迹、化石、钱币或物品,可补偿工期和补偿费用,不补偿利润)。

5.5　建筑工程项目成本分析与考核

5.5.1　项目成本分析的概念、原则和方法

1. 项目成本分析的概念

项目成本分析就是根据统计核算、业务核算和会计核算提供的资料对项目成本的形成过程和影响成本升降的因素进行分析,以寻求进一步降低成本的途径(包括项目成本中有利偏差的挖潜和不利偏差的纠正)。

通过成本分析,可从账簿、报表反映的成本现象看清成本的实质,从而增强项目成本的透明度和可控性,为加强成本控制、实现项目成本目标创造条件。项目成本分析,也是降低成本、提高项目经济效益的重要手段之一。

2. 项目成本分析的原则

项目成本分析的原则如图 5-14 所示。

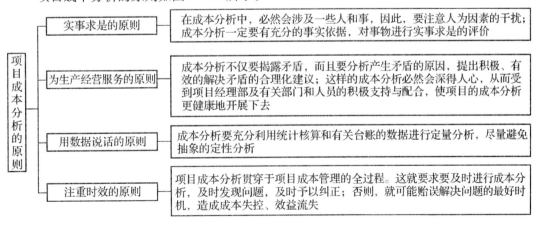

图 5-14　项目成本分析的原则

3. 项目成本分析的方法

（1）项目成本分析的基本方法

①比较法

与本行业平均水平、先进水平对比。通过这种对比,可以反映本项目的技术管理和经济管理与本行业的平均水平和先进水平的差距,进而采取措施赶超先进水平。

将实际指标与目标指标进行对比。用实际指标与目标指标对比的方法检查目标完成情况,分析影响目标完成的积极因素和消极因素,以便及时采取措施,保证成本目标的实现。在进行实际指标与目标指标对比时,还应注意目标本身有无问题。如果目标本身出现问题,则应调整目标,重新正确评价实际工作的成绩。

本期实际指标与上期实际指标对比。通过这种对比,可以看出各项技术经济指标的变动情况,反映施工管理水平的提高程度。

应用案例 5 - 5

某架设工程项目本期计划节约材料费 10 000 元,实际节约 12 000 元,上期实际节约 9 500 元,本企业先进水平节约 13 000 元,请将本期实际数与本期计划数、上期实际数、企业先进水平作对比。

分析见表 5 - 10 所示。

表 5 - 10　分析表

指标	本期计划数	上期实际数	企业先进水平	本期实际数	对比差异		
					与计划比	与上期比	与先进比
节约数额	10 000	9 500	13 000	12 000	＋2 000	＋2 500	－1 000

通过表 5 - 10 可以看出,实际数比本期计划数和上期实际数均有所增加,但是与本企业先进水平比还少 1 000 元,尚有潜力可挖。

②因素分析法

因素分析法是把项目施工成本综合指标分解为与各个项目相联系的原始因素,以确定引起指标变动的各个因素的影响程度的一种成本费用分析方法。它可以衡量各项因素影响程度的大小,以便查明原因、明确主要问题所在、提出改进措施,达到降低成本的目的。

因素分析法的计算步骤如下:

a. 确定分析对象,并计算出实际数与目标数的差异。

b. 确定该指标是由哪几个因素组成的,并按其相互关系进行排序。

c. 以目标数为基础,将各因素的目标数相乘,作为分析替代的基数。

d. 将各个因素的实际数按照上面的排列顺序进行替换计算,并将替换后的实际数保留下来。

e. 将每次替换计算所得的结果,与前一次的计算结果相比较,两者的差异即为该因素对成本的影响程度。

f. 各个因素的影响程度之和,应与分析对象的总差异相等。

 **应用案例 5-6**

1. 背景

某施工项目经理部在某工程施工中,将标准层的商品混凝土的实际成本、目标成本情况进行比较,数据如表 5-11 所示:

表 5-11 商品混凝土目标成本与实际成本对比表

项 目	单 位	计 划	实 际	差 额
产 量	m³	300	310	+10
单 价	元	800	820	+20
损耗率	%	4	3	-1
成 本	元	249 600	261 826	12 226

2. 问题

用因素分析法分析成本增加的原因。

3. 案例分析

(1) 分析对象为浇筑某层商品混凝土的成本,实际成本与目标成本的差额为 12 226 元。该指标由产量、单价、损耗率三个因素组成。

(2) 以目标 249 600 元(300×800×1.04)为分析替代的基础。

第一次替代产量因素:以 310 替代 300

310×800×1.04=257 920(元)

第二次替代单价因素:以 820 替代 800,并保留上次替代后的值

310×820×1.04=264 368(元)

第三次替代损耗率因素:以 1.03 替代 1.04,并保留上两次替代后的值

310×820×1.03=261 826(元)

(3) 计算差额

第一次替代与目标数的差额=257 920-249 600=8 320(元)

第二次替代与第一次替代的差额=264 368-257 920=6 448(元)

第三次替代与第二次替代的差额=261 826-264 368=-2 542(元)

(4) 分析

产量增加使成本增加了 8 320 元;

单价提高使成本增加了 6 448 元;

损耗率下降使成本减少 2 542 元。

(5) 各因素的影响程度之和=8 320+6 448-2 542=12 226(元)

与实际成本和目标成本的总差额相等。

③差额计算法

差额计算法是因素分析法的一种简化形式,它利用各个因素的目标与实际的差额来计算其对成本的影响程度。

应用案例 5-7

现以劳动生产率为例,并参考表 5-12 中的有关数据。

表 5-12　劳动生产率实际数与计划数的对比

建设工程项目	计量单位	计划数	实际数	差异
月平均工作时间	小时	208	182	-26
工作效率	元/小时	10	12	+2
月平均劳动效率	元	2 080	2 184	+104

从表 5-12 中可以发现,作为分析对象的劳动生产率提高了 104 元。

其中,月平均工作时间的影响是: $-26 \times 10 = -260$ (元);

工作效率的影响是: $2 \times 182 = 364$ (元),

于是 $364 - 260 = 104$ (元),

即两者相抵使得月劳动生产率提高了 104 元。

④比率法

项目成本分析常用的比率法见表 5-13 所示。

表 5-13　成本分析比率法

项　　目	内　　　　容
相关比率法	由于项目经济活动的各个方面是相互联系、相互依存又相互影响的,因而可以将两个性质不同而又相关的指标加以对比,求出比率,并以此来考察经营成果的好坏
动态比率法	动态比率法就是将同类指标不同时期的数值进行对比,求出比率,用以分析该项指标的发展方向和发展速度;动态比率的计算通常采用基期指数和环比指数两种方法
构成比率法	构成比率法又称比重分析法或结构对比分析法;通过构成比率,可以考察成本总量的构成情况及各成本项目占成本总量的比重;同时,也可看出量、本、利的比例关系(即预算成本、实际成本和降低成本的比例关系),从而为寻求降低成本的途径指明方向

(2) 项目综合成本分析法

①分部、分项工程成本分析

分部、分项工程成本分析是项目成本分析的基础。

分部、分项工程成本分析的对象为已完成分部、分项工程。

分析的方法是:进行预算成本、成本目标和实际成本的"三算"对比,分别计算实际偏差和目标偏差,分析偏差产生的原因,为今后的分部、分项工程成本寻求节约的途径。

②月(季)度成本分析

月(季)度的成本分析是工程项目定期、经常性的中间成本分析。

月(季)度成本分析对于有一次性特点的工程项目来说,有着特别重要的意义。因为,通过月(季)度成本分析可以及时发现问题,以便按照成本目标指示的方向进行监督和控制,保证项目成本目标的实现。

③年度成本分析

通过年度成本的综合分析,可以总结一年来成本管理的成绩和不足,为今后的成本管理提供经验和教训,从而可以对项目成本进行更有效的管理。

年度成本分析的依据是年度成本报表。年度成本分析的内容,除了月(季)度成本分析外,重点是针对下一年度的施工进展情况规划提出切实可行的成本管理措施,以保证项目成本目标的实现。

④竣工成本的综合分析

如果工程项目只有一个成本核算对象(单位工程),就以该成本核算对象的竣工成本资料作为成本分析的依据。

凡是有几个单位工程而且是单独进行成本核算(即成本核算对象)的工程项目,其竣工成本分析应以各单位工程竣工成本分析资料为基础,再加上项目经理部的经营效益(如资金调度、对外分包等所产生的效益)进行综合分析。

(3)项目专项成本分析法

①成本盈亏异常分析

对工程项目来说,成本出现盈亏异常情况必须引起高度重视,彻底查明原因,立即加以纠正。

"三同步"检查是提高项目经济核算水平的有效手段,不仅适用于月度成本检查,也适用于成本盈亏异常的检查。

②工期成本分析

工期成本分析,就是计划工期成本与实际工期成本的比较分析。

工期成本分析的方法一般采用比较法,即将计划工期成本与实际工期成本进行比较;然后,应用"因素分析法"分析各种因素的变动对工期成本差异的影响程度。

③资金成本分析

进行资金成本分析,通常应用"成本支出率"指标,即成本支出占工程款收入的比例。

通过对"成本支出率"的分析,可以看出资金收入中用于成本支出的比重有多大;也可通过加强资金管理来控制成本支出;还可联系储备金和结存资金的比重,分析资金使用的合理性。

④技术组织措施执行效果分析

对节约效果的分析,需要联系措施的内容和执行经过来进行。有些措施难度比较大,但节约效果并不好;而有些措施难度并不大,但节约效果却很好。因此,在对技术组织措施执行效果进行考核的时候,也要根据不同情况区别对待。对于在项目施工管理中影响比较大、节约效果比较好的技术组织措施,应该以专题分析的形式进行深入、详细的分析,以便推广应用。

对技术组织措施执行效果的分析要实事求是,既要按理论计算,又要联系实际,对节约的实物进行验收;然后,根据实际节约效果论功行赏,以提高有关人员执行技术组织措施的积极性。

⑤其他有利因素和不利因素对成本影响的分析

在项目施工过程中必然会有很多有利因素,同时也会碰到不少不利因素。不管是有利因素还是不利因素,都将对项目成本产生影响。对待这些有利因素和不利因素,项目经理首先要有预见,有抵御风险的能力;同时,还要把握机遇,充分利用有利因素,积极争取转换不利因素。这样,就会更有利于项目施工,也更有利于项目成本的降低。

(4)项目成本目标差异分析法

①人工费分析

人工费量差。计算人工费量差首先要计算工日差,即实际耗用工日数同预算定额工日数的差异。

人工费价差。计算人工费价差先要计算出每个工人的工费价差,即预算人工单价和实际人工单价之差。

②材料费分析

主要材料和结构件费用分析。主要材料和结构件费用的高低,主要受价格和消耗数量的影响。材料价格的变动,又要受采购价格、运输费用、途中损耗、来料不足等因素的影响;材料消耗数量的变动,也要受操作损耗、管理损耗和返工损失等因素的影响,可在价格变动较大和数量超用异常的时候再作深入分析。

周转材料使用费分析。在实行周转材料内部租赁制的情况下,项目周转材料费的节约或超支,决定于周转材料的周转利用率和损耗率。

材料采购保管费分析。材料采购保管费属于材料的采购成本,包括材料采购保管人员的工资、工资附加费、劳动保护费、办公费、差旅费,以及材料采购保管过程中发生的固定资产使用费、工具用具使用费、检验试验费、材料整理及零星运费和材料物资的盘亏及损毁等。

材料储备资金分析。材料的储备资金,根据日平均用量、材料单价和储备天数(即从采购到进场所需要的时间)来计算。材料储备金的分析,可以应用因素分析法。

③机械使用费分析

机械使用费分析主要通过实际成本与成本目标之间的差异进行分析,成本目标分析主要列出超高费和机械费补差收入。

④施工措施费分析

施工措施费的分析,主要应通过预算与实际数的比较来进行。如果没有预算数,可以计划数代替预算数。

⑤间接费用分析

间接费用分析主要用于分析为施工设备、组织施工生产和管理所需要的费用,主要包括:现场管理人员的工资和进行现场管理所需要的费用。

5.5.2　项目成本考核

1. 项目成本考核的要求

项目成本管理的绩效考核,是贯彻项目成本管理责任制和激励机制的重要措施,这种考核既是对项目成本管理过程所进行的经验与教训总结,也是对项目成本管理的绩效所进行的审查与确认,对于调动各级项目管理者的积极性、责任心以及进行项目成本管理的持续改进,将产生积极的推动作用。项目成本考核的要求有:

(1) 组织应建立和健全项目成本考核制度,对考核的目的、时间、范围、对象、方式、依据、指标、组织领导、评价与奖惩原则等作出规定。

(2) 组织应对项目经理部的成本和效益进行全面审核、审计、评价考核与奖惩。

(3) 组织应以项目成本降低额和项目成本降低率作为成本考核的主要指标。项目经理部应设置成本降低额和成本降低率等考核指标。

2. 项目成本考核的依据

(1) 工程施工承包合同。

(2) 项目管理目标责任书。

(3) 项目管理实施规划及施工组织设计文件。

(4) 项目成本计划。

(5) 项目成本核算资料与成本报告文件等。

3. 项目成本考核的原则

(1) 按照项目经理部人员分工,进行成本内容确定。每个施工项目有大有小,管理人员投入量也有所不同。项目大的,管理人员就多一些项目。有几个栋号施工时,还可能设立相应的栋号长,分别对每个单体工程或几个单体工程进行协调管理。工程量小时,项目管理人员就相应减少。一个人可能兼几份工作,所以成本考核,以人和岗位为主,没有岗位就计算不出管理目标。同样,没有人,就会失去考核的责任主体。

(2) 及时性原则。岗位成本是项目成本要考核的实时成本,如果以传统的会计核算对项目成本进行考核,就偏离了考核的目的。所以,时效性是项目成本考核的生命。

(3) 简单易行、便于操作。项目的施工生产每时每刻都在发生变化考核项目的成本,必须让项目相关管理人员明白,由于管理人员的专业特点,对一些相关概念不可能很清楚,所以确定的考核内容,必须简单、明了,要让考核者一看就能明白。

4. 项目成本考核的程序

(1) 组织主管领导或部门发出考评通知书,说明考评的范围、具体时间和要求。

(2) 项目经理部按要求做好相关范围成本管理情况的总结和数据资料的汇总,提出自评报告。

(3) 组织主管领导签发项目经理部的自评报告,交送相关职能部门和人员进行审阅评议。

(4) 及时进行项目审计,对项目整体的综合效益作出评估。

(5) 按规定时间召开组织考评会议,进行集体评价与审查,并形成考评结论。

5. 项目成本考核的内容

项目成本考核的内容如图 5-15 所示。

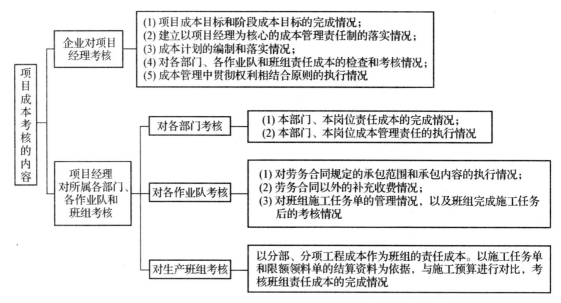

图 5-15　项目成本考核的内容

综合案例五

北京汇宸大厦工程项目成本管理

中冶京唐建设公司　北京天润建设公司

1　项目概况

北京金融街 E7、E8 办公楼(汇宸大厦)工程位于北京市西城区金融街 E7、E8 地块,地

下 4 层,地上部分是 11～15 层叠的三栋办公楼,总建筑面积为 99 669.5 m²,为钢框架—钢骨核心筒结构。2007 年 1 月开工,2008 年 6 月竣工。

2　特点及难点

2.1　管理重点

考虑到项目部的成本目标、满足企业发展、拓展企业市场规模等因素,项目部确立了"突出项目的成本管理"的项目管理指导思想。所以,管理中的重点是在保证工期、安全、质量的前提下做好成本管理。

2.2　管理难点

以下几点对成本管理不利:

(1) 本工程工期紧张,场地相对较小,对降低成本不利。

(2) 本工程钢材用量比例较大,钢构件为外加工且合

图 5-16　北京汇宸大厦

同约定为固定价。

(3) 合同质量要求高,要确保获北京市结构"长城杯",争创钢结构金奖,会相应增加成本。

(4) 工程地处西城区金融街繁华地段,扰民及民扰问题严重,政府相关部门要求较严。

3 管理过程与方法

3.1 成本管理规划

3.1.1 编制可行的成本计划

3.1.2 确定成本管理原则

(1) 项目成本的全员管理。

(2) 项目成本的全过程管理。

3.1.3 规划成本控制措施

(1) 落实成本逐级负责制。

(2) 科学、合理地分解成本目标。

(3) 完善内部管理制度,加强合同管理。

(4) 处理好成本与质量、安全的关系。

3.2 成本管理实施

3.2.1 加强施工管理,提高施工组织水平。

3.2.2 加强技术管理,提高工程质量。

3.2.3 加强劳动工资管理,提高劳动生产率。

3.2.4 加强机械设备管理,提高机械使用率。

3.2.5 加强材料管理,节约材料费用。

3.2.6 组织成本分析。

4 管理成效

(1) 金融街 E7、E8 办公楼(汇宸大厦)工程建设过程中,先后有相关政府部门和公司领导同志来工地检查和考察,他们对现场的项目管理、工程结构、安装工艺水平等给予了肯定的评价,尤其是对项目成本管理给予高度评价。

(2) 本工程于 2008 年 6 月一次验收通过,我们在做好了成本控制的同时,汇宸大厦工程还先后获得北京市结构"长城杯"和北京市"安全文明工地"等。

(3) 成本降低率为 8%。

本 章 小 结

本章主要阐述了建筑工程项目施工成本管理的相关知识。包括建设工程项目施工成本由直接成本和间接成本组成,建设工程项目施工成本按照建设工程项目的特点和管理要求划分为预算成本、计划成本和实际成本。按照费用与工程量的关系划分为固定成本和变动成本。

建设工程项目施工成本的影响因素有施工方案、施工进度、施工质量、施工安全、施工现场管理等因素。

　　建设工程项目施工成本管理的主要任务有成本预测、成本计划、成本核算、成本分析和成本考核。建设工程项目施工成本计划的编制应有明确的依据和明确的责任部分和工作方法,施工成本计划,按其作用不同可分为竞争性计划成本、指导性计划成本和实施性计划成本。

　　施工成本计划的编制方法主要有按照施工成本组成编制施工成本计划、按子建设工程项目组成编制施工成本计划和按工程进度编制施工成本计划。

　　建设工程项目施工成本控制的内容包括施工前期的成本控制,施工期间的成本控制和竣工验收阶段的成本控制。建设工程项目施工成本控制的途径有人工费的控制、材料费的控制、机械使用费的控制、施工管理费的控制、临时设施费的控制、分包价格的控制、工程变更的控制和施工索赔的控制等途径。

　　建设项目施工成本控制的方法有价值工程法和偏差分析法,其中偏差分析法又包括横道图法、表格法和曲线法(又叫挣得值法)。建设工程项目施工成本核算的程序和对象,建设工程项目施工成本核算的原则和要求。建设工程项目施工成本分析的依据有会计核算、业务核算和统计核算。

练 习 题

一、单项选择题

1. 下列施工成本控制的步骤,正确的是(　　　)。(2014 年二建)
   A. 比较—分析—预测—纠偏—检查　　　B. 预测—比较—检查—分析—纠偏
   C. 预测—检查—比较—分析—纠偏　　　D. 比较—预测—分析—检查—纠偏

2. 根据《建筑安装工程费用项目组成》(建标〔2013〕44 号),下列费用中,应计入措施项目费的是(　　　)。(2014 年二建)
   A. 检验试验费　　　　　　　　　　B. 总承包服务费
   C. 施工机具使用费　　　　　　　　D. 工程定位复测费

3. 关于分部分项工程成本分析的说法,正确的是(　　　)。(2014 年二建)
   A. 施工项目成本分析是分部分项工程成本分析的基础
   B. 分部分项工程成本分析的对象是已完成分部分项工程
   C. 分部分项工程成本分析的资料来源是施工预算
   D. 分部分项工程成本分析的方法是进行预算成本与实际成本的“两算”对比

4. 根据《建筑安装工程费用项目组成》(建标〔2013〕44 号),下列税金组合中,应计入建筑安装企业管理费的是(　　　)。(2014 年二建)
   A. 营业税、房产税、车船使用税、土地使用税
   B. 城市维护建设税、教育费附加、地方教育附加
   C. 房产税、土地使用税、营业税
   D. 房产税、车船使用税、土地使用税、印花税

5. 施工成本偏差的控制,其核心工作是(　　　)。(2014 年二建)
   A. 成本分析　　　B. 纠正偏差　　　C. 成本考核　　　D. 调整成本计划

6. 某土方工程,月计划工程量 2 800 m³,预算单价 25 元/m³;到月末时已完成工程量 3 000 m³,实际单价 26 元/m³。对该项工作采用赢得值法进行偏差分析的说法,正确的是( )。(2014 年二建)

 A. 已完成工作实际费用为 75 000 元

 B. 费用绩效指标>1,表明项目运行超出预算费用

 C. 进度绩效指标<1,表明实际进度比计划进度拖后

 D. 费用偏差为－3 000 元,表明项目运行超出预算费用

7. 关于竞争性成本计划、指导性成本计划和实施性成本计划三者区别的说法,正确的是( )。(2014 年二建)

 A. 指导性成本计划是项目施工准备阶段的施工预算成本计划,比较详细

 B. 实施性成本计划是选派项目经理阶段的预算成本计划

 C. 指导性成本计划是以项目实施方案为依据编制的

 D. 竞争性成本计划是项目投标和签订合同阶段的估算成本计划,比较粗略

8. 施工企业建立施工项目成本管理责任制、开展成本控制和核算的基础是( )。(2014 年二建)

 A. 施工成本预测   B. 施工成本分析

 C. 施工成本考核   D. 施工成本计划

9. 编制某施工机械台班使用定额,测定改机械纯工作 1 小时的生产率为 6 m³,机械利用系数平均为 80%,工作班延续时间为 8 h,则该机械的台班产量定额为( )m³。(2015 年二建)

 A. 64   B. 60   C. 48   D. 38

10. 对施工成本偏差进行分析的目的是为了有针对性的采取纠偏措施,而纠偏首先要做的工作是( )。(2015 年二建)

 A. 分析偏差产生的原因   B. 确定纠偏的主要对象

 C. 采取适当的技术措施   D. 采取有针对性的经济措施

11. 关于利用时间—成本累积曲线编制施工成本计划的说法,正确的是( )。(2015 年二建)

 A. 所有工作都按最迟开始时间,对节约资金不利

 B. 所有工作都按最早开始时间,对节约资金有利

 C. 项目经理通过调整关键工作的最早开始时间,将成本控制在计划范围之内

 D. 所有工作都按最迟开始时间,降低了项目按期竣工的保证率

12. 施工成本的过程控制中,对于人工费和材料费都可以采用的控制方法是( )。(2015 年二建)

 A. 量价分离 B. 包干控制 C. 预算控制 D. 跟踪检查

13. 根据《建筑法》,建筑施工企业可以自主决定是否投保的险种是( )。(2015 年二建)

 A. 基本医疗保险   B. 工伤保险

 C. 意外伤害保险   D. 失业保险

14. 施工项目成本分析的基础是( )成本分析。(2015 年二建)

    A. 工序   B. 分部分项   C. 单项工程   D. 单位工程

15. 关于施工形象进度、产值统计、实际成本三者关系的说法,正确的是( )。

    (2015 年二建)

    A. 施工形象进度与产值统计所依据的工程量是相同的,但与实际成本计算依据的工程量不同

    B. 施工形象进度、产值统计、实际成本所依据的工程量应是相同的数值

    C. 施工形象进度、产值统计、实际成本所依据的工程量都是互不相同的

    D. 产值统计与实际成本所依据的工程量是相同的,但不同于形象进度计算所依据的工作量

二、多项选择题

1. 根据《建筑安装工程费用项目组成》(建标〔2013〕,44 号),按建造形成划分,属于措施项目费的有( )。(2014 年二建)

    A. 特殊地区施工增加费   B. 仪器仪表使用费

    C. 工程定位复测费   D. 安全文明施工费

    E. 脚手架工程费

2. 关于施工成本控制的说法,正确的有( )。(2014 年二建)

    A. 采用合同措施控制施工成本,应包括从合同谈判直至合同终结的全过程

    B. 施工成本控制应贯穿于项目从投标阶段直至竣工验收的全过程

    C. 现行成本控制的程序不符合动态跟踪控制的原理

    D. 合同文件和成本计划是成本控制的目标

    E. 成本控制可分为事先控制、事中控制和事后控制

3. 关于赢得值及其曲线的说法,正确的有( )。(2015 年二建)

    A. 最理想状态是已完工实际费用,计划工作预算费用和已完工作预算费用三条曲线靠得很近并平稳上升

    B. 进度偏差是相对值指标,相对值越大的项目,表明偏离程度越严重

    C. 如果已完工作实际费用,计划工作预算费用和已完工作预算费用三条曲线离散度不断增加,则预示着可能发生关系到项目成败的重大问题

    D. 在费用、进度控制中引入赢得值可以克服将费用、进度分开控制的缺点

    E. 同一项项目采用费用偏差和费用绩效指数进行分析,结论是一致的

4. 某工程按月编制的成本计划如下图所示,若 6 月、7 月实际完成的成本为 700 万元和 1 000万元,其余月份的实际成本与计划相同,则关于成本偏差的说法,正确的有( )。(2015 年二建)

    A. 第 7 个月末的计划成本累计值为 3 500万元

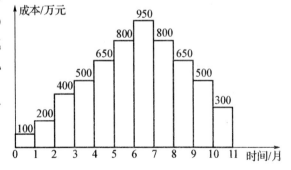

　　B. 第 6 个月末的实际成本累计值为 2 550 万元

　　C. 第 6 个月末的计划成本累计值为 2 650 万元

　　D. 若绘制 S 形曲线,全部工作必须按照最早开工时间计算

　　E. 第 7 个月末的实际成本累计值为 3 550 万元

三、简答题

1. 什么是施工成本?

2. 施工成本是如何分类的?

3. 施工成本管理的工作有哪些?

4. 简述降低施工项目成本的方法。

5. 简述施工项目成本事前控制的内容。

6. 简述挣值法的原理。

7. 项目成本核算的方法有哪些?

8. 简述成本分析的概念和方法。

四、案例分析题

　　某建设单位投资兴建住宅楼,建筑面积 12 000 m^2,钢筋混凝土框架结构,地下一层,地上七层,土方开挖范围内有局部潜水层,经公开招投标,某施工总承包单位中标,双方根据《建设工程施工合同(示范文本)》(GF—2013—0201),签订施工承包合同,合同工期为 10 个月,质量目标为合格。

　　在合同履约过程中,发生了下列事件:

　　事件一:施工单位对中标的工程造价进行了分析,费用构成情况是:人工费 390 万元,材料费 2 100 万元,机械费 210 万元,管理费 150 万元,措施项目费 160 万元,安全文明施工费 45 万元,暂列金额 55 万元,利润 120 万元,规费 90 万元,税金费率为 3.41%。

　　事件二:施工单位进场后,及时按照安全管理要求在施工现场设置了相应的安全警示牌。

　　事件三:由于工程地质条件复杂,距基坑边 5 米处为居民住宅区,因此施工单位在土方开挖过程中,安排专人随时观察周围的环境变化。

　　事件四:施工单位按照成本管理工作要求,有条不紊的开展成本计划、成本控制、成本核算等一系列管理工作。

　　问题:

　　1. 事件一中,除税金外还有哪些费用在投标时不得作为竞争性费用? 并计算施工单位的工程的直接成本、间接成本、中标造价各是多少万元(保留两位小数)?

　　2. 事件二中,施工现场安全警示牌的设置应遵循哪些原则?

　　3. 事件三中,施工单位在土方开挖工程中还应注意检查哪些情况?

　　4. 事件四中,施工单位还应进行哪些成本管理工作? 成本核算应坚持的"三同步"原则是什么?

附件四

住房城乡建设部　财政部关于印发
《建筑安装工程费用项目组成》的通知
建标〔2013〕44 号

附 1：

建筑安装工程费用项目组成
（按费用构成要素划分）

建筑安装工程费按照费用构成要素划分：由人工费、材料（包含工程设备，下同）费、施工机具使用费、企业管理费、利润、规费和税金组成。其中人工费、材料费、施工机具使用费、企业管理费和利润包含在分部分项工程费、措施项目费、其他项目费中（见附表）。

（一）人工费：是指按工资总额构成规定，支付给从事建筑安装工程施工的生产工人和附属生产单位工人的各项费用。内容包括：

1. 计时工资或计件工资：是指按计时工资标准和工作时间或对已做工作按计件单价支付给个人的劳动报酬。

2. 奖金：是指对超额劳动和增收节支支付给个人的劳动报酬。如节约奖、劳动竞赛奖等。

3. 津贴补贴：是指为了补偿职工特殊或额外的劳动消耗和因其他特殊原因支付给个人的津贴，以及为了保证职工工资水平不受物价影响支付给个人的物价补贴。如流动施工津贴、特殊地区施工津贴、高温（寒）作业临时津贴、高空津贴等。

4. 加班加点工资：是指按规定支付的在法定节假日工作的加班工资和在法定日工作时间外延时工作的加点工资。

5. 特殊情况下支付的工资：是指根据国家法律、法规和政策规定，因病、工伤、产假、计划生育假、婚丧假、事假、探亲假、定期休假、停工学习、执行国家或社会义务等原因按计时工资标准或计时工资标准的一定比例支付的工资。

（二）材料费：是指施工过程中耗费的原材料、辅助材料、构配件、零件、半成品或成品、工程设备的费用。内容包括：

1. 材料原价：是指材料、工程设备的出厂价格或商家供应价格。

2. 运杂费：是指材料、工程设备自来源地运至工地仓库或指定堆放地点所发生的全部费用。

3. 运输损耗费：是指材料在运输装卸过程中不可避免的损耗。

4. 采购及保管费：是指为组织采购、供应和保管材料、工程设备的过程中所需要的各项费用。包括采购费、仓储费、工地保管费、仓储损耗。

工程设备是指构成或计划构成永久工程一部分的机电设备、金属结构设备、仪器装置及其他类似的设备和装置。

（三）施工机具使用费：是指施工作业所发生的施工机械、仪器仪表使用费或其租赁费。

1. 施工机械使用费：以施工机械台班耗用量乘以施工机械台班单价表示，施工机械台班单价应由下列七项费用组成：

(1) 折旧费：指施工机械在规定的使用年限内，陆续收回其原值的费用。

(2) 大修理费：指施工机械按规定的大修理间隔台班进行必要的大修理，以恢复其正常功能所需的费用。

(3) 经常修理费：指施工机械除大修理以外的各级保养和临时故障排除所需的费用。包括为保障机械正常运转所需替换设备与随机配备工具附具的摊销和维护费用，机械运转中日常保养所需润滑与擦拭的材料费用及机械停滞期间的维护和保养费用等。

(4) 安拆费及场外运费：安拆费指施工机械(大型机械除外)在现场进行安装与拆卸所需的人工、材料、机械和试运转费用以及机械辅助设施的折旧、搭设、拆除等费用；场外运费指施工机械整体或分体自停放地点运至施工现场或由一施工地点运至另一施工地点的运输、装卸、辅助材料及架线等费用。

(5) 人工费：指机上司机(司炉)和其他操作人员的人工费。

(6) 燃料动力费：指施工机械在运转作业中所消耗的各种燃料及水、电等。

(7) 税费：指施工机械按照国家规定应缴纳的车船使用税、保险费及年检费等。

2. 仪器仪表使用费：是指工程施工所需使用的仪器仪表的摊销及维修费用。

(四) 企业管理费：是指建筑安装企业组织施工生产和经营管理所需的费用。内容包括：

1. 管理人员工资：是指按规定支付给管理人员的计时工资、奖金、津贴补贴、加班加点工资及特殊情况下支付的工资等。

2. 办公费：是指企业管理办公用的文具、纸张、账表、印刷、邮电、书报、办公软件、现场监控、会议、水电、烧水和集体取暖降温(包括现场临时宿舍取暖降温)等费用。

3. 差旅交通费：是指职工因公出差、调动工作的差旅费、住勤补助费，市内交通费和误餐补助费，职工探亲路费，劳动力招募费，职工退休、退职一次性路费，工伤人员就医路费，工地转移费以及管理部门使用的交通工具的油料、燃料等费用。

4. 固定资产使用费：是指管理和试验部门及附属生产单位使用的属于固定资产的房屋、设备、仪器等的折旧、大修、维修或租赁费。

5. 工具用具使用费：是指企业施工生产和管理使用的不属于固定资产的工具、器具、家具、交通工具和检验、试验、测绘、消防用具等的购置、维修和摊销费。

6. 劳动保险和职工福利费：是指由企业支付的职工退职金、按规定支付给离休干部的经费，集体福利费、夏季防暑降温、冬季取暖补贴、上下班交通补贴等。

7. 劳动保护费：是企业按规定发放的劳动保护用品的支出。如工作服、手套、防暑降温饮料以及在有碍身体健康的环境中施工的保健费用等。

8. 检验试验费：是指施工企业按照有关标准规定，对建筑以及材料、构件和建筑安装物进行一般鉴定、检查所发生的费用，包括自设试验室进行试验所耗用的材料等费用。不包括新结构、新材料的试验费，对构件做破坏性试验及其他特殊要求检验试验的费用和建设单位委托检测机构进行检测的费用，对此类检测发生的费用，由建设单位在工程建设其他费用中列支。但对施工企业提供的具有合格证明的材料进行检测不合格的，该检测费用由施工企业支付。

9. 工会经费：是指企业按《工会法》规定的全部职工工资总额比例计提的工会经费。

10. 职工教育经费：是指按职工工资总额的规定比例计提，企业为职工进行专业技术和职业技能培训，专业技术人员继续教育、职工职业技能鉴定、职业资格认定以及根据需要对职工进行各类文化教育所发生的费用。

11. 财产保险费：是指施工管理用财产、车辆等的保险费用。

12. 财务费：是指企业为施工生产筹集资金或提供预付款担保、履约担保、职工工资支付担保等所发生的各种费用。

13. 税金：是指企业按规定缴纳的房产税、车船使用税、土地使用税、印花税等。

14. 其他：包括技术转让费、技术开发费、投标费、业务招待费、绿化费、广告费、公证费、法律顾问费、审计费、咨询费、保险费等。

（五）利润：是指施工企业完成所承包工程获得的盈利。

（六）规费：是指按国家法律、法规规定，由省级政府和省级有关权力部门规定必须缴纳或计取的费用。包括：

1. 社会保险费

（1）养老保险费：是指企业按照规定标准为职工缴纳的基本养老保险费。

（2）失业保险费：是指企业按照规定标准为职工缴纳的失业保险费。

（3）医疗保险费：是指企业按照规定标准为职工缴纳的基本医疗保险费。

（4）生育保险费：是指企业按照规定标准为职工缴纳的生育保险费。

（5）工伤保险费：是指企业按照规定标准为职工缴纳的工伤保险费。

2. 住房公积金：是指企业按规定标准为职工缴纳的住房公积金。

3. 工程排污费：是指按规定缴纳的施工现场工程排污费。

其他应列而未列入的规费，按实际发生计取。

（七）税金：是指国家税法规定的应计入建筑安装工程造价内的营业税、城市维护建设税、教育费附加以及地方教育附加。

附2：

建筑安装工程费用项目组成
（按造价形成划分）

建筑安装工程费按照工程造价形成由分部分项工程费、措施项目费、其他项目费、规费、税金组成，分部分项工程费、措施项目费、其他项目费包含人工费、材料费、施工机具使用费、企业管理费和利润（见附表）。

（一）分部分项工程费：是指各专业工程的分部分项工程应予列支的各项费用。

1. 专业工程：是指按现行国家计量规范划分的房屋建筑与装饰工程、仿古建筑工程、通用安装工程、市政工程、园林绿化工程、矿山工程、构筑物工程、城市轨道交通工程、爆破工程等各类工程。

2. 分部分项工程：指按现行国家计量规范对各专业工程划分的项目。如房屋建筑与装饰工程划分的土石方工程、地基处理与桩基工程、砌筑工程、钢筋及钢筋混凝土工程等。

各类专业工程的分部分项工程划分见现行国家或行业计量规范。

（二）措施项目费：是指为完成建设工程施工，发生于该工程施工前和施工过程中的技术、生活、安全、环境保护等方面的费用。内容包括：

1. 安全文明施工费

①环境保护费：是指施工现场为达到环保部门要求所需要的各项费用。

②文明施工费：是指施工现场文明施工所需要的各项费用。

③安全施工费：是指施工现场安全施工所需要的各项费用。

④临时设施费：是指施工企业为进行建设工程施工所必须搭设的生活和生产用的临时建筑物、构筑物和其他临时设施费用。包括临时设施的搭设、维修、拆除、清理费或摊销费等。

2. 夜间施工增加费：是指因夜间施工所发生的夜班补助费、夜间施工降效、夜间施工照明设备摊销及照明用电等费用。

3. 二次搬运费：是指因施工场地条件限制而发生的材料、构配件、半成品等一次运输不能到达堆放地点，必须进行二次或多次搬运所发生的费用。

4. 冬雨季施工增加费：是指在冬季或雨季施工需增加的临时设施、防滑、排除雨雪，人工及施工机械效率降低等费用。

5. 已完工程及设备保护费：是指竣工验收前，对已完工程及设备采取的必要保护措施所发生的费用。

6. 工程定位复测费：是指工程施工过程中进行全部施工测量放线和复测工作的费用。

7. 特殊地区施工增加费：是指工程在沙漠或其边缘地区、高海拔、高寒、原始森林等特殊地区施工增加的费用。

8. 大型机械设备进出场及安拆费：是指机械整体或分体自停放场地运至施工现场或由一个施工地点运至另一个施工地点，所发生的机械进出场运输及转移费用及机械在施工现场进行安装、拆卸所需的人工费、材料费、机械费、试运转费和安装所需的辅助设施的费用。

9. 脚手架工程费：是指施工需要的各种脚手架搭、拆、运输费用以及脚手架购置费的摊销（或租赁）费用。

措施项目及其包含的内容详见各类专业工程的现行国家或行业计量规范。

（三）其他项目费

1. 暂列金额：是指建设单位在工程量清单中暂定并包括在工程合同价款中的一笔款项。用于施工合同签订时尚未确定或者不可预见的所需材料、工程设备、服务的采购，施工中可能发生的工程变更、合同约定调整因素出现时的工程价款调整以及发生的索赔、现场签证确认等的费用。

2. 计日工：是指在施工过程中，施工企业完成建设单位提出的施工图纸以外的零星项目或工作所需的费用。

3. 总承包服务费：是指总承包人为配合、协调建设单位进行的专业工程发包，对建设单位自行采购的材料、工程设备等进行保管以及施工现场管理、竣工资料汇总整理等服务所需的费用。

（四）规费：定义同附件1。

（五）税金：定义同附件1。

6 建筑工程职业健康安全与环境管理

 **单元简介**

随着人类社会进步以及科技经济的发展,职业健康安全与环境的问题越来越受到关注。为了保证劳动生产者在劳动过程中的健康安全和保护生态环境,防止和减少生产安全事故发生,促进能源节约和避免资源浪费,使社会的经济发展与人类的生存环境相协调,必须加强职业健康安全与环境管理。

本章的主要内容包括:职业健康安全管理体系与环境管理体系内容介绍,建筑工程安全生产管理,建筑工程生产安全事故应急预案和事故处理以及建筑工程现场文明施工和环境保护的要求等。

 **学习要求**

知识结构	学习内容	能力目标	笔记
6.1 建筑工程职业健康安全与环境管理概述	1. 职业健康安全与环境管理相关概念 2. 职业健康安全与环境管理的特点 3. 职业健康安全与环境管理的目的与任务 4. 建筑工程职业健康安全与环境管理体系	1. 掌握职业健康与安全管理的概念 2. 熟悉职业健康的特点 3. 熟悉环境管理的特点 4. 了解职业健康与环境管理体系	
6.2 建筑工程项目施工安全管理	1. 施工安全管理保证体系 2. 施工安全管理的任务 3. 施工安全管理的基本要求 4. 施工安全技术措施 5. 施工安全管理实务 6. 建筑工程职业健康安全事故的分类 7. 建筑工程职业健康安全事故的处理	1. 了解施工安全管理体系 2. 了解施工安全管理的任务和基本要求 3. 熟悉施工阶段的安全技术措施 4. 掌握危险源的概念 5. 掌握应急响应和安全检查的方法 6. 掌握安全事故的分类和处理程序	

续 表

知识结构	学习内容	能力目标	笔记
6.3 建筑工程现场文明施工和环境管理	1. 建筑工程项目环境管理的定义 2. 建筑工程项目环境管理的工作内容 3. 建筑工程项目的环境管理 4. 建筑工程项目的文明施工 5. 建筑工程项目现场管理 6. 建筑工程项目的施工现场环境保护	1. 掌握建筑工程环境的概念 2. 熟悉建筑工程环境的工作内容 3. 掌握文明施工的内容 4. 掌握现场管理的基本要求 5. 掌握环境保护的基本要求	

 导入案例六

杭州地铁塌方事故

2008 年 11 月 15 日下午 3 时 15 分,杭州市地铁 1 号线湘湖站工段施工工地突发地面塌陷。塌方现场长 120 m、宽 21 m、深 16 m;公路塌方长 50 m、宽 20 m、深 2 m(图 6-1);正在路面行驶的多辆车陷入深坑,多名地铁工地施工人员被困地下;工地结构性坍塌造成自来水钢管断裂,大量水涌出淹没事故现场。事故造成 21 人死亡,24 人受伤,直接经济损失 4 961 万元。

图 6-1 地铁坍塌现场

事故调查组查明,杭州地铁湘湖站北 2 基坑坍塌,是由于参与项目建设及管理的中国中铁股份有限公司所属中铁四局集团第六工程有限公司、安徽中铁四局设计研究院、浙江大合建设工程检测有限公司、浙江省地矿勘察院、北京城建设计研究总院有限责任

公司、上海同济工程项目管理咨询有限公司、杭州地铁集团有限公司等有关方面工作中存在一些严重缺陷和问题,没有得到应有重视和积极防范整改,多方面因素综合作用最终导致了事故的发生,是一起重大责任事故。

调查组认为,事故直接原因是施工单位中铁四局集团第六工程有限公司违规施工、冒险作业、基坑严重超挖;支撑体系存在严重缺陷且钢管支撑架设不及时;垫层未及时浇筑。监测单位安徽中铁四局设计研究院施工监测失效,没有采取有效补救措施。

经浙江省政府研究并报监察部、国家安全监管总局、国务院国资委同意,杭州市监察局已对事故发生负有责任的 5 名人员给予政纪处分。同时,按干部管理权限,由国务院国资委责成中国中铁股份有限公司对事故发生负有责任的 6 名人员,分别给予行政警告、行政记过、行政记大过、行政撤职等处分。

6.1　建筑工程职业健康安全与环境管理概述

6.1.1　职业健康安全与环境管理相关概念

1. 职业健康安全的概念

职业健康安全是指影响工作场所内员工、临时工作人员、合同方人员、访问者和其他人员健康安全的条件和因素。它包括为制定、实施、实现、评审和保持职业健康安全方针所需的组织结构、计划活动、职责、惯例、程序、过程和资源。影响职业健康安全的主要因素有:

(1) 物的不安全状态。人机系统在生产过程中发挥一定作用的机械、物料、生产对象以及其他生产要素统称为物。物都具有不同形式、性质的能量,有出现能量意外释放,引发事故的可能性。由于物的能量可能释放引起事故的状态,称为物的不安全状态。这是从能量与人的伤害间的联系所给予的定义。如果从发生事故的角度,也可把物的不安全状态看作为曾引起或可能引起事故的物的状态。

(2) 人的不安全状态。不安全行为是人表现出来的,与人的心理特征相违背的,非正常行为。人在生产活动中,曾引起或可能引起事故的行为,必然是不安全行为。人出现一次不安全行为,不一定就会发生事故,造成伤害。然而长期不安全状态,一定会导致事故。

(3) 环境因素和管理缺陷。

2. 环境的概念

环境是指组织运行活动场所内部和外部环境的总和。活动场所不仅包括组织内部的工作场所,也包括与组织活动有关的临时、流动场所。

影响环境的主要因素有:

(1) 市场竞争日益加剧。

(2) 生产事故与劳动疾病增加。

(3) 生活质量的不断提高。

3. 建筑工程职业健康安全与环境管理的概念

职业健康安全管理是指为了实现项目职业健康安全管理目标,针对危险源和风险所采取的管理活动。

环境管理是指按照法律法规、各级主管部门和企业环境方针的要求,制定程序、资源、过程和方法,管理环境因素的过程,包括控制现场的各种粉尘、废水、废气、固体废弃物、噪声、振动等对环境的污染和危害,节约建设资源等。

6.1.2　职业健康安全与环境管理的特点

职业健康安全与环境管理有以下特点:

1. 复杂性

建筑产品受不同外部环境影响的因素表现在:

(1) 多为露天作业,受气候条件变化的影响大。

(2) 工程地址与水文条件的变化大。

(3) 工程的地理条件与当地社会、经济与资源供应的影响大。

2. 多样性

多样性是由建筑产品的多样性和生产的单件性决定的。

3. 协调性

协调性是由建筑产品生产的连续性及分工性决定的。

4. 不符合性

不符合性是由产品的委托性决定的。

5. 持续性

持续性是由建筑产品生产的阶段性决定的。

6. 经济性

产品的时代性和社会性决定了职业健康安全与环境管理的经济性。

6.1.3　职业健康安全与环境管理的目的与任务

1. 职业健康安全与环境管理的目的

工程项目职业健康与安全管理的目的是保护施工生产者的健康与安全,控制影响作业场所内员工、临时工作人员、合同方人员、访问者和其他有关部门人员健康和安全的条件和因素。职业健康安全具体包括作业安全和职业健康。

工程项目环境管理的目的是使社会经济发展与人类的生存环境相协调,控制作业现场的各种环境因素对环境的污染和危害,承担节能减排的社会责任。

2. 职业健康安全与环境管理的任务

职业健康安全与环境管理的任务是工程项目的设计和施工单位为达到项目职业健康安全与环境管理的目标而进行的管理活动,包括制定、实施、实现、评审和保持职业健康安全方针与环境方针所需的组织机构、计划活动、职责、惯例(法律法规)、程序、过程和资源。见表6-1所示。

表 6‑1　职业健康安全与环境管理的任务

方针	活动						
	组织机构	计划活动	职责	惯例(法律法规)	程序	过程	资源
职业健康							
安全方针							
环境方针							

建筑工程项目主要阶段职业健康安全与环境管理的任务如下：

(1) 建筑工程项目决策阶段：办理各种有关安全与环境保护方面的审批手续。

(2) 工程设计阶段：进行环境保护设施和安全设施的设计,防止因设计考虑不周而导致生产安全事故的发生或对环境造成不良影响。

(3) 工程施工阶段：建设单位应自开工报告批准之日起 15 日内,将保证安全施工的措施报送建设工程所在地的县级以上人民政府建设行政主管部门或其他有关部门备案。分包单位应接受总包单位的安全生产管理,若分包单位不服从管理而导致安全生产事故,分包单位承担主要责任。施工单位应依法建立安全生产责任制度,采取安全生产保障措施和实施安全教育培训制度。

(4) 项目验收试运行阶段：项目竣工后,建设单位应向审批建设工程环境影响报告书、环境影响报告或者环境影响登记表的环境保护行政主管部门申请,对环保设施进行竣工验收。

 **知识拓展**

根据国际劳工组织(ILO)的统计,全世界每年发生各类生产事故和劳动疾病约为 2.5 亿起,平均每天有 68.5 万起,每分钟就发生 475 起,其中每年死于职业安全事故和劳动疾病的人数多达 110 万人,远多于一般的交通事故、暴力死亡、局部战争及艾滋病死亡的人数。特别是发展中国家的劳动事故死亡率要比发达国家高出 1 倍以上,有少数不发达国家和地区,甚至高出 4 倍以上。

6.1.4　建筑工程职业健康安全与环境管理体系

职业健康安全管理体系、环境管理体系(ISO 14000)与质量管理体系(ISO 9000)并列为三大管理体系,是目前世界各国广泛推行的先进的现代化生产管理方法。

1. 职业健康安全管理体系

职业健康安全管理体系是组织全部管理体系中专门管理健康安全工作的部分,包括制定、实施、实现、评审和保持职业健康安全方针所需的组织机构、计划活动、职责、惯例(法律法规)、程序、过程和资源。

2. 环境管理体系(ISO 14000)

环境管理体系是组织整个管理体系的一个组成部分,包括制定、实施、实现、评审和保持环境方针所需的组织机构、计划活动、职责、惯例(法律法规)、程序、过程和资源。

现行的《环境管理体系 要求及使用指南》(GB/T 24001—2004)规定了环境管理体系的总体结构,包括范围、引用标准、定义、环境管理体系要求四个部分。环境管理体系要求共有 6 个一级要素和 16 个二级要素,见表 6-2 所示。

表 6-2 环境管理体系要素

	一级要素	二级要素
要素名称	4.1 总要求	总要求
	4.2 环境方针	环境方针
	4.3 策划	4.3.1 环境因素
		4.3.2 法律法规和其他要求
		4.3.3 目标、指标和方案
	4.4 实施与运行	4.4.1 资源、作用、职责和权限
		4.4.2 能力、培训和意识
		4.4.3 信息交流
		4.4.4 文件
		4.4.5 文件控制
		4.4.6 运行控制
	4.5 检查	4.5.1 监测和测量
		4.5.2 合规性评价
		4.5.3 不符合,纠正措施与预防措施
		4.5.4 记录控制
	4.6 管理评审	管理评审

 **知识拓展**

据有关专家预测,到 2050 年地球上的人口由现在的 60 亿增加到 100 亿,人类的生存要求不断提高生活质量。从目前发达国家发展速度来看,能源的生产和消耗每 5 年至 10 年就要翻一番,按如此的速度计算,到 2050 年全球的石油储备量只够用 3 年,天然气只够用 4 年,煤炭只够用 15 年。由于资源的开发和利用而产生的废物严重威胁人们的健康,21 世纪人类的生存环境面临 8 大挑战。

(1)森林面积锐减。2014 年,全球的森林覆盖率约为 31%(2014 年,我国的森林覆盖率 21.63%)。

(2)土地严重沙化。全球沙漠面积 3 500 万平方公里,目前还以每年几百万公顷的速度加剧。

（3）自然灾害频发。

（4）淡水资源日益枯竭。目前全球 2/3 以上的贫民得不到洁净的饮用水，每年至少 1 200 万人因水污染夺去生命。

（5）温室效应造成气候严重失常。全球的气温升高，海平面上升。

（6）臭氧层遭到破坏，紫外线辐射增加。

（7）酸雨频繁，土壤酸化。

（8）化学废物排量剧增。

6.2　建筑工程项目施工安全管理

6.2.1　施工安全管理保证体系

施工安全管理的目的是安全生产，因此施工安全管理的方针也必须符合国家安全管理的方针，即"安全第一，预防为主"。"安全第一"就是指生产必须保证人身安全，充分体现了"以人为本"的理念。"预防为主"是实现安全第一的最重要手段和实施安全控制的基本思想，采取正确的措施和系统的方法进行安全控制，尽量把事故消灭在萌芽状态。

施工安全管理的工作目标，主要是避免或减少一般安全事故和轻伤事故，杜绝重大、特大安全事故和伤亡事故的发生，最大限度地确保施工中劳动者的人身和财产安全。能否达到这一施工安全管理的工作目标，关键是需要安全管理和安全技术来保证。实现该目标，必须建立施工安全保证体系。施工安全保证体系包括以下五个方面：

（1）施工安全的组织保证体系。施工安全的组织保证体系是负责施工安全工作的组织管理系统，一般包括最高权力机构、专职管理机构的设置和专兼职安全管理人员的配备。

（2）施工安全的制度保证体系。制度保证体系由岗位管理、措施管理、投入和物资管理以及日常管理组成。

（3）施工安全的技术保证体系。施工安全技术保证体系由专项工程、专项技术、专项管理、专项治理等构成，并且由安全可靠性技术、安全限控技术、安全保（排）险技术和安全保护技术四个安全技术环节来保证。

（4）施工安全的投入保证体系。施工安全的投入保证体系是确保施工安全应有与其要求相适应的人力、物力和财力投入，并发挥其投入效果的保证体系。其中，人力投入可在施工安全组织保证体系中解决，而物力和财力的投入则需要解决相应的资金问题。其资金来源为工程费用中的机械装备费、措施费（如脚手架费、环境保护费、安全文明施工费、临时设施费等）、管理费和劳动保险支出等。

（5）施工安全的信息保证体系。施工安全信息保证体系由信息工作条件、信息收集、信息处理和信息服务四部分组成。

6.2.2　施工安全管理的任务

施工企业的法人和项目经理分别是企业和项目部安全管理机构的第一责任人。施工安全管理的主要任务如下：

1. 设置安全管理机构

（1）企业安全管理机构的设置。企业应设置以法定代表人为第一责任人的安全管理机构，并根据企业的施工规模及职工人数设置专门的安全生产管理机构部门且配备专职安全管理人员。

（2）项目经理部安全管理机构的设置。项目经理部是施工现场第一线管理机构，应根据工程特点和规模，设置以项目经理为第一责任人的安全管理领导小组，其成员由项目经理、技术负责人、专职安全员、工长及各工种班组长组成。

（3）施工班组安全管理。施工班组要设置不脱产的兼职安全员，协助班组长搞好班组的安全生产管理。

2. 制订施工安全管理计划

（1）施工安全管理计划应在项目开工前编制，经项目经理批准后实施。

（2）对结构复杂、施工难度大、专业性强的项目，除制订项目总体安全技术保证计划外，还必须制定单位工程或分部、分项工程的安全施工措施。

（3）对高空作业、井下作业、水上和水下作业、深基础开挖、爆破作业、脚手架上作业、有毒有害作业、特种机械作业等专业性强的施工作业，以及从事电器、压力容器、起重机、金属焊接、井下瓦斯检验、机动车和船舶驾驶等特殊工种的作业，应制定单项安全技术方案和措施，并对管理人员和操作人员的安全作业资格、身体状况进行合格审查。

（4）实行总分包的项目，分包项目安全计划应纳入总包项目安全计划，分包人应服从总承包人的管理。

3. 施工安全管理控制

施工安全管理控制的对象是人力（劳动者）、物力（劳动手段、劳动对象）、环境（劳动条件、劳动环境）。其主要内容包括：

抓薄弱环节和关键部位，控制伤亡事故。在项目施工中，分包单位的安全管理是安全工作的薄弱环节，总包单位要建立健全分包单位的安全教育、安全检查、安全交底等制度。对分包单位的安全管理应层层负责，项目经理要负主要责任。

伤亡事故大多为高处坠落、物体打击、触电、坍塌、机械伤害和起重伤害等。

施工安全管理目标控制。施工安全管理目标由施工总包单位根据工程的具体情况确定。施工安全管理目标控制的主要内容如下：

六杜绝：杜绝因公受伤、死亡事故；杜绝坍塌伤害事故；杜绝物体打击事故；杜绝高处坠落事故；杜绝机械伤害事故；杜绝触电事故。

三消灭：消灭违章指挥；消灭违章作业；消灭"惯性事故"。

二控制：控制年负伤率；控制年安全事故率。

一创建：创建安全文明示范工地。

6.2.3　施工安全管理的基本要求

（1）必须取得《安全生产许可证》后方可施工。

（2）必须建立健全安全管理保障制度。

（3）各类施工人员必须具备相应的安全生产资格方可上岗。

（4）所有新工人必须经过三级安全教育，即施工人员进场作业前进行公司、项目部、作业班组的安全教育。

（5）特种作业人员，必须经过专门培训，并取得特种作业资格。

（6）对查出的事故隐患要做到整改"五定"的要求：定整改责任人、定整改措施、定整改完成时间、定整改完成人和定整改验收人。

（7）必须把好安全生产的"七关"标准：教育关、措施关、交底关、防护关、文明关、验收关和检查关。

（8）施工现场所有安全设施应确保齐全，并符合国家及地方有关规定。

（9）施工机械必须经过安全检查验收，合格后方可使用。

（10）保证安全技术措施费用的落实，不得挪作他用。

 **知识拓展**

我国《安全生产法》颁布前统计 1990 年到 2002 年各类事故死亡人数平均值为 10.165 3 万人；死亡人数逐年增加，由 1990 年的 6.834 2 万人到 2002 年的 13.939 3 万人，10 万人死亡率 8.27 人。近几年，我国安全生产环境有所改善。各类事故死亡人数：2010 年 79 552 人，2011 年 75 572 人，2012 年 72 000 人，2013 年 69 450 人，2014 年 6.6 万人。

胡锦涛总书记曾指出：人的生命是最宝贵的，我们的发展不能以牺牲精神文明为代价，不能以牺牲生态环境为代价，更不能以牺牲人的生命为代价。

6.2.4　施工安全技术措施

施工安全技术措施是指在施工项目生产活动中，针对工程特点、施工现场环境、施工方法、劳动组织、作业使用的机械、动力设备、变配电设施、架设工具以及各项安全防护设施等制定的确保安全施工的技术措施。施工安全技术措施应具有超前性、针对性、可靠性和可操作性。施工安全技术措施的主要内容见表 6-3 和表 6-4 所示。

表 6-3　施工准备阶段安全技术措施

项　目	内　容
技术准备	了解工程设计对安全施工的要求；调查工程的自然环境和施工环境对施工安全的影响；改扩建工程施工或与建设单位使用、生产发生交叉，可能造成双方伤害时，应签订安全施工协议，搞好施工与生产的协调，明确双方责任，共同遵守安全事项；在施工组织设计中制定切实可行的安全技术措施，并严格履行审批手续
物资准备	及时供应质量合格的安全防护用品（安全帽、安全带、安全网等）满足施工需要；保证特殊工种（电工、焊工、爆破工、起重工等）使用工器具质量合格、技术性能良好；施工机具、设备（起重机、卷扬机、电锯、平面刨、电气设备）等经安全技术性能检测合格，防护装置齐全，制动装置可靠，方可使用；施工周转材料须经认真挑选，不符合要求严禁使用

续　表

项　目	内　容
施工现场准备	按施工总平面图要求做好现场施工准备;现场各种临时设施、库房,特别是炸药库、油库的布置,易燃易爆品存放都必须符合安全规定和消防要求;电气线路、配电设备符合安全要求,有安全用电防护措施;场内道路通畅,设交通标志,危险地带设危险信号及禁止通行标志,保证行人、车辆通行安全;现场周围和陡坡、沟坑处设围栏、防护板,现场入口处设警示标志。 　　塔式起重机等起重设备安置要与输电线路、永久或临设工程间有足够的安全距离,避免碰撞,以保证搭设脚手架、安全网的施工距离;现场设消防栓,或有足够的有效的灭火器材、设施
施工队伍准备	总包单位及分包单位都应持有《施工企业安全资格审查认可证》方可组织施工;新工人须经岗位技术培训、安全教育后,持合格证上岗;高、险、难作业工人须经身体检查合格,具有安全生产资格,方可施工作业;特殊工种作业人员,必须持有《特种作业操作证》方可上岗

表 6-4　施工阶段安全技术措施

项　目	内　容
一般工程	单项工程、单位工程均有安全技术措施,分部分项工程有安全技术具体措施,施工前由技术负责人向参加施工的有关人员进行安全技术交底,并应逐级签发和保存"安全交底任务单"。 　　安全技术应与施工生产技术统一,各项安全措施必须在相应的工序施工前落实好。例如,根据基坑、基槽、地下室开挖深度,土质类别,选择开挖方法,确定边坡的坡度并采取防止塌方的护坡支撑方案;脚手架及垂直运输设施的选用、设计、搭设方案和安全防护措施;施工洞口的防护方法和主体交叉施工作业区的隔离措施;场内运输道路及人行通道的布置;针对采用的新工艺、新技术、新设备、新结构制定专门的施工安全技术措施;在明火作业现场(焊接、切割、熬沥青等)的防火、防爆措施;考虑不同季节、气候对施工生产带来的不安全因素和可能造成的各种安全隐患,从技术上、管理上做好专门安全技术措施
特殊工程	对于结构复杂、危险性大的特殊工程,应编制单项安全技术措施,如爆破、大型吊装、沉箱、沉井、烟囱、水塔、特殊架设作业、高层脚手架、井架等安全技术措施

6.2.5　施工安全管理实务

1. 识别危险源

危险源指的是可能导致伤害或疾病、财产损失、工作环境破坏或这些情况组合的根源或状态。人们常讲"安全无小事",实际上建筑业的施工活动和工作场所中危险源很多,存在的形式也较复杂,但归结起来有下面两大类。

第一类危险源:根据能量意外释放理论,能量或危险物质的意外释放是伤亡事故发生的物理本质。在建筑业施工中使用的燃油、油漆等易燃物质就存在能量,机械运转中的机械能,临时用电的电能,起重吊装及高空作业中的势能,都是属于第一类的危险源。

第二类危险源:正常情况下,生产过程中能量或危险物质受到约束或限制不会发生意外的释放。但是,一旦这些约束或限制能量的措施失效,则将发生事故。导致能量或危险物质约束或限制措施失效的各种因素,称为第二类危险源。第二类危险源主要有以下三种情况：

（1）物的故障：物的故障是指机械设备，装置、零部件等由于性能低下而不能实现预定的功能的现象。主要由于设计缺陷、使用不当、维修不及时，以及磨损、腐蚀、老化等原因所造成。例如：电线绝缘损坏发生漏电；管路破裂引起其中的有毒、有害介质泄漏等。

（2）人的失误：人的失误是指人的行为结果偏离了被要求的标准，不按规范要求操作以及人的不安全行为等原因造成事故。例如：合错了开关引起检修中的线路带电；非岗位操作人员操作机械等。

（3）环境因素：环境因素是指人和物存在的环境，即施工作业环境中的温度、湿度、噪声、照明、通风等方面的因素，会促使人的失误或物的故障发生。如潮湿环境会加速金属腐蚀而降低结构强度；工作场所强烈的噪声会影响人的情绪，分散人的注意力而发生失误等。

事故的发生往往是两类危险源共同作用的结果，第一类危险源是伤亡事故发生的能量主体，决定事故后果的严重程度；第二类危险源是事故发生的必要条件。决定事故发生的可能性。两类危险源互相联系、互相依存，前者为前提，后者为条件。

2. 确定项目的安全管理目标

按"目标管理"方法在以项目经理为首的项目管理系统内进行分解，从而确定每个岗位的安全管理目标，实现全员的安全责任控制。

3. 编制项目安全技术措施计划

编制项目安全技术措施计划（或施工安全方案），是指对施工过程中的危险源，用技术和管理手段加以消除和控制，并用文件化的方式表示。项目安全技术措施计划是进行工程项目安全控制的指导性文件，应该与施工设计图纸、施工组织设计和施工方案等结合起来实施。安全计划的主要内容包括：工程概况、管理目标、组织机构与职责权限、规章制度、风险分析与控制措施、安全专项施工方案、应急准备与响应、资源配置与费用投入计划、教育培训和检查评价、验证与持续改进。

4. 落实和实施安全技术措施计划

应按照表 6-5 要求实施施工安全技术措施计划，以减少相应的安全风险程度。

表 6-5　施工安全技术措施计划的实施方法和内容

方　法	内　容
安全施工责任制	在企业所规定的职责范围内，各个部门、各类人员对安全施工应负责任的制度，是施工安全技术措施计划的基础内容
安全教育	（1）开展安全生产的宣传教育； （2）把安全知识、安全技能、设备性能、操作规程、安全法规等作为安全教育的主要内容； （3）建立经常性的安全教育考核制度，要保存相应的考核证据； （4）电工、电焊工、架子工、司炉工、爆破工、机操工、起重工、机械司机、机动车辆司机等特殊工种工人，除一般安全教育外，还要经过专业安全技能培训，经考试合格持证后方可上岗； （5）采用新技术、新工艺、新设备施工和调换工作岗位时，也要进行安全教育，未经安全教育培训的人员不得上岗操作

方　法	内　容
安全技术交底	要求： (1) 施工现场必须实行逐级安全技术交底制度，直至交底到班组全体作业人员； (2) 技术交底必须具体、明确，可操作性强； (3) 技术交底的内容应针对分部分项工程施工中给作业人员带来的潜在危害和存在问题； (4) 应优先采用新的安全技术措施； (5) 应将施工风险、施工方法、施工程序、安全技术措施（包括应急措施）等向工长、班组长进行详细交底； (6) 及时向由多个作业队和多工种进行交叉施工的作业队伍进行书面交底； (7) 保存书面安全技术交底签字记录
	内容： (1) 明确工程项目的施工作业特点和危险源； (2) 针对危险源的具体预防措施； (3) 应注意的相关沟通事项； (4) 相应的安全操作规程和标准； (5) 发生事故应及时采取的应急措施

5. 应急准备与响应

施工现场管理人员应负责识别各种紧急情况，编制应急响应措施计划，准备相应的应急响应资源，发生安全事故时应及时进行应急响应。应急响应措施应有机地与施工安全措施相结合，以尽可能减少相应的事故影响和损失。特别应该注意防止在应急响应活动中发生可能的次生伤害。

6. 施工项目安全检查

施工项目安全检查的目的是消除安全隐患、防止事故、改善防护条件及提高员工安全意识，是安全管理工作的一项主要内容。

(1) 安全检查的类型

①定期安全检查。建筑施工企业应建立定期分级安全检查制度，定期安全检查属全面性和考核性的检查，建筑工程施工现场应至少每旬开展一次安全检查工作，施工现场的定期安全检查应由项目经理亲自组织。

②经常性安全检查。建筑工程施工应经常开展预防性的安全检查工作，以便及时发现并消除事故隐患，保证施工生产正常进行。

施工现场经常性安全检查的方式主要有：

现场专（兼）职安全生产管理人员及安全值班人员每天例行开展的安全巡视、巡查。

现场项目经理、责任工程师及相关专业技术管理人员在检查生产工作的同时进行的安全检查。

作业班组在班前、班中、班后进行的安全检查。

③季节性安全检查。季节性安全检查主要是针对气候特点（如雨期、冬期等）可能给安全生产造成的不利影响或带来的危害而组织的安全检查。

④节假日安全检查。在节假日特别是重大或传统节假日前后和节日期间，为防止现场管理人员和作业人员思想麻痹、纪律松懈等进行的安全检查。

⑤开工、复工安全检查。针对工程项目开工、复工之前进行的安全检查,主要是检查现场是否具备保障安全生产的条件。

⑥专业性安全检查。由有关专业人员对现场某项专业安全问题或在施工生产过程中存在的比较系统性的安全问题进行的单项检查。这类检查专业性强,主要由专业工程技术人员、专业安全管理人员参加。

⑦设备设施安全验收检查。针对现场塔式起重机等起重设备、外用施工电梯、龙门架及井架物料提升机、电气设备、脚手架、现浇混凝土模板支撑系统等设备设施在安装、搭设过程中或完成后进行的安全验收、检查。

(2)安全检查的主要内容

施工现场安全检查的重点是违章指挥和违章作业,做到主动测量,实施风险预防。安全检查的主要内容见表 6-6 所示。检查后应编写安全检查报告,报告内容包括:已达标项目、未达标项目、存在问题、原因分析、纠正和预防措施等。

表 6-6　安全检查的主要内容

类　型	内　容
意识检查	检查企业的领导和员工对安全施工工作的认识
过程检查	检查工程的安全生产管理过程是否有效,包括:安全生产责任制、安全技术措施计划、安全组织机构、安全保证措施、安全技术交底、安全教育、持证上岗、安全设施、安全标识、操作规程、违规行为、安全记录等
隐患检查	检查施工现场是否符合安全生产、文明施工的要求
整改检查	检查对过去提出问题的整改情况
事故检查	检查对安全事故的处理是否达到查明事故原因、明确责任,并对责任者做出处理,明确和落实整改措施等要求;同时还应检查对伤亡事故是否及时报告、认真调查、严肃处理

(3)安全检查的主要方法

建筑工程安全检查在正确使用安全检查表的基础上,可以采用"问""看""量""测""运转试验"等方法进行,具体内容见表 6-7 所示。

表 6-7　主要的安全检查方法

方　法	内　容
问	询问、提问,对以项目经理为首的现场管理人员和操作工人进行的应知、应会抽查,以便了解现场管理人员和操作工人的安全意识和安全素质
看	查看施工现场安全管理资料和对施工现场进行巡视,例如,查看项目负责人、专职安全管理人员、特种作业人员等的持证上岗情况;现场安全标志设置情况;劳动防护用品使用情况;现场安全防护情况;现场安全设施及机械设备安全装置配置情况等
量	使用测量工具对施工现场的一些设施、装置进行实测实量

方　法	内　　容
测	使用专用仪器、仪表等监测器具对特定对象关键特性技术参数的测试,例如,使用漏电保护器测试仪对漏电保护器漏电动作电流、漏电动作时间的测试;使用地阻仪对现场各种接地装置接地电阻的测试;使用兆欧表对电机绝缘电阻的测试;使用经纬仪对塔式起重机、外用电梯安装垂直度的测试等
运转试验	由具有专业资格的人员对机械设备进行实际操作、试验,检验其运转的可靠性或安全限位装置的灵敏性

6.2.6　建筑工程职业健康安全事故的分类

事故即造成死亡、疾病、伤害、损坏或其他损失的意外情况。职业健康安全事故分两大类型,即职业伤害事故与职业病。

职业伤害事故是指因生产过程及工作原因或与其相关的其他原因造成的伤亡事故。

1. 按照事故发生的原因分类

按照我国《企业职工伤亡事故分类》(GB6441—1986)的规定,职业伤害事故分为20类,包括:物体打击、车辆伤害、机械伤害、起重伤害、触电、淹溺、火灾、高空坠落、坍塌、透水、放炮、火药爆炸、瓦斯爆炸、锅炉爆炸、容器爆炸、其他爆炸、中毒和窒息、其他伤害(包含扭伤、跌伤、冻伤等)。建筑工程项目中常见的主要有:物体打击、起重伤害、机械伤害、触电、火灾、高空坠落、中毒和窒息、其他伤害等。

2. 按照事故的严重性分类

工程建设重大事故可分为四个等级:

(1) 特别重大事故,是指造成30人以上死亡,或者100人以上重伤(包括急性工业中毒,下同),或者1亿元以上直接经济损失的事故。

(2) 重大事故,是指造成10人以上30人以下死亡,或者50人以上100人以下重伤,或者5 000万元以上1亿元以下直接经济损失的事故。

(3) 较大事故,是指造成3人以上10人以下死亡,或者10人以上50人以下重伤,或者1 000万元以上5 000万元以下直接经济损失的事故。

(4) 一般事故,是指造成3人以下死亡,或者10人以下重伤,或者100万元以上1 000万元以下直接经济损失的事故。

应用案例 6-1

上海 11·15 特大火灾事故

2010年11月15日,上海市静安区胶州路728号公寓大楼发生特别重大火灾事故(图6-2),造成58人死亡,71人受伤,直接经济损失1.58亿元。事故发生后,党中央、国务院高度重视,中央领导同志作出重要指示批示,要求全力组织灭火,千方百计搜救被困人员,千方百计做好伤员救治工作,妥善做好善后处理。

图 6 - 2　上海 11·15 特大火灾

依照国家有关法律法规,并报经国务院同意,11 月 17 日成立了由国家安全生产监督管理总局、监察部、公安部、住房和城乡建设部、全国总工会和上海市人民政府及有关部门人员组成的国务院上海市静安区胶州路公寓大楼"11·15"特别重大火灾事故调查组。最高人民检察院应邀派员参加调查。事故调查组经过调查取证,查清了事故原因、性质和责任,提出了对有关责任人员的处理建议和防范措施。

国务院事故调查组查明,该起特别重大火灾事故是一起因企业违规造成的责任事故。事故的直接原因:在胶州路 728 号公寓大楼节能综合改造项目施工过程中,施工人员违规在 10 层电梯前室北窗外进行电焊作业,电焊溅落的金属熔融物引燃下方 9 层位置脚手架防护平台上堆积的聚氨酯保温材料碎块、碎屑引发火灾。事故的间接原因:一是建设单位、投标企业、招标代理机构相互串通、虚假招标和转包、违法分包。二是工程项目施工组织管理混乱。三是设计企业、监理机构工作失职。四是市、区两级建设主管部门对工程项目监督管理缺失。五是静安区公安消防机构对工程项目监督检查不到位。六是静安区政府对工程项目组织实施工作领导不力。

根据国务院批复的意见,依照有关规定,对 54 名事故责任人作出严肃处理,其中 26 名责任人被移送司法机关依法追究刑事责任,28 名责任人受到党纪、政纪处分。

3. 职业病

职业病是由于从事职业活动而产生的疾病,属经诊断因从事接触有毒有害物质或不良环境的工作而造成的急慢性疾病。2002 年卫生部发布的《职业病目录》中列出了 10 大类职业病,包括:尘肺、职业性放射性疾病、职业中毒、物理因素所致职业病、生物因素所致职业病、职业性皮肤病、职业性眼病、职业性耳鼻喉口腔疾病、职业性肿瘤和其他职业病等。

6.2.7　建筑工程职业健康安全事故的处理

1. 安全事故的处理原则

施工项目一旦发生安全事故,必须实施"四不放过"的原则,即:事故原因未查清不放过;责任人员未受到处理不放过;事故责任人和周围群众没有受到教育不放过;事故指定的切实可行的整改措施未落实不放过。事故处理的"四不放过"原则要求对安全生产工伤事故必须进行严肃认真的调查处理,接受教训,防止同类事故重复发生。

2. 安全事故的处理程序

安全事故的处理程序见表 6-8 所示。

表 6-8　安全事故的处理程序

程　序	内　容
事故报告	施工单位事故报告要求： 　　生产安全事故发生后,受伤者或最先发现事故的人员应立即将发生事故的时间、地点、伤亡人数、事故原因等情况,向施工单位负责人报告;施工单位负责人接到报告后,应在 1 h 内向事故发生地县级以上人民政府建设主管部门和有关部门报告
事故报告	建设主管部门事故报告要求： 　　建设主管部门接到事故报告后,应依照下列规定上报事故情况,并通知安全生产监督管理部门、公安机关、劳动保障行政主管部门、工会和人民检察院： 　　(1) 较大事故、重大事故以及特别重大事故逐级上报至国务院建设主管部门; 　　(2) 一般事故逐级上报至省、自治区、直辖市人民政府建设主管部门; 　　(3) 建设主管部门依照本规定上报事故情况,应同时报告本级人民政府。 　　建设主管部门按照上述规定逐级上报事故情况时,每级上报的时间不得超过 2 h
	事故报告的内容： 　　(1) 事故发生的时间、地点和工程项目、有关单位名称; 　　(2) 事故的简要经过; 　　(3) 事故已经造成或者可能造成的伤亡人数和初步估计的直接经济损失; 　　(4) 事故的初步原因; 　　(5) 事故发生后采取的措施及事故控制情况; 　　(6) 事故报告单位或报告人员; 　　(7) 其他应报告的情况
事故调查	事故调查报告的内容： 　　(1) 事故发生单位概况; 　　(2) 事故发生经过和事故救援情况; 　　(3) 事故造成的人员伤亡和直接经济损失; 　　(4) 事故发生的原因和事故性质; 　　(5) 事故责任的认定和对事故责任者的处理建议; 　　(6) 事故防范和整改措施
事故处理	(1) 施工单位的事故处理： 　　当事故发生后,事故发生单位应严格保护事故现场,做好标志,排除险情,采取有效措施抢救伤员和财产,防止事故蔓延扩大; 　　(2) 建设主管部门的事故处理： 　　①建设主管部门应依据有关人民政府对事故的批复和有关法律法规的规定,对事故相关责任者实施行政处罚; 　　②建设主管部门应依照有关法律法规的规定,对事故负有责任的相关单位给予罚款、停业整顿、降低资质等级或吊销资质证书的处罚; 　　③建设主管部门应依照有关法律法规的规定,对事故发生负有责任的注册执业资格人员给予罚款、停止执业或吊销其注册执业资格证书的处罚

应用案例 6-2 （2014年二建）

1. 背景

某新建工业厂区,地处大山脚下,总建筑面积 16 000 m²,其中包含一幢六层办公楼工程,摩擦型预应力管桩,钢筋混凝土框架结构。

在施工过程中,发生了下列事件:

事件一:在预应力管桩锤击沉桩施工过程中,某一根管桩在桩端标高接近设计标高时难以下沉;此时,贯入度已达到设计要求,施工单位认为该桩承载力已经能够满足设计要求,提出终止沉桩。经组织勘察、设计、施工等各方参建人员和专家会商后同意终止沉桩,监理工程师签字认可。

事件二:连续几天的大雨引发山体滑坡,导致材料库房垮塌,造成1人当场死亡,7人重伤。施工单位负责人接到事故报告后,立即组织相关人员召开紧急会议,要求迅速查明事故原因和责任,严格按照"四不放过"原则处理;4 h 后向相关部门递交了1人死亡的事故报告,事故发生后第7天和第32天分别有1人在医院抢救无效死亡,其余5人康复出院。

事件三:办公楼一楼大厅支模高度为 9 m,施工单位编制了模架施工专项方案并经审批后,及时进行专项方案专家论证。论证会由总监理工程师组织,在行业协会专家库中抽出5名专家,其中1名专家是该工程设计单位的总工程师,建设单位没有参加论证会。

事件四:监理工程师对现场安全文明施工进行检查时,发现只有公司级、分公司级、项目级三级安全教育记录,开工前的安全技术交底记录中交底人为专职安全员,监理工程师要求整改。

2. 问题

(1)事件一中,监理工程师同意中止沉桩是否正确? 预应力管桩的沉桩方法通常有哪几种?

(2)事件二中,施工单位负责人报告事故的做法是否正确? 应该补报死亡人数几人? 事故处理的"四不放过"原则是什么?

(3)分别指出事件三中的错误做法,并说明理由。

(4)分别指出事件四中的错误做法,并指出正确做法。

3. 案例分析

(1)事件一

①正确。理由:锤击沉管法成孔时桩管入土深度控制应以高程控制为主,以贯入度控制为辅。本案例桩端标高接近设计标高、贯入度已达到设计要求,同时经组织勘察、设计、施工等各方面参建人员和专家会商后同意终止沉桩。

②预应力管桩的沉桩方法通常有锤击沉桩法、静力压桩法、振动法等。

(2)事件二

①不正确。理由:施工单位负责人接到事故报告后,应当在1 h 内向事故发生地县级以上人民政府建设主管部门和有关部门报告。

②应该补报人数为1人。理由：事故报告后出现新情况，以及事故发生之日起30天内伤亡发生变化的，应当及时补报。

③"四不放过"原则：事故原因不清楚不放过；事故责任人和人员没有受到教育不放过；事故责任者没受到处理不放过；没有制定纠正和预防措施不放过。

（3）事件三

①错误做法：先专项方案并经审批，然后再专家论证。理由：应先组织专项方案论证，专家组提交论证报告，对论证的内容提出明确的意见，并在论证报告上签字，该报告作为专项方案修改完善的指导意见；然后修改完善专项方案后，再由施工单位技术负责人签字，报监理单位由项目总监理工程师审核签字。

②错误做法：论证会由总监理工程师组织。理由：专项方案专家论证会应当由施工单位组织召开。

③错误做法：5名专家之一为该工程设计单位的总工程师。理由：本项目参建各方人员不得以专家身份参加专家论证会。

④错误做法：建设单位没有参加论证会。理由：参会人员应有建设单位项目负责人或技术负责人。

（4）事件四

①错误做法：只有公司级、分公司级、项目级三级安全教育记录。正确做法：应建立分级职业健康安全生产教育制度，实施公司、项目经理部和作业队三级教育，未经教育的人员不得上岗作业。

②错误做法：安全技术交底记录中交底人为专职安全员。正确做法：工程开工前，项目经理部的技术负责人应向有关人员进行安全技术交底，项目经理部应保存安全技术交底记录，安全技术交底应由交底人、被交底人、专职安全员进行签字确认。

6.3　建筑工程现场文明施工和环境管理

6.3.1　建筑工程项目环境管理的定义

建筑工程项目环境管理是指按照法律法规、各级主管部门和企业环境方针的要求，制订程序、资源、过程和方法，管理环境因素的过程，包括控制现场的各种粉尘、废水、废气、固体废弃物、噪声、振动等对环境的污染和危害，节约建设资源等。

建筑工程项目的环境管理主要体现在项目设计方案和施工环境的控制。项目设计方案在施工工艺的选择方面对环境的间接影响明显，施工过程则是直接影响工程建设项目环境的主要因素。保护和改善项目建设环境是保证人们身体健康、提升社会文明水平、改善施工现场环境和保证施工顺利进行的需要。文明施工是环境管理的一部分。

6.3.2　建筑工程项目环境管理的工作内容

项目经理部负责现场环境管理工作的总体策划和部署，建立项目环境管理组织机构，制定相应制度和措施，组织培训，使各级人员明确环境保护的意义和责任。项目经理部的工作应包括以下几个方面：

（1）项目经理部应按照分区划块原则，搞好项目的环境管理，进行定期检查，加强协调，及时解决发现的问题，实施纠正和预防措施，保持现场良好的作业环境、卫生条件和工作秩序，做到污染预防。

（2）项目经理部应对环境因素进行控制，制定应急准备和相应措施，并保证信息畅通，预防出现非预期的损害。在出现环境事故时，应消除污染，并制定相应措施，防止环境二次污染。

（3）项目经理部应保存有关环境管理的工作记录。

（4）项目经理部应进行现场节能管理，有条件时应规定能源使用指标。

6.3.3　建筑工程项目的环境管理

项目的环境管理应遵循下列程序：

1. 建立环境管理组织、制定环境管理方案

施工现场应成立以项目经理为第一责任人的施工环境管理组织。分包单位应服从总包单位环境管理组织的统一管理，并接受监督检查。施工现场应及时进行环境因素识别。具体包括与施工过程有关的产品、活动和服务中的能够控制和能够施加影响的环境因素，并应用科学方法评价、确定重要环境因素。根据法律法规、相关方要求和环境影响等确定施工现场环境管理的目标和指标，并结合施工图纸、施工方案策划相应的环境管理方案和环境保护措施。

2. 环境管理的宣传和教育

通过短期培训、上技术课、登黑板报、广播、看录像、看电视等方法，进行企业全体员工环境管理的宣传和教育工作。专业管理人员应熟悉、掌握环境管理的规定。

3. 现场环境管理的运行要求

（1）项目施工管理人员应结合施工要求，从制度上规定施工现场实施适宜的运行程序和方法。

（2）在与施工供应方和分包方的合作中，明确施工环境管理的基础要求，并及时与施工供应方和分包方进行沟通。

（3）按照施工总平面布置图设置各项临时设施。现场堆放的大宗材料、成品、半成品和机具设备不得侵占场内道路及环境防护等设施。

根据事先策划的施工环境管理措施落实施工现场的相关运行要求，具体要求包括：在施工作业过程中全面实施针对施工噪声、污水、粉尘、固体废弃物等排放和节约资源的环境管理措施；设置符合消防要求的消防设施，在容易发生火灾的地区施工，或者储存、使用易燃易爆器材时，应采取特殊的消防安全措施。

（4）及时实施施工环境信息的相互沟通和交流。针对内部和外部的重要环境信息进行评估，通过有效的信息传递预防环境管理的重大风险。

4. 应急准备和响应

施工现场应识别可能的紧急情况，制定应急措施，提供应急准备手段和资源。环境应急响应措施应与施工安全应急响应措施有机结合，以尽可能提高资源效率，减少相应的环境影响和损失。

5. 环境绩效监测和改进

施工现场及时实施环境绩效监测,根据监测结果,围绕污染预防改进环境绩效。

 **知识拓展**

美丽中国

2013 年,国家主席习近平指出,走向生态文明新时代,建设美丽中国,是实现中华民族伟大复兴的中国梦的重要内容。中国将按照尊重自然、顺应自然、保护自然的理念,贯彻节约资源和保护环境的基本国策,更加自觉地推动绿色发展、循环发展、低碳发展,把生态文明建设融入经济建设、政治建设、文化建设、社会建设各方面和全过程,形成节约资源、保护环境的空间格局、产业结构、生产方式、生活方式,为子孙后代留下天蓝、地绿、水清的生产生活环境。

6.3.4　建筑工程项目的文明施工

文明施工是指保持施工现场良好的作业环境、卫生环境和工作秩序,主要包括:规范施工现场的场容,保持作业环境的整洁卫生;科学组织施工,使生产有序进行;减少施工对周围居民和环境的影响;遵守施工现场文明施工的规定和要求,保证职工的安全和身体健康。

现场文明施工的基本要求如下:

(1) 施工现场必须设置明显的标牌,标明工程项目名称、建设单位、设计单位、施工单位、项目经理和施工现场总负责人的姓名、开工和竣工日期、施工许可证批准文号等。施工单位负责现场标牌的保护工作。

(2) 施工现场的管理人员应佩戴证明其身份的证卡。

(3) 应按照施工总平面布置图设置各项临时设施。现场堆放的大宗材料、成品、半成品和机具设备不得侵占场内道路及安全防护等设施。

(4) 施工现场的用电线路、用电设施的安装和使用必须符合安装规范和安全操作规程,并按照施工组织设计进行架设,严禁任意拉线接电。施工现场必须设有保证施工安全要求的夜间照明;危险潮湿场所的照明以及手持照明灯具,必须采用符合安全要求的电压。

(5) 施工机械应按照施工总平面布置图规定的位置和线路设置,不得任意侵占场内道路。施工机械进场时须经过安全检查,经检查合格方能使用。施工机械操作人员必须按有关规定持证上岗,禁止无证人员操作机械。

(6) 应保证施工现场道路畅通,排水系统处于良好的使用状态;保持场容场貌的整洁,随时清理建筑垃圾。在车辆、行人通行的地方施工,应设置施工标志,并对沟、井、坎、穴进行覆盖。

(7) 施工现场的各种安全设施和劳动保护器具必须定期检查和维护,及时消除隐患,保证其安全有效。

（8）施工现场应设置各类必要的职工生活设施，并符合卫生、通风、照明等要求。职工的膳食、饮水供应等应符合卫生要求。

（9）应做好施工现场安全保卫工作，采取必要的防盗措施，在现场周边设立围护设施。

（10）应严格依照《中华人民共和国消防法》的规定，在施工现场建立和执行防火管理制度，设置符合消防要求的消防设施，并保持完好的备用状态。在容易发生火灾的地区施工，或者储存、使用易燃易爆器材时，应采取特殊的消防安全措施。

（11）施工现场发生的工程建设重大事故的处理，依照《工程建设重大事故报告和调查程序规定》执行。

6.3.5　建筑工程项目现场管理

项目现场管理应遵守以下基本规定：

（1）项目经理部应在施工前了解经过施工现场的地下管线，标出位置，加以保护，施工时发现文物、古迹、爆炸物、电缆等，应停止施工，保护现场，及时向有关部门报告，并按照规定处理。

（2）施工中需要停水、停电、封路而影响环境时，应经有关部门批准，事先告示。在行人、车辆通过的地方施工，应设置沟、井、坎、洞覆盖物和标志。

（3）项目经理部应对施工现场的环境因素进行分析，对于可能产生的污水、废气、噪声、固体废弃物等污染源采取措施，进行控制。

（4）建筑垃圾和渣土，应堆放在指定地点，定期进行清理。装载建筑材料、垃圾或渣土的运输机械，应采取防止尘土飞扬、撒落或流溢的有效措施。施工现场应根据需要设置机动车辆冲洗设施，冲洗污水应进行处理。

（5）除了符合规定的装置外，不得在施工现场熔化沥青和焚烧油毡、油漆，亦不得焚烧其他可产生有毒有害烟尘和恶臭气味的废弃物。项目经理部应按规定有效地处理有毒物质。禁止将有毒有害废弃物现场回填。

（6）施工现场的场容管理应符合施工平面图设计的合理安排和物料器具定位管理标准化的要求。

（7）项目经理部应依据施工条件，按照施工总平面图、施工方案和施工进度计划的要求，认真进行所负责区域的施工平面图的规划、设计、布置、使用和管理。

（8）现场的主要机械设备、脚手架、密封式安全网与围挡、模具、施工临时道路、各种管线、施工材料制品堆场及仓库、土方及建筑垃圾堆放区、变配电间、消火栓、警卫室，以及现场的办公、生产和生活临时设施等的布置，均应符合施工平面图的要求。

（9）现场入口处的醒目位置应公示下列内容：工程概况牌、安全纪律牌、防火须知牌、安全生产牌与文明施工牌、施工平面图、项目经理部组织机构图及主要管理人员名单。

（10）施工现场周边应按当地有关要求设置围挡和相关的安全预防设施。危险品仓库附近应有明显标志及围挡设施。

（11）施工现场应设置畅通的排水沟渠系统，保持场地道路的干燥坚实。

施工现场泥浆和污水未经处理不得直接排放。地面宜做硬化处理。有条件的，可对施工现场进行绿化布置。

6.3.6 建筑工程项目的施工现场环境保护

1. 施工现场水污染的防治

（1）搅拌机前台、混凝土输送泵及运输车辆清洗处应设置沉淀池，废水未经沉淀处理不得直接排入市政污水管网，经二次沉淀后方可排入市政排水管网或回收用于洒水降尘。

（2）施工现场现制水磨石作业产生的污水，禁止随地排放。作业时要严格控制污水流向，在合理位置设置沉淀池，经沉淀后方可排入市政污水管网。

（3）施工现场气焊用的乙炔发生罐产生的污水严禁随地倾倒，要求专用容器集中存放并倒入沉淀池处理，以免污染环境。

（4）现场要设置专用的油漆油料库，并对库房地面做防渗处理，储存、使用及保管要采取措施并由专人负责，防止因油料泄漏而污染土壤、水体。

（5）施工现场的临时食堂，用餐人数在 100 人以上的，应设置简易有效的隔油池，使产生的污水经过隔油池后再排入市政污水管网。

（6）禁止将有害废弃物做土方回填，以免污染地下水和环境。

2. 施工现场大气污染的防治

（1）高层或多层建筑清理施工垃圾，使用封闭的专用垃圾道或采用容器吊运，严禁随意凌空抛撒造成扬尘。施工垃圾要及时清运，清运时，适量洒水减少扬尘。

（2）拆除旧建筑物时，应配合洒水，减少扬尘污染。

（3）施工现场要在施工前做好施工道路的规划和设置，可利用设计中永久性的施工道路。如采用临时施工道路，主要道路和大门口要硬化，包含基层夯实，路面铺垫焦渣、细石，并随时洒水，减少道路扬尘。

（4）散水泥和其他易飞扬的细颗粒散体材料应尽量安排库内存放，如露天存放应严密遮盖，运输和卸运时防止遗撒飞扬，以减少扬尘。

（5）生石灰的熟化和灰土施工要适当配合洒水，杜绝扬尘。

（6）在规划市区、居民稠密区、风景游览区、疗养区及国家规定的文物保护区内施工，施工现场要制定洒水降尘制度，配备专用洒水设备及指定专人负责，在易产生扬尘的季节，施工场地采取洒水降尘。

📖 知识拓展

雾霾，是雾和霾的组合词。雾霾常见于城市。中国不少地区将雾并入霾一起作为灾害性天气现象进行预警预报，统称为"雾霾天气"。

雾霾是特定气候条件与人类活动相互作用的结果。高密度人口的经济及社会活动必然会排放大量细颗粒物（PM 2.5），一旦排放超过大气循环能力和承载度，细颗粒物浓度将持续积聚，此时如果受静稳天气等影响，极易出现大范围的雾霾。

2013 年，"雾霾"成为年度关键词。这一年的 1 月，4 次雾霾过程笼罩 30 个省（区、市），在北京，仅有 5 天不是雾霾天。有报告显示，中国最大的 500 个城市中，只有不到 1% 的城市达到世界卫生组织推荐的空气质量标准，与此同时，世界上污染最严重的 10 个城市有 7

个在中国(图6-3)。

图6-3　雾霾

2014年1月4日,国家减灾办、民政部首次将危害健康的雾霾天气纳入2013年自然灾情进行通报。

2014年2月,习近平在北京考察时指出:应对雾霾污染、改善空气质量的首要任务是控制PM2.5,要从压减燃煤、严格控车、调整产业、强化管理、联防联控、依法治理等方面采取重大举措,聚焦重点领域,严格指标考核,加强环境执法监管,认真进行责任追究。

3. 施工现场噪声污染的防治

(1)人为噪声的控制。施工现场提倡文明施工,建立健全控制人为噪声的管理制度。尽量减少人为的噪声,增强全体施工人员防噪声扰民的自觉意识。

(2)强噪声作业时间的控制。凡在居民稠密区进行强噪声作业的,严格控制作业时间,晚间作业不超过22时,早晨作业不早于6时,特殊情况确需连续作业(或夜间作业)的,应尽量采取降噪措施,事先做好周围群众的工作,并报有关主管部门备案后方可施工。

(3)强噪声机械的降噪措施。牵扯到产生强噪声的成品或半成品的加工、制作作业(如预制构件、木门窗制作等),应尽量在工厂、车间完成,减少因施工现场加工制作产生的噪声。尽量选用低噪声或备有消声降噪声设备的施工机械。施工现场的强噪声机械(如搅拌机、电锯、电刨、砂轮机等)要设置封闭的机械棚,以减少强噪声的扩散。

(4)加强施工现场的噪声监测。加强施工现场环境噪声的长期监测,采取专人管理的原则,根据测量结果填写建筑施工场地噪声测量记录表,凡超过《建筑施工场界噪声限值》标准的,要及时对施工现场噪声超标的有关因素进行调整,达到施工噪声不扰民的目的。

4. 施工现场固体废物的处理

施工现场常见的固体废物包括:建筑渣土,废弃的散装建筑材料,生活垃圾,设备、材料等的包装材料和粪便。

固体废物的主要处理和处置方法有:

(1)物理处理,包括压实浓缩、破碎、分选、脱水干燥等。

(2)化学处理,包括氧化还原、中和、化学浸出等。

（3）生物处理，包括好氧处理、厌氧处理等。

（4）热处理，包括焚烧、热解、焙烧、烧结等。

（5）固化处理，包括水泥固化法和沥青固化法等。

（6）回收利用，包括回收利用和集中处理等资源化、减量化的方法。

（7）处置，包括土地填埋、焚烧、储留池储存等。

应用案例 6-3

江西省南昌市恒茂小区居民平静的生活被打破啦，不管白天还是夜晚，轰隆隆的机器声一直叫个不停，原来附近有工地正在施工，准备开发一个新的楼盘。附近住户不堪其扰，于是向环保部门投诉。

据了解，该建筑公司在开工前，未向该市环境保护行政主管部门进行申报。环保部门到工地查处时，发现工地正在夜间施工，对此该建筑公司负责人申辩：他们并未在夜间大规模施工，只是混凝土浇筑因工艺的特殊需要，开始之后就无法中止，即便是夜间也不能停工。但是该建筑公司并没有办理相关的夜间开工手续。经环保部门监测，该工地昼间噪声为 70 dB，夜间噪声为 54 dB，未超过国家规定的建筑施工噪声源的噪声排放标准。于是环保部门进行了调解，并对该建筑公司未依法进行申报和办理夜间开工手续作出处罚。

但是，建筑工地的噪声污染并没有得到改善，广大居民依然处于噪声污染之中。在向律师事务所咨询以后，恒茂小区 27 户居民以"相邻权"受到侵害为由向人民法院提起诉讼，要求法院判令被告停止噪音污染，赔偿损失。人民法院受理后，经过法庭调查认定，某建筑公司排放的噪声尽管符合国家规定的建筑施工噪声源的噪声排放标准，但超过《声环境质量标准》中规定的区域标准限值，在事实上构成环境噪声污染，侵害了原告的相邻权。根据《民法通则》第八十三条的规定，判决被告采取措施，消除噪声污染，赔偿原告精神损失 200 元。

 **综合案例六**

奥林匹克水上公园工程项目的绿色施工管理

北京建工集团有限责任公司

1 工程概况

奥林匹克水上公园分为赛艇皮划艇中心区、激流皮划艇中心区、庆典广场中心区三个区，占地面积 162.59 hm²，合同总造价 3.27 亿元（图 6-4）。工程包含：16 个单体建筑；13 万 m² 场地强夯处理、200 万 m³ 的土方开挖及激流回旋区堆山；68 万 m² 的赛道防渗工程；2 400 kW 提升泵及中水、污水处理等设备安装工程；6 万 m² 的广场地面铺装；10 km 的场内道路工程；54 万 m² 的园林绿化；还有跨度不等的 4 座桥梁和 8 座步行桥。

图 6-4　奥林匹克水上公园

2　特点及难点

2.1　工程综合性强

2.2　赛道防渗工程

2.3　土方工程的"节能、减排、绿色施工"要求高

2.4　动水赛道回填土处理难度大

2.5　设备安装工艺复杂

2.6　项目目标

2.6.1　质量目标

保"双长城杯金奖",创"鲁班奖"、"詹天佑奖"。

2.6.2　工期目标

合同工期 945 天,总工期 879 天。

2.6.3　节能减排及"四新"技术推广应用目标

达到土方自平衡,中水处理,雨洪利用,扬尘治理满足或高于北京市规定。推广应用新技术 8 项、创新 5 项。

3　管理过程及方法

3.1　建立、完善和实施管理制度

3.2　赛道微污染循环水处理技术

3.3　赛道大面积防渗和消浪技术

3.4　大方量土方调配、平衡综合利用技术

3.5　激流回旋赛道地基劣质土回填的应用

3.6　土工栅格加筋挡土墙技术

3.7　扬尘综合治理技术

4　管理成效

4.1　社会效果

通过精心施工,工期提前 153 天,工程达到了精品质量要求,成本得到有效控制,经济和社会效益取得好效果。国际划联激流回旋委员会主席让·普罗诺惊叹:"这个赛场是动与静最完美的结合,奥林匹克水上公园是世界上最好的水上运动场馆"。

4.2　管理业绩

(1)获得北京奥运会"2008工程"指挥部"绿色施工优秀工地"奖杯。

(2)获得北京市建筑业新技术应用示范工程、北京市市级两项工法、全国科技创新一等奖及项目管理成果一等奖。

(3)获得北京市结构"长城杯"金质奖及市政"长城杯"金质奖,国家"詹天佑奖"、国家"鲁班奖"。

(4)奥林匹克水上公园项目部获得2009年全国五一劳动奖状。

本 章 小 结

本章首先介绍了职业健康安全的相关概念,职业健康安全(OHS)是国际上通用的词语,通常是指影响作业场所内的员工、临时工作人员、合同工作人员、合同方人员、访问者和其他人员健康安全的条件和因素。建设工程项目职业健康安全管理的目的是防止和减少生产安全事故、保护产品生产者的健康与安全、保障人民群众的生命和财产免受损失。职业健康安全可归纳为三个问题:人的不安全行为、物的不安全状态、组织管理不力。

其次,本章又讲述了职业健康安全管理的目标、方针和原则。建筑安全管理的目标是保护劳动者的安全与健康不因工作而受到损害,同时减少因建筑安全事故导致的全社会包括个人家庭、企业行业以及社会的损失。我国建筑安全管理的方针是安全第一、预防为主。职业健康安全管理的原则是:管理与自律并重、强制与引导并重、治标与治本并重、现场管理与文件管理并重。

另外,本章还讲述了安全生产的管理体制。安全生产管理体制是:"企业负责、行业管理、国家监察、群众监督、劳动者遵章守纪"。这样的安全生产管理体制符合社会主义市场经济条件下安全生产工作的要求。

最后,介绍了环境管理和文明施工的相关概念,其中主要包括环境、环境管理体系、建筑工程项目环境管理的目的。环境是指组织运行活动的外部存在,包括空气、水、土地、自然资源、植物、动物、人以及它们之间的相互关系。环境管理体系是施工项目管理体系的一个组成部分,它包括为制定、实施、实现、评审和保持环境方针所需的组织结构、计划活动、职责、惯例、程序、过程和资源。建筑工程项目环境管理的目的是保护生态环境,使社会的经济发展与人类的生存环境相协调。本章还介绍了文明施工的相关知识,文明施工的概念、意义以及文明施工的基本要求。

练 习 题

一、单项选择题

1. 根据《生产安全事故报告和调查处理条例》(国务院令第493号),生产安全事故发生后,受伤者或最先发现事故的人员应该立即用最快的传递手段,向(　　)报告。

(2013年二建)

A. 施工单位负责人   B. 项目经理

C. 安全员   D. 项目总监理工程师

2. 施工现场照明条件属于影响施工质量环境因素中的（   ）。（2013 年二建）

     A. 自然环境因素   B. 施工质量管理环境因素

     C. 技术环境因素   D. 作业环境因素

3. 下列施工组织设计的基本内容中，可以反映现场文明施工组织的是（   ）。

（2014 年二建）

     A. 工程概况   B. 施工部署

     C. 施工平面图   D. 技术经济指标

4. 由于受技术、经济条件限制，建设工程施工对环境的污染不能控制在规定范围内的，（   ）应当会同施工单位事先报请当地人民政府建设和环境保护行政主管部门批准。（2014 年二建）

     A. 建设单位   B. 设计单位   C. 监理单位   D. 设备供应单位

5. 下列施工现场文明施工的措施中，符合现场卫生管理要求的是（   ）。（2014 年二建）

     A. 集体宿舍与作业区隔离

     B. 工地四周设置连续、密闭的砖砌围墙

     C. 食堂禁止使用食用塑料制品作熟食容器

     D. 施工现场不允许有积水存在

6. 某房屋建设工程施工中，现浇混凝土阳台根部突然断裂，导致 2 人死亡，1 人重伤，直接经济损失 300 万元。根据《关于做好房屋建筑和市政基础设施工程质量事故报告和调查处理工作的通知》（建质〔2010〕111 号），该事故等级为（   ）。（2014 年二建）

     A. 一般事故   B. 较大事故   C. 重大事故   D. 特别重大事故

7. 下列施工现场超噪声值的声源控制措施中，属于转移声源措施的是（   ）。

（2014 年二建）

     A. 用电动空压机代替柴油机

     B. 在工厂车间生产制作门窗

     C. 在鼓风机进出风管处设置阻性消声器

     D. 装卸材料轻拿轻放

8. 对建设工程来说，新员工上岗前的三级安全教育具体应由（   ）负责实施。

（2014 年二建）

     A. 公司、项目、班组   B. 企业、工区、施工队

     C. 企业、公司、工程处   D. 工区、施工队、班组

9. 生产规模小、危险因素少的施工单位，其生产安全事故应急预案体系可以（   ）。

（2014 年二建）

     A. 只编写综合应急预案

     B. 只编写现场处置方案

     C. 将专项应急方案与现场处置方案合并编写

     D. 将综合应急预案与专项应急预案合并编写

10. 施工过程中发现问题及时处理,是施工安全隐患处理原则中( )原则的体现。
(2014 年二建)

    A. 动态处理   B. 重点处理
    C. 预防与减灾并重   D. 冗余安全度处理

11. 建设主管部门按照现行法律法规的规定,对因降低安全生产条件导致事故发生的施工单位可以给予的处罚方式是( )。(2014 年二建)

    A. 吊销安全生产许可证   B. 罚款
    C. 停业整顿   D. 减低资质等级

12. 施工企业安全检查制度中,安全检查的重点是检查"三违"和( )落实。
(2014 年二建)

    A. 施工起重机械的使用登记制度   B. 安全责任制
    C. 现场人员的安全教育制度   D. 专项施工方案专家论证制度

13. 根据《生产安全事故和调查处理条例》,符合施工生产安全事故报告要求的做法是
( )。(2015 年二建)

    A. 任何情况下,事故现场有关人员必须逐级上报事故情况
    B. 重大事故和特别重大事故,需逐级上报至国务院建设主管部门
    C. 一般事故最高上报至省辖市人民政府建设主管部门
    D. 实行施工总承包的建设工程,由监理单位负责上报事故

14. 根据现行《建设工程安全生产管理条例》,工程监理单位应当审查施工组织设计中的安全技术措施是否符合( )。(2015 年二建)

    A. 建设工程承包合同   B. 工程监理大纲
    C. 设计文件   D. 工程建设强制性标准

15. 根据《建设工程施工现场管理规定》,施工单位采取的防止环境污染的措施,正确的是
( )。(2015 年二建)

    A. 将有害废弃物用作土方回填
    B. 现场产生的废水经沉淀后直接排入城市排水设施
    C. 使用密封式圈桶处理高空废弃物
    D. 在现场露天焚烧油毡

16. 下列施工现场文明施工措施中,正确的是( )。(2015 年二建)

    A. 现场施工人员均佩戴胸卡,按工种统一编号管理
    B. 市区主要路段设置围挡的高度不低于 2 m
    C. 项目经理任命专人为现场文明施工第一责任人
    D. 建筑垃圾和生活垃圾集中一起堆放,并及时清运

17. 施工企业职业健康安全管理体系的运行及维持活动中,应由( )对管理体系进行系统评价。(2015 年二建)

    A. 施工企业技术负责人   B. 施工企业安全部门负责人
    C. 项目经理   D. 施工企业的最高管理者

18. 根据《生产安全事故报告和调查处理条例》,生产安全事故报告和调查处理过程中,由

监察机关对有关责任人员依法给予处分的违法行为是(　　)。(2015 年二建)

    A. 迟报或漏报事故　　　　　　　　B. 销毁有关证据

    C. 拒绝落实对事故责任人的处理意见　D. 指使他人作伪证

19. 根据现行《建设工程安全生产管理条例》,工程监理单位发现存在安全事故隐患情况严重的,应当要求施工单位暂时停止施工,并及时报告(　　)。(2015 年二建)

    A. 工程总承包单位　　　　　　　　B. 建设主管部门

    C. 质量监督站　　　　　　　　　　D. 建设单位

20. 下列施工现场环境污染的处理措施中,正确的是(　　)。(2015 年二建)

    A. 固体废弃物必须单独储存

    B. 电气焊必须在工作面设置光屏障

    C. 存放油料库的地面和高 250 mm 墙面必须进行防渗处理

    D. 在人口密集区进行较强噪声施工时,一般避开晚 12:00 至次日早 6:00 时段

二、多项选择题

1. 编制生产安全事故应急预案的目的有(　　)。(2014 年二建)

    A. 避免紧急情况发生时出现混乱

    B. 确保按照合理的响应流程采取适当的救援措施

    C. 满足《职业健康安全管理体系》论证的要求

    D. 确保建设主管部门尽快开展调查处理

    E. 预防和减少可能随之引发的职业健康安全和环境影响

2. 下列分部分项工程中,必须编制专项施工方案并进行专家论证审查的有(　　)。(2014 年二建)

    A. 预应力结构张拉工程　　　　　　B. 悬挑脚手架工程

    C. 开挖深度超过 5 m 的基坑支护工程　D. 大体积混凝土工程

    E. 高大模板工程

3. 根据现行法律法规,建筑工程对施工环境管理的基本要求有(　　)。(2014 年二建)

    A. 应采取生态保护措施

    B. 建筑材料和装修材料必须符合国家标准

    C. 经行政部门批准后可以引进低于我国环保规定的特定技术

    D. 建设工程项目中的防治污染设施必须与主体工程同时设计、同时施工和同时投产使用

    E. 尽量减少建设工程施工所产生的噪声对周围生活环境的影响

4. 项目经理部建立施工安全生产管理制度体系时,应遵循的原则有(　　)。(2015 年二建)

    A. 贯彻"安全第一,预防为主"的方针

    B. 建立健全安全生产责任制度和群防群治制度

    C. 必须符合有关法律、法规及规程的要求

    D. 必须适用于工程施工全过程的安全管理和控制

    E. 遵循安全生产投入最小

三、简答题

1. 职业健康安全环境管理的目的是什么?

2. 简述建立安全生产管理体系的原则。

3. 简述安全生产管理的内容。

4. 简述环境管理的内容。

5. 简述现场文明施工的内容。

6. 施工现场有哪些不安全的因素?

7. 施工现场安全检查的内容有哪些?

8. 发生安全事故时应该如何处理?

四、案例分析题

某工程建筑面积 13 000 m², 地处繁华城区。东、南两面紧邻市区主要路段, 西、北两面紧靠居民小区一般路段。在项目实施过程中发生如下事件:

事件一: 对现场平面布置进行规划, 并绘制了施工现场平面布置图。

事件二: 为控制成本, 现场围墙分段设计, 实施全封闭式管理。即东 南两面紧邻市区主要路段设计为 1.8 m 高砖围墙, 并按市容管理要求进行美化; 西、北两面紧靠居民小区一般路段设计为 1.8 m 高普通钢围挡。

事件三: 为宣传企业形象, 总承包单位在现场办公室前空旷场地树立了悬挂企业旗帜的旗杆, 旗杆与基座预埋件焊接连接。

事件四: 为确保施工安全, 总承包单位委派一名经验丰富的同志到项目担任安全总监。项目经理部建立了施工安全管理机构, 设置了以安全总监为第一责任人的项目安全管理领导小组。在工程开工前, 安全总监向项目有关人员进行了安全技术交底。专业分包单位进场后, 编制了相应的施工安全技术措施, 报批完毕后交项目经理部安全部门备案。

问题:

1. 施工现场平面布置图通常应包含哪些内容?(至少列出 4 项)

2. 事件三中, 旗杆与基座预埋件焊接是否需要开动火证? 如需要, 说明动火等级并给出相应的审批程序。

3. 事件四中存在哪些不妥, 并分别给出正确做法。

4. 分别说明现场砖围墙和普通钢围挡设计高度是否妥当? 如有不妥, 给出符合要求的最低设计高度。

7　建筑工程项目资源管理

 单元简介

　　施工项目管理即施工项目各生产要素的管理,项目的生产要素是指生产力作用于工程项目的各有关要素,通常是指投入施工项目的人力资源、材料、机械设备、技术和资金等要素。项目资源管理是完成施工任务的重要手段,也是工程项目目标得以实现的重要保证。

　　施工项目资源管理的主体是以项目负责人（项目经理）为首的项目经理部,管理的客体是与施工活动相关的各生产要素。要加强对施工项目的资源管理,就必须对工程项目的各生产要素进行认真的分析和研究。

　　通过学习本章内容,了解建筑工程项目资源管理的内容;掌握建筑工程项目劳动力的优化配置、现场材料管理、机械设备的选择、资金管理的要点和主要技术管理工作;熟悉建筑工程项目资源管理的各环节所要采取的各项具体措施。

 学习要求

知识结构	学习内容	能力目标	笔记
7.1　建筑工程项目资源管理概述	1. 建筑工程项目资源管理的概念 2. 建筑工程项目资源管理的意义 3. 建筑工程项目资源管理的主要过程 4. 建筑工程项目资源管理的主要内容 5. 项目资源管理的方法	1. 掌握项目资源管理的概念 2. 了解资源管理的意义和方法 3. 熟悉资源管理的主要过程和主要内容	
7.2　建筑工程项目人力资源管理	1. 劳动力的优化配置 2. 劳动力的组织形式 3. 劳务承包责任制 4. 劳动力的动态管理 5. 建筑工程项目的劳动分配方式	1. 掌握劳动力管理的概念 2. 熟悉劳动力的优化配置方法和劳动分配法方式 3. 了解劳动力的组织形式和劳动承包责任制以及动态管理方法	

知识结构	学习内容	能力目标	笔记
7.3　建筑工程项目材料管理	1. 工程项目材料管理的概念及内容 2. 材料计划管理 3. 材料采购管理 4. 材料的使用管理 5. 材料的储存与保管 6. 材料的节约与控制 7. 一些特殊材料的管理	1. 了解材料管理的概念 2. 掌握材料的采购、使用、储存、保管、节约的管理方法	
7.4　建筑工程项目机械设备管理	1. 项目机械设备管理的特点 2. 项目机械设备的供应及租赁管理 3. 项目机械设备的优化配置 4. 项目机械设备的动态管理 5. 项目机械设备的使用与维修 6. 项目机械设备的安全管理	1. 了解机械的管理特点 2. 熟悉机械的供应、租赁、使用、维修管理环节 3. 熟悉机械的优化配置和动态管理	
7.5　建筑工程项目技术管理	1. 技术管理的内容 2. 技术管理的组织体系 3. 主要技术管理制度 4. 施工技术档案管理	1. 了解技术管理的内容和组织体系 2. 了解技术管理的制度和档案管理	
7.6　建筑工程项目资金管理	1. 项目资金管理的原则 2. 项目资金收入预测 3. 项目资金支出预测 4. 项目资金收支对比 5. 项目资金的筹措 6. 项目资金的使用管理 7. 项目资金的控制与监督	1. 了解资金管理的原则 2. 了解资金的收入预测和支出预测 3. 熟悉资金的使用管理和控制监督	

 导入案例七

鲁布革水电站

　　鲁布革水电站位于南盘江支流黄泥河上,云南省罗平县和贵州省兴义县境内,距昆明市 320 km,为引水式水电站。主要任务为发电。工程于 1982 年开工,1985 年底截流,1988 年底第一台机发电,1990 年底建成(图 7-1)。

图 7-1 鲁布革水电站

鲁布革水电站工程是改革开放后我国水电建设方面第一个利用世界银行贷款、对外公开招标的国家重点工程。

鲁布革工程在施工组织上,承包方只用了 30 人组成的项目管理班子进行管理,施工人员是我国水电十四局的 500 名职工。在建设过程中,实行了国际通行的工程监理制(工程师制)和项目法人责任制等管理办法。

日本大成公司先进的施工机械、精悍的施工队伍、先进的管理机制、科学的管理方法引起了人们极大的兴趣。大成公司雇佣中方劳务平均 424 人,劳务管理严格,施工高效,均衡生产。当时曾流传过在大成公司施工的隧洞里,穿着布鞋可以走到开挖工作面的佳话。

1984 年 10 月 15 日正式施工,从下达开工令到正式开工仅用了两个半月时间,隧洞开挖仅用了两年半时间,于 1987 年 10 月全线贯通,比计划提前五个月,1988 年 7 月引水系统工程全部竣工,比合同工期还提前了 122 天。实际工程造价按开标汇率计算约为标底的 60%。

如何充分的利用和调动资源是每个项目管理者所必须具备的素质。

7.1 建筑工程项目资源管理概述

7.1.1 建筑工程项目资源管理的概念

企业资源有五要素之说法,即"5M",是指人(Manpower)、材料(Material)、机器(Machine)、方法(Method)与资金(Money)。而针对建筑工程项目来说,建筑工程项目资源是指投入到建筑工程项目中去的诸要素。由于建筑工程项目的单件性、露天性、固定性,以及建设周期长、技术要求严格等特性,我们将建筑工程项目资源归纳为劳动力、材料、机械设备、技术和资金五项。

建筑工程项目资源管理,就是对上述五项资源的配置和使用进行恰当的计划和控制,其根本目的就是实现项目管理的目标。

7.1.2 建筑工程项目资源管理的意义

进行项目资源优化配置,即适时、适量、比例适当、位置适宜地配备或投入项目资源,以满足项目实施的需要。进行项目资源的优化组合,即投入工程项目的各种项目资源在项目实施过程中适当搭配,使它们能够在项目中协调地发挥作用,有效地形成生产力,适时、合格地生产出建筑产品。在建筑工程项目实施过程中,要对项目资源进行动态管理。工程项目的实施过程是一个不断变化的过程,对项目资源的需求在不断变化;平衡是相对的,不平衡是绝对的。

因此,项目资源的配置和组合也就需要不断调整,这就需要树立动态管理的思想。动态管理的目的和前提是优化配置与组合,动态管理是优化配置和组合的手段与保证;动态管理的基本内容就是按照项目的内在规律,有效地计划、配置、控制、处理项目资源,使之在工程项目中合理流动,在动态中寻求平衡。在工程项目运行中,合理、节约地使用资源,以达到节约资源(资金、材料、设备、劳动力)、降低项目费用的目的。

7.1.3 建筑工程项目资源管理的主要过程

建筑工程项目资源管理的主要过程包括编制资源计划、组织资源的配置、合理实施资源的控制、及时在资源使用后进行分析与处理。

(1)编制资源计划。编制资源计划的目的,是对资源投入量、投入时间、投入步骤做出合理安排,以满足施工项目实施的需要。计划是优化配置和组合的前提和手段。

(2)资源的配置。资源的配置是按编制的计划,从资源的来源、投入到施工项目的供应过程进行管理,使计划得以实现,使施工项目的需要得以保证。

(3)资源的控制。资源控制即根据每种资源的特性,科学地制定相应的措施,对资源进行有效组合,协调投入,合理使用,不断纠正偏差,以尽可能少的资源来满足项目的需求,从而达到节约的目的。

(4)进行资源使用效果的分析与处理。一方面,从一次项目的实施过程来讲,是对本次资源管理过程的反馈、分析与资源管理的调整;另一方面,又为管理提供信息反馈和信息储备,以指导以后(或下一项目)的管理工作。

从一个完整的建筑工程项目管理过程的角度或建筑业企业持续稳定发展的角度来看,项目资源管理都应该是不断循环、不断提升、不断完善的动态管理过程。

7.1.4 建筑工程项目资源管理的主要内容

建筑工程项目资源管理的主要内容包括:劳动力、材料、机械设备、技术和资金等五项内容。

1. 劳动力

建筑工程项目的用工有多种形式,如固定工、合同工和临时工,而且已经形成了弹性结构。在施工任务增大时,可以多用农民合同工或劳务分包队;任务减少时,农民合同工或劳务分包队可以逐渐遣返,以避免窝工。在项目实施过程中,引入短期劳动力资源是较为普遍的形式,正如俗话讲得好:"铁打的营盘,流水的兵"。

劳动力资源管理的关键在于如何提高效率,提高效率的关键是如何调动职工的积极性,调动积极性的最好办法是从劳动力的思维意识和行为科学入手,从劳动者个人需要和行为的关系出发,进行恰当的激励。这是建筑工程项目劳动力管理的出发点。

2. 材料

建筑材料按在生产中的作用,可分为主要材料、辅助材料和其他材料。其中,主要材料是指在项目实施中被直接加工、构成工程实体的各种材料,如钢材、水泥、木材、砂石等;辅助材料指在项目实施中有助于产品形成,但不构成实体的材料,如促凝剂、脱模剂、润滑物等。其他材料指不构成工程实体,但又是施工中必需的材料,如燃料、油料、砂纸、棉纱等。另外,周转材料(如脚手架材、模板材等)、工具、预制构配件、机械零配件等,都因在施工中有独特作用而自成一类,其管理方式与材料基本相同。

建筑材料还可以按其自然属性分类,包括金属材料、硅酸盐材料、电器材料、化工材料等,它们的保管、运输各有不同要求,需区别对待。建筑工程项目材料管理的重点,体现在现场管理、使用过程管理、节约措施和成本核算四个方面。

3. 机械设备

建筑工程项目的机械设备,主要是指作为大型工具使用的大、中、小型机械,它们既是固定资产,又是劳动手段。建筑工程项目机械设备管理的环节有选型、使用、保养、维修、改造、更新。其中,关键在使用;使用的关键是提高机械效率,提高机械效率必须提高机械的利用率和完好率。应该通过机械设备管理,寻找提高机械利用率和完好率的措施。利用率的提高靠人,完好率的提高在保养与维修,这都是建筑工程项目机械设备管理探讨的核心。

4. 技术

技术的含义很广,包括操作技能、劳动手段、劳动者素质、生产工艺、试验检查管理程序和方法等。任何物质生产活动都是建立在一定的技术基础上的,也是在一定技术要求下进行的。对建筑工程项目来说,其单件性、露天性、复杂性等特点,使技术的作用更显得重要。建筑工程项目技术管理,就是对各项技术工作要素和技术活动过程进行的管理。技术工作要素包括:技术人才、技术装备、技术规程、技术资料等;技术活动过程指技术计划、技术运用、技术评价等。技术作用的发挥,除决定于技术本身的水平外,极大程度上还依赖于技术管理水平。没有完善的技术管理,先进的技术也难以发挥作用。

一般认为,建筑工程项目技术管理的任务有以下四项:

(1)正确贯彻国家和行政主管部门的技术政策,贯彻上级对技术工作的指示与决定。

(2)研究、认识和利用技术规律,科学地组织各项技术工作,充分发挥技术的作用。

(3)确立正常的生产技术秩序,进行文明施工,以技术来确保工程质量。

(4)努力提高技术工作的经济效果,使技术与经济有机地结合。

5. 资金

建筑工程项目的资金从流动过程来讲,首先是投入,将筹集到的资金投入到工程项目上;其次是使用,即支出。资金管理也是财务管理,它主要有以下环节:编制资金计划、筹集资金、投入资金(建筑工程项目经理部投入)、资金使用(支出)、资金核算与分析。建筑工程项目资金管理的重点是收入与支出问题,收支之差涉及核算、筹资、贷款、利息、利润、税收等问题。

7.1.5　项目资源管理的方法

（1）项目资源优化配置方法。不同的项目资源，其优化配置方法各不相同，可根据项目资源特点确定。常用的方法有：网络优化方法、优选方法、界限使用时间法、单位工程量成本法、等值成本法及技术经济比较法等。

（2）项目资源动态管理方法。动态管理的常用方法有动态平衡法、日常调度、核算、项目资源管理评价、现场管理与监督、ABC 分类法、存储理论与价值工程等。

 **知识拓展**

刘备的成功之道

刘备的成功，绝对堪称是白手起家的典范。他立业之前，只不过是一个潦倒的卖草席的小贩而已，最终却成为蜀汉皇帝，他的成功离不开手中资源的最优化管理。

1. 弄个好项目

镇压黄巾军，给了刘备一个带队伍的好机会。乱世最需要的是英雄，枪杆子里才出政权，刘备举着"光复汉室"的大旗创业，找准了一个能做大的好项目。

2. 定位精准，会炒作自己

从创业开始，刘备就给了自己一个明确的定位，"汉室宗亲，中山靖王之后"，这是刘备很高明的一着棋，这王室后代，就给他不知带来了多少无形资产效益了。"刘皇叔"三个字，炒作起来可是字字万金！

3. 打工时候积累了丰富的人脉和资源

镇压黄巾开始，刘备只是个小小县令，手下大将也就仅仅关张而已，开始投靠公孙瓒，结果结识了赵云；后来帮徐州陶谦做事，捞了不少美名，陶谦病故还送了个徐州给他；后来投靠曹操；再后来投靠刘表，又得了许多人马，借了荆州栖身，赚了起家的资本。所以说，刘备在他打工的时候，就为他以后称帝积累了非常宝贵的资源。

4. 刘备尊重人才，真正做到了以人为本

为了请到诸葛亮，刘总大人三顾茅庐，忍气吞声，成就古今求贤纳士的经典之作。得到了诸葛亮之后，刘备把军国大事都托付给了他，给了职业经理人足够的权限，自己专心做老板，真正做到了用人不疑、以人为本。

5. 刘备非常有管理才能，善于协调内部关系

俗话说，一山难容二虎。刘总手下居然能同时容纳五只大老虎（五虎上将），能够让这五人同时效力麾下，而且均忠心耿耿。老将黄忠居然被激励得在定军山砍了曹军虎将夏侯渊，可见刘备的管理激励才能真的非比寻常。

7.2　建筑工程项目人力资源管理

7.2.1　劳动力的优化配置

劳动力是指建筑工程项目的一线工作人员。项目人力资源管理中,劳动力的管理是基础。对劳动力的管理,就是对劳动力进行合理安排,使其在项目实施过程中处于较高的效率。这样,就需要对劳动力进行优化配置。

1. 劳动力优化配置的依据

劳动力优化配置的目的是保证生产计划或项目进度计划的实现,使人力资源得到充分利用,降低工程成本。因此,劳动力优化配置的依据首先是项目。不同项目所需劳动力的种类、数量不同。

就企业来讲,劳动力配置的依据是劳动力需要量计划。企业的劳动力需要量计划根据企业的生产任务与劳动生产率水平来计算。

就项目来讲,劳动力配置的依据是项目进度计划。劳动力资源的时间安排主要取决于进度计划。例如,在某个时间段需要什么样的劳动力、需要多少,应根据在该时间段所进行的工作或活动情况确定。当然,劳动力的优化配置和进度计划之间存在着综合平衡和优化问题。项目的劳动力资源供应环境,是确定劳动力来源的主要依据。项目不同,其劳动力资源供应环境亦不相同,项目所需劳动力取自何处,应在分析项目劳动力资源供应环境的基础上加以正确选择。

2. 劳动力优化配置的方法

劳动力的优化配置,首先,应根据项目分解结构,按照充分利用、提高效率、降低成本的原则确定每项工作或活动所需劳动力的种类和数量;然后,根据项目的初步进度计划进行劳动力配置及时间安排,在此基础上进行劳动力资源的平衡和优化;同时,考虑劳动力资源的来源;最终,形成劳动力优化配置计划。具体来说,应注意以下问题:

(1)应在劳动力需用量计划的基础上进一步具体化,以防漏配。必要时,应根据实际情况对劳动力计划进行调整。

(2)如果现有的劳动力能满足要求,配置时尚应贯彻节约原则。如果现有劳动力不能满足要求,项目经理部应向企业申请加配,或进行项目外招募,或分包出去。

(3)配置的劳动力应积极、可靠,使其有超额完成的可能,以获得奖励,进而激发其劳动积极性。

(4)尽量保持劳动力和劳动组织的稳定,防止频繁变动。但是,当劳动力或劳动组织不能适应任务要求时,则应进行调整,并敢于改变原建制进行优化组合。

(5)工种组合、技术工种和一般工种比例应适当、配套。

(6)力求使劳动力配置均匀,劳动力资源强度适当,以达到节约的目的。

 **知识拓展**

万科的平衡计分卡

为什么被哈佛商学院誉为"80 年来最具影响力的战略管理工具"的平衡记分卡,在许多中国企业的推行效果并不理想呢? 原因首先在于企业的制度基础。BSC 强调内外均衡、短期利益和中长期利益均衡,这一思想与万科的企业宗旨和价值观密切吻合。万科通过两年的时间来培训、研讨、分析业务、完善管理,在企业中导入 BSC 理论,这种探索让万科实实在在地获得了经营管理能力的提升。

7.2.2 劳动力的组织形式

劳动力组织是指劳务市场向建筑工程项目供应劳动力的组织方式及项目实施中班组内劳动力的结合方式。

企业劳务部门所管理的劳动力,应组织成作业队(或称劳务承包队),可以成建制地或部分地承包项目经理部所辖的一部分或全部工程的劳务作业。该作业队内设管理人员 10 人以下,可辖 200～400 人,其职责是接受劳务部门的派遣、承包工程、进行内部核算、职工培训、思想工作、生活服务、支付工人劳动报酬等;如果企业规模较大,还可由 3～5 个作业队组成劳务分公司,亦实行内部核算。作业队内划分班组。

项目经理部根据计划或劳务合同,在接收到作业队派遣的作业人员后根据工程的需要,保持原建制不变或重新进行组合。组合的形式有三种。

(1) 专业班组。即按施工工艺,由同一工种(专业)的工人组成的班组。专业班组只完成其专业范围内的施工过程。这种组织形式有利于提高专业施工水平,提高熟练程度和劳动效率,但是给协作配合增加了难度。

(2) 混合班组。它由相互联系的多工种工人组成,可以在一个集体中进行混合作业,工作中可以打破每个工人的工种界限。这种班组对协作有利,但却不利于专业技能及熟练水平的提高。

(3) 大包队。这实际上是扩大了的专业班组或混合班组,适用于一个单位工程或分部工程的作业承包,队内还可以划分专业班组。其优点是可以进行综合承包,独立施工能力强,有利于协作配合,简化了管理工作。

7.2.3 劳务承包责任制

对于建筑业企业来讲,内部的劳动服务方式应当实行劳务承包责任制,即由企业劳务管理部门与项目经理部通过签订劳务承包协议承包劳务,派遣作业队完成承包任务。作业队到达项目现场以后,服从项目经理部的具体安排,接受根据承包合同下达的承包任务书或施工任务单,按承包任务书或任务单的要求进行施工。

1. 劳务协议的内容

劳务协议由企业劳务管理部门和项目经理部签订,包括以下内容:

（1）作业任务，及应提供的计划工日数和劳动力人数。

（2）进度要求及进场、退场时间。

（3）双方的管理责任。

（4）劳务费计取及结算方式。

（5）奖励与罚款。

其中的关键内容是双方的责任。企业劳务管理部门应负责承包任务量的完成，即包进度、包质量、包安全、包节约、包文明施工、包劳务费用。项目经理部应负责作业队进场后的各种保证：保证施工任务饱满和生产的连续性、均衡性，保证物资供应和机械配套，保证各项质量、安全防护措施落实，保证技术资料及时供应，保证文明施工所需的一切费用及设施等。

2. 劳务承包责任书的内容

劳务承包责任书由劳务管理部门作业队下达，是上级向下级下达任务、下级向上级作出承诺的协议性文件。它与合同的不同之处在于，前者体现上下级之间的领导与被领导关系，而后者体现平等关系。责任书根据已签订的合同建立，劳务承包责任书的内容如下：

（1）作业队承包的任务内容及计划安排。

（2）对作业队的进度、质量、安全、节约、协作和文明施工的要求。

（3）考核标准及作业队应得的报酬、上缴任务。

（4）对作业队的奖罚规定。

7.2.4　劳动力的动态管理

劳动力的动态管理指的是根据生产任务和施工条件的变化对劳动力进行跟踪协调、平衡，以解决劳务失衡、劳务与生产要求脱节的动态过程，其目的就是实现动态中劳动力的优化组合。

1. 劳动管理部门对劳动力的动态管理起主导作用

由于企业劳务管理部门对劳动力进行集中管理，故它在动态管理中起着主导作用。进行动态管理，应做好以下几方面的工作：

（1）根据施工任务的需要和变化，从社会劳务市场中招募和遣返（辞退）劳动力。

（2）根据项目经理部所提出的劳动力需要量计划与项目经理部签订劳务合同，并按合同向作业队下达任务，派遣队伍。

（3）进行企业范围内劳动力的平衡、调度和统一管理。施工项目中的承包任务完成后，收回作业人员，重新进行平衡、派遣。

（4）负责对企业劳务人员的工资、奖金进行管理，实行按劳分配，兑现劳务承包责任书中的经济利益条款，进行合乎规章制度及劳务承包责任书约定的奖罚。

2. 项目经理部是项目施工范围内劳动力动态管理的直接责任者

项目经理部劳动力动态管理的责任如下：

（1）按计划要求向企业劳务管理部门申请派遣劳务人员，并签订劳务合同。

（2）按计划在项目中分配劳务人员，并下达施工任务单或承包任务书。

（3）在施工中不断进行劳动力平衡、调整，解决施工要求与劳动力数量、工种、技术能力及相互配合中存在的矛盾,并在施工过程中按合同要求与企业劳务部门保持信息沟通,确保双方在人员使用和管理方面协调一致。

(4) 按合同支付劳务报酬。解除劳务合同后,将人员遣返企业劳务管理部门。

3. 劳动力动态管理的原则

(1) 动态管理应以进度计划与劳务合同为依据。

(2) 动态管理应始终以企业内部市场为依托,允许劳动力在市场内作充分、合理的流动。

(3) 动态管理应以动态平衡和日常调度为手段。

(4) 动态管理应以达到劳动力优化组合和充分调动作业人员的积极性为目的。

4. 劳动纪律

劳动纪律是施工过程中集体协作性和不可间断性的客观要求,是社会化大生产不可缺少的基本条件。凡有集体劳动存在,就必须有统一的纪律和权威。没有一个强制性的纪律来统一意志和行动,项目施工根本不可能进行。企业劳动纪律的内容如下:

(1) 遵守企业的一切规章制度。

(2) 服从组织纪律,如下级服从上级、个人服从组织、工人服从班组长指挥调度等。

(3) 遵守考勤制度。

(4) 遵守奖惩制度。

7.2.5　建筑工程项目的劳动分配方式

1. 劳动分配的内容

(1) 作业队劳务费的收入。

(2) 作业队对班组劳动报酬的支付及奖罚收支。

(3) 作业队向劳务管理部门的上缴任务。

(4) 班组内部的分配。

(5) 项目经理部与企业劳务部门劳务费的结算。

2. 劳动分配的依据

(1) 企业的劳动分配制度。

(2) 劳动工资核算资料及设计预算。

(3) 劳务承包合同及劳务责任书。

(4) 劳务考核结果。

3. 劳动分配的一般方式

(1) 企业劳务部门与项目经理部签订劳务承包合同时,根据包工资、包管理费的原则,在承包造价的范围内,扣除项目经理部的现场管理工资额和应向企业上缴的管理费分摊额,对承包劳务费进行合同约定。项目经理部按核算制度按月结算,向劳务管理部门支付。

(2) 劳务管理部门负责按劳务责任书向作业队支付劳务费,该费用的支付额根据劳务合同收入总量,扣除劳务管理部门管理费及应缴企业部分,经核算后支付。作业队按月进度收取。

(3) 作业队向工人班组支付工资及奖金,按计件工资制,在考核制度、质量、安全、节约、文明施工的基础上进行支付。考核时宜采用计分制。

（4）班组向工人进行分配，实行结构工资制，并根据表现和考核结果进行浮动。

 **知识拓展**

技术工人工资差异

我国香港地区：700 港币/8 h。

欧洲国家：80 欧元/8 h。

我国大陆：120～150 元(人民币)/10 h。

7.3 建筑工程项目材料管理

7.3.1 工程项目材料管理的概念及内容

工程项目材料管理就是对工程建设所需的各种材料、构件、半成品，在一定品种、规格、数量和质量的约束条件下，实现特定目标的计划、组织、协调和控制的管理。其内容如下：

（1）计划：对实现工程项目所需材料的预测，使这一约束条件技术上可行、经济上合理，在工程项目的整个施工过程中，力争需求、供给和消耗始终保持平衡、协调和有序，确保目标实现。

（2）组织：根据确定的约束条件，如材料的品种、数量等，组织需求与供给的衔接、材料与工艺的衔接，并根据工程项目的进度情况，建立高效的管理体系，明确各自的责任，实现既定目标。

（3）协调。工程项目施工过程中，各子过程（如支模、架钢筋、浇注混凝土等）之间的衔接，产生了众多的结合部。为避免结合部出现管理的真空，以及可能的种种矛盾，必须加强沟通，协调好各方面的工作和利益、统一步调，使项目施工过程均衡、有序地进行。

（4）控制。针对工程项目材料的流转过程，运用行政、经济和技术手段，通过制定程序、规程、方法和标准，规范行为、预防偏差，使该过程处于受控状态下；通过监督、检查，发现、纠正偏差，保证项目目标的实现。项目材料管理主要包括：材料计划管理、材料采购管理、使用环节管理、材料储存与保管、材料节约与控制等内容。

项目材料管理主要包括：材料计划管理、材料采购管理、使用环节管理、材料储存与保管、材料节约与控制等内容。

7.3.2 材料计划管理

项目开工前，项目经理部向企业材料部门提出一次性计划，作为供应备料依据；在项目施工过程中，根据工程变更及调整的施工预算，及时向企业材料部门提出调整供料的月计划，作为动态供料的依据；根据施工图纸、施工进度，在加工周期允许的时间内提出加工制品计划,作为供应部门组织加工和向现场送货的依据;根据施工平面图对现场设施的设计,按使用期提出施工设施用料计划,报供应部门作为送料的依据;按月对材料计划的执行情况进行检查,不断改进材料供应。其中,编制材料需用计划和材料供应计划,是实施材料计划管理的关键。

1. 材料需用计划

工程项目材料需用计划,是指在工程项目计划期内对所需材料的预测。其编制的主要依据是设计文件、施工方案、施工进度计划及有关的材料消耗定额。编制程序分为三步。

(1) 根据设计文件、施工方案和进度计划计算工程项目各分部、分项工程的工程量。

(2) 根据各分部、分项工程的工程量、工艺操作方法和材料消耗定额,计算分部、分项工程各种材料需用量。计算公式为:

某种材料计划需用量=分部、分项工程实物工程量×材料消耗定额

计算结果填入表 7 - 1。

表 7 - 1　××分项工程材料需用量分析

分项工程操作项目	工程量	单位	钢材		水泥		木材		……	
			定额	需用量	定额	需用量	定额	需用量		
材料小计										

(3) 汇总各分部、分项工程材料需用量,求得工程各种材料的总需用量(表 7 - 2)。

表 7 - 2　××工程项目材料需用量汇总

分项工程名称	材料名称	钢材	水泥	木材	……
	型号	螺纹 25	普 42.5	5 mm 板	
	单位	t	t	m^3	
合计					

2. 材料供应计划

材料供应计划,是指在计划内如何满足各工程项目材料需用的一种实施计划,是企业组织采购、调拨、储备、供料的依据。其编制程序如下:

(1) 根据工程项目材料需用计划,结合现有库存资源,设置周转储备,经综合平衡后确定材料供应量。其计算方法是:

材料供应量=材料需用量-初期库存资源量+周转储备量

（2）针对材料供应量，提出实现供应的保证措施并编制措施计划，如材料采购加工计划、库存和项目间调拨计划、储备计划等。材料供应计划的主要内容见表7-3所示。

表7-3　×工程项目×月材料供应计划

材料名称	规格质量	计量单位	初期库存量	期末库存量	本期需用量	周转储备量	供应量合计	其中供应措施			
								采购	利用库存	加工	……

7.3.3　材料采购管理

1. 采购管理的重要作用

从实物形态看，材料在企业的运动过程是从采购开始的，因此，采购是项目活动的重要一环，其重要作用表现在以下几个方面：

（1）材料采购是工程项目建设的物质保证，是工程项目施工生产顺利进行的基础。

（2）材料质量是工程质量的主要影响因素之一，能否为工程项目提供各种质量合格的材料，是材料采购管理的重要环节。特别是目前我国建材生产和市场尚未完善，一方面迅猛发展，一方面优劣混杂。在这种情况下，加强材料采购管理、规范采购行为、对工程项目材料管理，具有重要的现实意义。

（3）工程项目一般投资大，周期长。作为施工企业，能否在承包期限内完成项目建设并交付验收和使用，在很大程度上取决于能否如期、如数地获得项目所需材料。

（4）材料成本占工程项目成本的绝大部分，而构成材料成本的主要因素是采购价格。可见，采购在项目成本管理中处于的重要地位。

2. 采购管理应注意的环节

材料计划认可后，采购人员即按计划实施采购。采购管理应注意如下几个环节：

（1）信息的收集与管理。正确、可靠的信息是指导采购工作的路标，特别是在当前建筑市场异常活跃的情况下，信息显得更重要。材料管理和采购人员对所有的材料信息都应随时、随地、广泛、有意识地收集。

（2）深入市场调查和实地考察。信息资料只能反映某些材料产品的性能、价格、质量等诸因素的一小部分，对建材产品的生产过程、生产工艺流程、生产条件、工厂管理等大部分情况很难得到如实的反映。在市场经济的条件下，厂商对产品的宣传难免有些水分，对已掌握的信息资料在应用时，首先要进行认真、全面的筛选和分析。在此基础上，有的放矢地进行市场调查和对厂家进行包括资源、信誉、生产能力等全方位的考察。

（3）集体决策。建筑材料的采购量大而烦琐。对零星采购，可由采购业务人员或材料科自行决定。对大批量的材料、大型设备和设施的采购，因其数量多、价值高、影响大，所以，要由相关领导、采购业务人员、相关的工程技术人员，考察研究讨论决定。

（4）购销合同的签订与执行。大宗建筑材料及设备设施的采购，必须按《合同法》规定的程序签订有效合同，合同条款要清楚明了，双方责任、义务明确。合同一旦签订，双方都要按各自的承诺认真履行。

3. 控制采购的手段与方法

（1）材料价格实行动态报价法。企业要广泛搜集材料品种、价格信息，编制动态表。如针对某一类材料，应充分搜集该类材料的国内外生产厂家、产品质量、等级、出厂价格等信息。在需要采购该类材料时，可以从这些厂家中进行对比，选择质优、价廉的产品。

（2）计划价格控制法。材料的实际价格在不同时间、不同地点、不同厂家可能千差万别，但这些差别是否合理，需要有一个参照物来对比，这个参照物就是计划价格。计划价格一般年度内不发生变动，遇国家政策全面调整时可以调整，杜绝了人情材料、关系材料、回扣材料。

（3）预算价格与实际价格差异法。预算价格是工程项目投标时在标书中确定工程所消耗材料的价格，预算价格与实际价格差异的大小左右着该工程项目利润的高低。可以用差异法来考核采购人员的业绩，并根据节约额的大小来决定采购人员的奖罚比例。预算价格只针对每个工程项目，预算价格根据工程项目不同而发生变化，故使用预算价格与实际价格差异法，能有效控制材料采购成本。

（4）提高采购人员的素质。一方面提高采购人员的业务素质，在市场经济环境下，避免采购假冒伪劣产品、以次充好产品，实行质量价格追踪制，保证采购的产品满足质量和成本控制要求；另一方面，要提高采购人员的思想素质，使采购人员有良好的职业道德，把企业材料成本控制在合理水平。

（5）经济订购量控制法。既减少资金的占用，又能保证施工生产的需要，避免停工待料事件的发生。项目需要储存一部分材料，为了取得最佳的材料成本，需要确定合理的进货批量和进货时间，这个批量就是经济批量。经济批量可以通过数学模型计算，企业对材料进行经济订购控制，可使材料成本最低。

7.3.4　材料的使用管理

1. 材料使用管理的任务和内容

使用过程中材料管理的中心任务，是保证工程项目施工用材料的组织进场、妥善保管、严格发放、回收清退，合理使用材料，降低材料消耗，实现工程项目材料管理目标。现场材料管理的具体内容如下：

（1）施工前的准备阶段。要确定现场材料管理目标，制定现场材料管理措施；与供应部门衔接供应事项；参与施工组织设计，做好现场平面布置规划；做好料场、仓库、道路等设施及有关业务的准备工作。

（2）施工阶段。要按照施工进度计划，做好现场用料分析，编制材料需用计划，及时组织材料进场，保证施工生产需要；严格按平面布置合理堆放材料，尽量一次就位，减少二次搬运；严格执行验收制度，妥善保管材料，做好余料回收工作。

（3）竣工验收阶段。主要是做好清理、盘点和核算工作，为工程项目结算提供资料；具体应做好：掌握未完工程量，调整用料计划，控制材料进场；及时拆除临时设施，回收、处理废旧材料；清理剩余材料并组织退库退场；进行各项材料结算和工程项目材料消耗和管理效果的结算分析。

2. 材料进场验收

为了把住质量和数量关,材料进场时必须依据进料计划、送料凭证,查验质量保证书或产品合格证,并对材料的数量和质量进行验收;验收工作按质量验收规范和计量检测规定进行;验收内容包括:品种、规格、型号、质量、数量、证件等;验收要做好记录、办理验收手续;对不符合计划要求或质量不合格的材料,应拒绝验收。

3. 根据材料消耗定额使用材料

严格根据材料消耗定额使用材料,关键是实行定额领料制度(又称限额领料制度)。定额领料制度是指对于经常耗用和规定有消耗定额材料物资采用的领料制度。

材料消耗定额包括三项内容:一是净用量,是指直接构成工程实体或产品实体的有效消耗;二是合理工艺损耗量,是施工过程中不可避免的损耗量;三是合理管理损耗量,是材料采购、供应、运输、储备过程中的不可避免的损耗量。施工企业常用的材料消耗定额,由施工定额、概算定额和估算指标组成。材料消耗定额的编制应按定额的不同用途进行,并力求适用、有效。

编制材料消耗定额主要有以下五种方法:

(1)技术分析法。根据图纸、施工方案及施工工艺规范,剔除不合理因素,制定出材料消耗定额。

(2)标准试验法。在试验室用标准仪器,在标准条件下测定的材料消耗定额。

(3)统计分析法。根据有关统计资料,分析现有的各种影响因素而确定的材料消耗定额。

(4)现场测定法。在施工现场按照既定的工艺,对材料消耗进行实际测定而计算出的材料消耗定额。

(5)经验估算法。根据图纸、施工工艺要求,组织有经验的人员参照有关资料,经过对比分析和计算,制定出来的材料消耗定额。

4. 材料回收和工具包干

建立材料回收机制和工具包干制度。在材料使用过程中,有的材料可以周转使用,如包装物、沥青桶、各种工具、劳保品中的手套等。建立材料回收机制和工具包干制度,能解决相关费用浪费问题。

5. 材料使用的分工监督

现场材料管理责任者应对现场材料的使用进行分工监督。监督的内容包括:是否按材料做法合理用料,是否严格执行配合比,是否认真执行领发料手续,是否做到"谁用谁清、随清随用、工完料退场地清",是否按规定进行用料交底和工序交接,是否做到按平面图堆料,是否按要求保护材料等。检查是监督的手段,检查要做到"情况有记录、原因有分析、责任有明确、处理有结果"。

应用案例 7-1

1. 背景

某建筑工程为地上 10 层、地下 3 层框架—剪力墙结构。在主体二层的混凝土浇捣过程中,施工单位为赶工期,在材料送检时擅自施工。事后,水泥试验报告显示,送检水泥有几项指标不合格。

2. 问题

(1) 施工单位应该如何做?

(2) 施工单位对进场材料的质量应该如何控制,才能保证该工程的质量达到设计和规范要求?

(3) 简述进场材料质量控制的要点。

(4) 材料质量控制的内容有哪些?

3. 案例分析

(1) 施工单位未经监理许可即进行混凝土浇筑的做法错误。

正确做法:施工单位运进水泥前,应该向项目监理机构提交《工程材料报审表》,同时附有水泥出厂合格证、技术说明书、按规定要求进行送检的检验报告,经监理工程师审查并确认其质量合格后,方准进场。

(2) 材料质量控制的方法主要有以下几个要点:

①严格检查验收。

②正确合理地使用。

③建立管理台账。

④进行收、发、储、运等环节的技术管理,避免混料和将不合格的原材料使用到工程上。

(3) 进场材料质量控制有以下几个要点:

①掌握材料信息,优选供货厂家。

②合理组织材料供应,确保施工正常进行。

③合理组织材料使用,减少材料损失。

④加强材料检查验收,严把材料质量关。

⑤要重视材料的使用认证,以防错用或使用不合格的材料。

(4) 材料质量控制的主要内容有以下几个方面:

①材料的质量标准。

②材料的性能。

③材料的取样、试验方法。

④材料的适用范围和施工要求。

7.3.5 材料的储存与保管

对于材料的储存与保管,应注意以下事项:

(1) 提高责任心,防止偷盗现象。尤其是现场堆放的钢筋、水泥等,容易成为不法分子偷盗的对象。夜间要加强巡逻,防止不法分子偷盗材料。要加强材料保管人员的责任心,并使之与其经济利益挂钩。发生了偷盗事件要及时汇报,并报告公安部门,不要大事化小、小事化了,给不法分子以可乘之机。

(2) 建立必要的简易设施,保管好材料。在工区内根据实际情况修建临时仓库,使材料进场后、未领用前,能得到妥善保管。

（3）差别对待材料，实行特殊保管。针对不同材料的特点分区码放，既便于取料，又便于保管。不相容的材料坚决分隔存放，尤其是化学原料腐蚀性强、气味也难闻，对防火、通风要求高，更需区别对待。有的橡胶制品，如轮胎、胶垫、橡胶管等，在日光下容易老化，需入室存放，不可露天暴晒；在室内存放时，还要注意遮阳。有的机械配件则怕水、易生锈，需保持室内干燥、注意防水。

（4）实物保管与材料核算要定期进行账实核对，材料账与财务账要账账核对，按月及时对账、对物。及时发现、解决问题，正确核算工程成本，避免出现账外资产或有账无实的现象，防止企业财产流失。

7.3.6　材料的节约与控制

工程项目现场应做到科学用料，杜绝铺张浪费现象，降低废料率。由于工程项目材料消耗是工程项目成本的主要组成内容，占工程项目成本的 60% 左右，是实现工程项目成本降低的关键。因此，节约材料、降低消耗，是企业工程项目材料管理的主要目标。

实现节约材料、降低消耗的途径主要有下面几种。

1. 加强材料管理

采用行政的、经济的管理措施和手段，调动使用者的积极性，规范使用者的行为，达到合理使用材料的目的。例如：建立和执行限额用料责任制度，节约和浪费材料的考核办法、奖励制度等。

2. 改进材料组织方式

改进生产用料的组织方式，如集中加工、修旧利废、集中配料等。

3. 用 ABC 分类法找出材料管理的重点

ABC 分类法又称重点管理法，是运用数理统计的方法，对事物的构成因素进行分类排队，以抓住事物主要矛盾的一种定量的科学分类管理技术。ABC 管理法用于材料管理，就是将材料按数量、成本比重等，划分为 A、B、C 三类，根据不同类型材料的特征，采取不同的管理方法。这样既可以保证重点又能够照顾一般，以利于达到最经济、有效地使用材料的目的。

ABC 分类法的分类标准如下。

A 类：数量很少，仅占总数的 5%～10%，但其价值或资金却占总价值的 70%～80%；B 类：数量较多，占总数的 10%～20%，但其价值或资金却占总价值的 20% 左右；C 类：数量很多，约占总数的 70%，但其价值或资金却只占总价值的 5% 左右。

在材料管理中，ABC 分类法可按以下步骤实施：

（1）计算项目各种材料所占用的资金总量。

（2）根据各种材料的资金占用数量，从大到小按顺序排列，并计算各种材料的资金占用量占总材料费用的百分比。

（3）计算不同时期各种材料占用资金的累计金额及其占总金额的百分比，即计算金额累计百分比。

（4）计算不同时期各种材料的累计数及其累计百分比。

（5）按 ABC 三类材料的分类标准，进行 ABC 分类。

应用案例 7-2

1. 背景

某项目的材料数据如表 7-4 所示。

表 7-4 材料的数量及价格

材料名称	单位	消耗量	单价(元)	合计(元)	占总价(%)
32.5 水泥	kg	1 740	0.25	435	1.00
42.5 水泥	kg	18 102	0.27	4 888	11.30
52.5 水泥	kg	8 350	0.30	2 505	5.79
净砂	m³	71	30.00	2 130	4.93
碎石	m³	40	41.20	1 640	3.79
钢模	kg	1 520	3.95	6 004	13.88
木模	m³	4	1 242.62	4 970	11.49
镀锌铁丝	kg	147	5.41	795	1.84
灰土	m³	54	25.24	1 363	3.15
黏土砖	千块	109	100	10 900	25.20
ϕ10 以内钢筋	t	1.1	2 335.45	2 569	5.94
ϕ10 以上钢筋	t	1.8	2 498.16	4 497	10.40

2. 问题

试按照 ABC 分类法管理材料。

3. 案例分析

(1)计算材料资金占用总金额的百分比,并按大小排列,计算其累计百分比,见表 7-5 所示。

表 7-5 材料价格累计百分比

序 号	材料名称	合价(元)	比重(%)	累计比重(%)
1	黏土砖	10 900	25.2	25.20
2	钢模	6 004	13.88	39.08
3	木模	4 970	11.49	50.57
4	42.5 水泥	4 888	11.30	61.87
5	ϕ10 以上钢筋	4 497	10.40	72.27
6	ϕ10 以内钢筋	2 569	5.94	78.21
7	52.5 水泥	2 505	5.79	84.00
8	净砂	2 130	4.93	88.93

序 号	材料名称	合价(元)	比重(%)	累计比重(%)
9	碎石	1 640	3.79	92.72
10	灰土	1 363	3.15	95.87
11	镀锌铁丝	795	1.84	97.71
12	32.5 水泥	435	1.00	98.71

(2)判断：

累计总比重占 80% 的材料是主要材料,本例中为 1～6 种,应重点管理;累计比重 80%～90% 的材料是次要材料,应次重点管理,本例中为 7、8 两种;其余为一般材料,应一般管理。

4. 利用存储理论节约库存费用

在工程项目实施过程中,经常出现材料使用与材料采购脱节、材料存储与资金管理脱节、计划供应和实际供应脱节、供应与使用时间脱节等。研究和应用存储理论,对于科学采购、节约仓库面积、加速资金周转等都具有重要意义。研究存储理论的重点是如何确定经济存储量、经济采购批量、安全存储量、定购点等,这实际上就是存储优化问题。

5. 应用价值工程进行管理优化

价值工程又称为价值分析,是挖掘降低成本潜力,对成本进行事前控制,促使产品或项目降低成本的一种技术方法。由于材料成本降低的潜力最大,故有必要认真研究价值工程理论在材料管理中的应用。价值工程的公式是：

$$价值 = \frac{功能}{成本}$$

为了既提高价值又降低成本,可以有三个途径:第一个是功能不变、成本降低,如使用岩棉板代替聚苯板保温,就属此类情况;第二个是功能略有下降,成本大幅降低,如使用滑动模板以节省模料和模板费,即属此类情况;第三个是既降低成本又提高功能,如使用大模板做到以钢代木、代架、代操作平台,即属此类。

6. 应用低价值代用材料

根据价值工程理论,提高价值的最有效途径之一是改进设计和使用代用材料,它比改进工艺所产生的效果要大得多。所以,在项目实施过程中应进行科学研究、开发新技术,以改进设计、寻求代用材料,从而达到大幅度降低成本的目的。

7.3.7 一些特殊材料的管理

1. 周转材料的管理

周转材料是指在施工过程中能够多次使用,不构成产品实体,但有助于产品形成的各种材料。例如:模板、脚手架、安全网等。周转材料具有价值量较高、用量大、使用周期长、在使用中基本保持原有形态、其价值逐步转移到产品中去的特点。对周转材料,项目一般采用租赁的方式,使用时向租赁部门租赁,用毕退回。对周转材料的管理,原则是避免闲置、加强维护、延长使用寿命、降低成本。具体说来，应采取如下措施：

（1）按工程量、施工方案、施工进度计划编报需用计划。

（2）签订租赁合同，根据合同及时组织进场并验收质量、数量。

（3）按规格分别码放，阳面朝上，垛位见方，露天存放的周转材料应夯实场地并垫高，有排水措施，垛间留有通道。

（4）周转材料的发放和回收必须建立台账，发放时要明确回收率、损耗率、周转次数及奖罚标准。

（5）建立维修制度。

（6）按周转材料报废规定进行报废处理。

（7）周转材料用毕要及时办理退租和结算，同时结算施工班组实际回收量、损耗量，按规定进行奖罚。

2. 低值易耗品的管理

所谓低值易耗品，指施工过程中经常用到的、易于消耗的小件工具或材料。例如：手套、扫把、壁纸刀等。这类材料或工具具有品种多、数量大、价值低和易于消耗等特点，因此，在管理上可采用定额承包的管理方法。

3. 临时设施材料的管理

临时设施材料是指在工程项目建设过程中必须搭建的生产和生活用临时建筑。例如：房屋、水源、电源、道路、仓库、围墙等所需用的材料。其费用按直接费的一定比例计取。其特点是：价值量小、可拆除、能够再利用。对临时设施材料的管理应控制用量、强化回收，主要应抓好以下环节：

（1）根据施工组织设计合理规划临时设施，厉行节约。

（2）严格控制用料。

（3）抓好临时设施材料的退库、整修、回收和再利用。

（4）建立临时设施材料管理台账。

 **知识拓展**

梦幻的水立方

国家游泳中心又被称为"水立方"（Water Cube）位于北京奥林匹克公园内，是北京为2008年夏季奥运会修建的主游泳馆，也是2008年北京奥运会标志性建筑物之一（图7-2）。国家游泳中心规划建设用地62 950 m²，总建筑面积65 000～80 000 m²，其中地下部分的建筑面积不少于15 000 m²，长宽高分别为177 m×177 m×30 m。建造时间2003年至2008年，造价10亿～11亿元。

远看去，"水立方"是一个蓝色的建筑，宛如一潭蓝色的湖水。近看的话，"水立方"就像一个透明"冰块"，游泳中心内部设施尽收眼底。这种感觉的产生是由于建筑外墙采用了一种叫做ETFE（Ethylene Tetra Fluoro Ethylene，乙烯—四氟乙烯）新型环保节能的膜材料。

图 7 - 2　国家游泳中心（水立方）

ETFE 含有氟元素，使它比玻璃更稳定，成本只相当于同面积的中高档玻璃幕墙，而其二层膜可实现的热功性能顶得上 3 层玻璃幕墙的效果。这种比玻璃更透明、更轻的材料还拥有超乎寻常的机械强度。如果没有 ETFE 这种新兴的环保建材，泡沫结构的理论价值就不会有实践的可能。物理学、高分子材料技术与艺术的结合，成就了建材史上一次重要的实践。

7.4　建筑工程项目机械设备管理

7.4.1　项目机械设备管理的特点

机械设备是工程项目的主要项目资源，与工程项目的进度、质量、成本费用有着密切的关系。建筑工程项目机械管理就是按优化原则对机械设备进行选择，合理使用与适时更新，因此，建筑工程项目机械设备管理的任务是：正确选择机械，保证在使用中处于良好的状态，减少闲置、损坏，提高使用效率及产出水平。

作为工程项目的机械设备管理，应根据工程项目管理的特点来进行。由于项目经理部不是企业的一个固定管理层次，没有固定的机械设备，故工程项目机械设备管理应遵循企业机械设备管理规定来进行；对由分包方进场时自带设备及企业内外租用设备进行统一的管理，同时必须围绕工程项目管理的目标，使机械设备管理与工程项目的进度管理、质量管理、成本管理和安全管理紧密结合。

7.4.2　项目机械设备的供应及租赁管理

1. 项目机械设备的供应渠道

目前，工程项目机械设备的供应有以下四种渠道：

（1）企业自有机械设备。

（2）从市场上租赁机械设备。

（3）企业为施工项目专购机械设备。

（4）分包机械施工任务。

2. 机械设备租赁的优点

机械设备实行租赁，较我国过去固定的装备制度有许多优越性。

（1）随着技术、业务和管理水平的提高，可以根据市场的需要情况不断优化装备结构，合理使用资金,为施工单位提供性能好、费用低的机械,提高其竞争力。

(2) 可以组织与机械设备相适应的维修力量,保证维修工作的顺利进行,提高机械的完好率。

(3) 机械装备结构合理,有利提高机械完好率、利用率,保证了机械效能的充分发挥和经济效益的提高。

(4) 出租和租用双方通过合同明确双方的权利义务关系,从而强化了制约机制作用的发挥,可不断改进工作、提高机械利用率。

3. 机械租赁方式

(1) 按机械租赁范围划分,有企业内部租赁和社会租赁两种。

(2) 按操作工配置方式划分,有带人和不带人两种。

(3) 按工程项目机械来源划分,有项目部租赁(大、中型机械)和劳务层自带(小型机械)两种。其中大、中型机械设备实行带人租赁,由项目部办理租赁业务,小型机械由劳务层自带。这样,除了可以充分发挥机械租赁的优点外,同时能保证"三定"(定机、定人、定岗位)工作的落实,便于对操作人员的培训考核,有利于机械的正确使用和维护保养工作的落实,从而减少故障、杜绝事故,充分发挥机械效能。

4. 设备租赁合同的有关问题

设备租赁合同是实行设备租赁制最主要的文件,它应符合国家有关方针政策,体现企业设备管理原则。

(1) 设备租赁的价格和收费方式由双方商定,可采取按月租收费和按台班数收费的方式,租赁费还应包括由于天气、机械故障等原因停机的收费办法。

(2) 设备租赁站的责任是根据设备调控中心的指令,提供状态良好的设备,负责设备的操作、保养维修和管理,所出租的设备应服从项目经理部的调度、满足工程需要。

(3) 项目经理部的责任是提供必要的设备停放,维修场地提供工程项目进度及设备使用计划,负责燃油供应,承担设备进场、退场费用,以及提供操作人员的生活、工作条件。

(4) 合同还应包括争议解决、违约责任等条款。

7.4.3　项目机械设备的优化配置

设备优化配置,就是合理选择设备,并适时、适量投入设备,以满足施工需要。设备要求在运行中搭配适当、协调地发挥作用,形成有效的生产率。

1. 选择原则

施工项目设备选择的原则是:切合需要、实际可能、经济合理。设备选择的方法有很多,但必须以施工组织为依据,并根据进度要求进行调整。不同类型的施工方案要计算出不同类施工方案中设备完成单位实物工作量成本费,以其最小者为最佳经济效益。

2. 合理匹配

选择设备时,首先根据某一项目特点选择核心设备,再根据充分发挥核心设备效率的原则配以其他设备,组成优化的机械化施工机群。在这里,第一,是要求核心设备与其他设备的工作能力应匹配合理;第二,是按照排队理论合理配备其他设备及相应数量,以充分发挥核心设备的能力。

3. 选择方法

（1）加权评分法。综合考虑多种因素，主要以其技术性能可以满足施工要求，对各种设备的工作效率、工作质量、使用费和维修费、能源消耗费、占用的操作人员和辅助人员、安全性、稳定性、运输安装拆卸及操作难易程度和灵活性，在同一现场服务项目多少，对现场环境适应性等方面，用加权评分方法选出最优者。

应用案例 7-3

有三台机械设备的技术性能均满足某项目的施工方案，在选择时综合考虑 10 个特性，根据每个特性的重要程度给予不同的权重，组织相关人员对每台设备进行评分，根据分数高低选择设备。结果见表 7-6 所示。

表 7-6 综合加权评分表

序 号	特 性	权重	评价分		
			设备 1	设备 2	设备 3
1	工作效率	0.2	80	90	85
2	工作质量	0.2	80	85	90
3	使用费和维修费	0.1	70	80	90
4	能源消耗量	0.1	90	70	85
5	占用人员	0.05	80	60	90
6	安全性	0.05	70	80	90
7	稳定性	0.05	80	60	80
8	完好性和可维修性	0.05	90	70	90
9	使用的灵活性	0.1	80	60	85
10	对环境的影响	0.1	85	80	90
综合评分=∑评价分×权重			80.5	77.5	87.5
选择			根据综合评分结果，选择设备 3		

（2）单位工程量成本比较法。设备单位工程量成本费可用下式计算：

$$C_u = \frac{R+PX}{QX} \tag{7-1}$$

式中： C_u——单位工程量成本；

R——操作时间固定费用；

P——单位时间操作费；

X——操作时间；

Q——单位时间产量。

设备的固定费用有折旧费、机械管理费、固定资产占有费、银行利息;可变费用有人员工资、燃料费、修理费、材料费等。显然,应选择单位工程量成本低的。

应用案例 7-4

假如有两种挖土机均可满足施工需要,预计每月施工时间为 130 h,有关经济资料见表 7-7 所示:

表 7-7　挖土机的经济性能资料

机种	月固定费用/元	每小时操作费/元	每小时产量/m³
A	7 000	30.8	45
B	8 400	28.0	50

试进行设备选型决策。

计算:

A 机器的单位工程量成本 $= \dfrac{7\,000 + 30.8 \times 130}{130 \times 45} = 1.88$(元/m³)

B 机器的单位工程量成本 $= \dfrac{8\,400 + 28.0 \times 130}{130 \times 50} = 1.85$(元/m³)

显然,B 机器的单位工作量成本低于 A 机器,所以优先选用 B 机器。

(3) 界限使用时间法。若 Q_a、Q_b 分别为 A、B 两机单位时间产量,P_a、P_b 分别为 A、B 两机的每小时操作费,R_a、R_b 分别为 A、B 两机的固定费用,X_0 为界限使用时间,则 A、B 两机单位工程量相等时可表示为:

$$\frac{R_a + P_a X_0}{Q_a X_0} = \frac{R_b + P_b X_0}{Q_b X_0}$$

解得

$$X_0 = \frac{R_b Q_a - R_a Q_b}{P_a Q_b - P_b Q_a} \tag{7-2}$$

显然,X_0 为界限使用时间,高于或低于这个时间,A、B 两机单位工程量成本会得出相反的结果。

为了分析使用时间的变化对决策的影响,假设 A、B 两机的单位时间产量相等,则上式可简化为:

$$X_0 = \frac{R_b - R_a}{P_a - P_b}$$

该式可用图 7-3 表示:

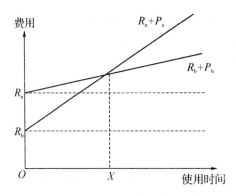

图 7-3　使用时间和费用关系

由图可见,若 $R_b > R_a$,$P_a > P_b$ 时,且机械使用时间少于 X_0 则选择机械 A 为优;若使用时间多于 X_0,则选择机械 B 为优。反之,$R_b < R_a$,$P_a < P_b$ 时,且机械使用时间少于 X_0,则选择机械 B 为优;机械使用时间多于 X_0 时,则选择机械 A 为优。所以,采用该方法选择机械设备,首先应计算界限使用时间,然后根据实际项目需要的预计使用时间做出选择机械设备的决策。

应用案例 7-5

计算上例 7-4 的接下使用时间。

$$X_0 = \frac{R_b Q_a - R_a Q_b}{P_a Q_b - P_b Q_a}$$

$$= \frac{8\,400 \times 45 - 7\,000 \times 50}{30.8 \times 50 - 28.0 \times 45} = 100\ (h)$$

由于分子、分母均大于 0,故当使用时间低于 100 h 时,选用 A 机器;当使用时间高于 100 h 时,选用 B 机器。

7.4.4　项目机械设备的动态管理

实行设备动态管理,确保设备流动高效、有序,动而不乱,应做到下面几点。

1. 坚持定机、定人、人随机走的原则,坚持操作证制度

项目与机械操作手签订设备定机、定人责任书,明确双方的责任与义务,并将设备的效益与操作手的经济利益联系起来,对重点设备和多班作业的设备实行机长制和严格的交接班制度,在设备动态管理中求得机械操作手和作业队伍的相对稳定。

2. 加强设备的计划管理

(1) 由项目经理部会同设备调控中心编制施工项目机械施工计划,内容包括:由机械完成的项目工程量、机械调配计划等。

(2) 依据机械调配计划制定施工项目机械年度使用计划,由设备调控中心下达给设备租赁站,作为与该项目经理部签订设备租赁合同的依据。

（3）机械作业计划由项目经理部编制、执行,起到具体指导施工和检查、督促施工任务完成的作用,设备租赁站亦根据此计划制订设备维修、保养计划。

3. 加强设备动态管理的调控和保障能力

项目应配备先进的通信和交通工具,具有一定的检测手段,集中一批有较高业务素质的管理人员和维修人员,以便及时了解设备使用情况,迅速处理、排除故障,保证设备正常运行。

4. 坚持零件统一采购制度

选择有一定经验、思想文化素质较高的配件采购人员,选择信誉好、实力强的专业配件供应商,或按计划从原生产厂批量进货,从而保证配件的质量,取得价格上的优惠。

5. 加强设备管理的基础工作

建立设备档案制度,在设备动态管理的条件下,尤其应加强设备动态记录、运转记录、修理记录,并加以分析整理,以便准确地掌握设备状态,制订修理、保养计划。

6. 加强统一核算工作

实行单机核算,并将考核成绩与操作手、维修人员的经济利益挂钩。

7.4.5　项目机械设备的使用与维修

1. 使用前的验收

对进场设备进行验收时,应按机械设备的技术规范和产品特点进行,而且还应检查外观质量、部件机构和设备行驶情况,易损件（特别是四轮一带）的磨损情况,发现问题及时解决,并做好详细的验收记录和必要的设备移交手续。

2. 项目机械设备使用注意事项

（1）必须设专（兼)职机械管理员,负责租赁工程机械的管理工作。

（2）建立项目组机械员岗位责任制,明确职责范围。

（3）坚持"三定"制度,发现违章现象必须坚决纠正。

（4）按设备租赁合同对进出场设备进行验收交接。

（5）设备进场后要按施工平面布置图规定的位置停放和安装,并建立台账。

（6）机械设备安装场地平整、清洁、无障碍物,排水良好,操作棚及临时用电架设符合要求,实现现场文明施工。

（7）检查督促操作人员严格遵守操作规程,做好机械日常保养工作,保证机械设备良好、正常运转,不得失保、失修、带病作业。

3. 机械设备的磨损

机械设备的磨损可分为三个阶段:

第一阶段:磨合磨损。这一阶段是初期磨损,包括制造或大修理中的磨合磨损和使用初期的走合磨损,这段时间较短。此时,只要执行适当的走合期使用规定就可降低初期磨损,延长机械使用寿命。

第二阶段:正常工作磨损。这一阶段零件经过走合磨损,光洁度提高,磨损较少,在较长时间内基本处于稳定的均匀磨损状态;这个阶段后期,条件逐渐变坏,磨损就逐渐加快,进入第三阶段。

第三阶段:事故性磨损。此时,由于零件配合的间隙扩展而负荷加大,磨损激增,可能很快磨损。如果磨损程度超过了极限不及时修理,就会引起事故性损坏,造成修理困难和经济损失。

4. 机械设备的日常保养

保养工作主要是定期对机械设备有计划地进行清洁、润滑、调整、紧固、排除故障、更换磨损失效的零件,使机械设备保持良好的状态。

在设备的使用过程中,有计划地进行设备的维护保养是非常关键的工作。由于设备某些零件润滑不良、调整不当或存在个别损坏等原因,往往会缩短设备部件的使用时间,进而影响到设备的使用寿命。例行保养属于正常使用管理工作,它不占用机械设备的运转时间,由操作人员在机械运转间隙进行。而强制保养是隔一定周期,需要占用机械设备运转时间而停工进行的保养。

5. 机械设备的修理

机械设备的修理,是对机械设备的自然损耗进行修复,排除机械运行的故障,对损坏的零部件进行更换、修复。机械设备的修理可分为大修、中修和零星小修。

大修是对机械设备进行全面的解体检查修理,保证各零部件质量和配合要求,使其达到良好的技术状态,恢复可靠性和精度等工作性能,以延长机械的使用寿命。

中修是大修间隔期间对少数部件的修理,对其他部件只进行检查保养。

零星小修一般是临时安排的修理,其目的是消除操作人员无力排除的突然故障、个别零件损坏或一般事故性损坏等问题,一般都是和保养相结合,不列入修理计划之中。

7.4.6 项目机械设备的安全管理

由于工程项目所用机械设备多为大型、重型机械,不易操作,安全隐患多,因此,日常的安全管理就成为项目管理人员很重要的一项职责。机械设备安全管理须注意以下事项。

(1) 要建立安全管理和奖罚制度,定期组织有机械管理人员参加的安全检查,对安全隐患要及时处理,采取有效措施,并做到检查、整改、奖罚有记录。

(2) 施工组织在设计施工方案的安全措施中,应有切实可行的机械设备使用安全技术措施,尤其起重机及现场临时用电,要有明确的安全要求。

(3) 要督促有关单位在机械设备使用前,必须按《建筑机械技术试验规程》和原厂规定进行技术试验,填写试验记录。试验合格、办理交接手续后,方能投入使用。起重机械和施工电梯等在自检合格后,还应在当地劳动部门检验,取得合格证后才能使用。

(4) 组织有关人员做好机械操作人员入场的安全教育工作,并办理安全技术交底手续。

 知识拓展

工程中的巨无霸——盾构机

盾构机,全名叫盾构隧道掘进机,是一种隧道掘进的专用工程机械,现代盾构掘进机集光、机、电、液、传感、信息技术于一体,具有开挖切削土体、输送土碴、拼装隧道衬砌、测量导向纠偏等功能,涉及地质、土木、机械、力学、液压、电气、控制、测量等多门学科技术,

而且要按照不同的地质进行"量体裁衣"式的设计制造,可靠性要求极高(图7-4)。盾构掘进机已广泛用于地铁、铁路、公路、市政、水电等隧道工程。

图7-4 盾构机

用盾构机进行隧洞施工具有自动化程度高、节省人力、施工速度快、一次成洞、不受气候影响、开挖时可控制地面沉降、减少对地面建筑物的影响和在水下开挖时不影响水面交通等特点,在隧洞洞线较长、埋深较大的情况下,用盾构机施工更为经济合理。

参与沈阳地铁工作的盾构机名为开拓者号,总长为64.7 m,盾构部分9.08 m,重量为420 t,其工作误差不超过几毫米。

价格:德国进口的盾构机大概需要人民币5 000万元,日本进口的盾构机大概需要人民币3 000万元以上,国产的盾构机价格一般在2 500万～5 000万元之间。

2015年11月14日,由中国铁建重工集团和中铁十六局集团合作研发的中国国产首台铁路大直径盾构机在长沙下线,拥有完全自主知识产权,打破了国外近一个世纪的技术垄断,将加速中国快速城市化和大铁路网建设的步伐。本次下线的大直径盾构机开挖直径8.8 m,总长100 m,每台售价比进口同类产品便宜2 000万元以上,性价比高,可靠性好,能够适用于多种复杂地层,下线后将服务于广珠城际轨道交通线。

7.5 建筑工程项目技术管理

工程项目技术管理,是对所承包的工程各项技术活动和构成施工技术的各项要素进行计划、组织、指挥、协调和控制的总称。技术管理作为施工项目管理的一个分支,与合约、工期、质量、成本、安全等方面的管理,共同构成一个相互联系、密不可分的管理体系。

7.5.1 技术管理的内容

建筑工程施工是一种复杂得多工种操作的综合过程,其技术管理所包括的内容也较多,主要分为施工准备阶段、工程施工阶段、竣工验收阶段(图7-5)。

下面是各阶段的主要内容及工作重点。

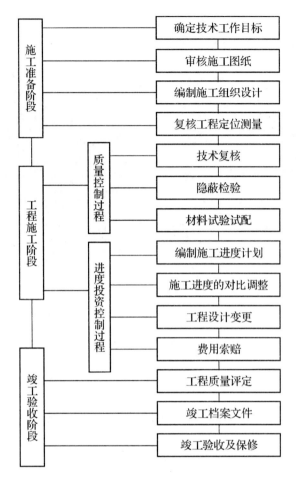

图 7-5 技术管理工作流程框图

1. 施工准备阶段

本阶段主要是为工程开工做准备,及时搞清工作程序、要求,主要应做好以下工作:

(1) 确定技术工作目标。根据招标书的要求、投标书的承诺、合同条款以及国家有关标准和规范,拟定相应技术工作目标。

(2) 图纸会审。工程图纸中经常出现相互矛盾之处或施工图无法满足施工需要,所以该工作往往贯穿了整个施工过程。准备阶段主要是所需的图纸要齐全,主要项目及线路走向、标高、相互关系要搞清,明白设计意图,以确保需开工项目能有正确、齐全的图纸。

(3) 编制施工组织设计,积极准备,及早确定施工方案,确定关键工程施工方法,制度下发并培训相关知识,明确相关要求,使施工人员均有一个清晰概念,知道自己该如何做。同时,申请开工。

(4) 复核工程定位测量。应做好控制桩复测,加桩、地表、地形复测,测设线路主要桩点,达到线路方向明确、主要结构物位置清楚。该项的工作人员应投入足够,确保工作及时,尤其地表、地形复测影响较大,应加以重视。

在施工准备阶段进行上述工作的同时,还要做好合同管理工作。招投标时,清单工程量计算一般较为粗略,项目也有遗漏,所以,本阶段的合同管理工作应着重统计工程量,并应与设计、清单对比,计算出指标性资料,以便于领导作决策。尤为重要的是,应认真研究合同条款,清楚计量程序,制定出发生干扰、延期、停工等索赔时的工作程序及应具备的记录材料。

2. 工程施工阶段

(1)审图、交底与复核工作。该工作必须要细致,应讲清易忽视的环节。对于结构物,尤其小结构物,应注意与地形复核。

(2)隐蔽工程的检查与验收。

(3)试验工作,应及早建立试验室,及早到当地技术监督部门认证标定,同时及早确定原材料并做好各种试验,以满足施工的需要。

(4)编制施工进度计划,并注意调整工作重点、工作方法,落实各种制度,以确保工作体系运行正常。

(5)遇到设计变更或特殊情况,及时做出反应。特殊情况时,注意认真记录好有关资料,如明暗塘、清淤泥、拆除既有结构、停工、耽误、地方干扰等变化情况,应有书面资料及时上报,同时应及时取得现场监理的签认。

(6)计量工作。如何能合理、合法地要钱,这是一门较深的学问,大家都应积极参与,基础工作是理由充分、资料齐全,对合同条款应理解清楚,同时还应使业主、监理理解、接受。

(7)资料收集整理归档。这项工作目前越来越重要,应做到资料与工程施工同步进行,力求做到工程完工,资料整理也签认完毕。不但便于计量,也使工程项目有可追溯性。建立详细的资料档案台账,确保归档资料正确、工整、齐全,为竣工验收做准备。

3. 竣工验收阶段

(1)工程质量评定、验交和报优工作。如果有条件,可请业主、设计等依据平时收集的资料申报优质工程。

(2)工程清算工作。依据竣工资料、联系单等进行末次清算。该项工作尤为重要,涉及单位的最终利益。

(3)资料收集、整理。对于工程日志,工程大事计,质检、评定资料,工程照片,监理及业主来文、报告、设计变更、联系单、交底单等,应收集齐全、整理整齐。

 **知识拓展**

逆筑法简介

基坑工程传统的施工方法是开敞式施工,即开口放坡开挖或用支护结构围护后垂直开挖,直到底板下设计标高。然后从底板浇筑钢筋混凝土开始,由下而上逐层施工各层地下室结构,基础及地下室完成后再进行上部主体结构施工,这种施工方法也称为“顺作法”。顺做法的缺点:高层建筑的基坑工程大而深时,围护结构的内支撑体系或锚杆体系工程量十分大,而且工期很长,特别是使用内支撑体系时,随着地下室结构由下而上,不再需要内支时,拆除工作量也很大,钢筋混凝土内支撑往往还要爆破拆除。

针对"顺作法"的缺点,"逆作法"则是利用地下室的梁、板、柱结构,取代内支撑体系去支撑围护结构,所以此时的地下室梁板结构就要随着基坑由地面向下开挖而由上往下逐层浇筑,直到地下室底板封底。与"顺作法"由底板逐层向上浇筑地下室结构的顺序是相逆的,故称之为"逆作法",也称之为"逆筑法"。

"逆筑法"的工艺原理:先沿建筑物地下室轴线或周围施工地下连续墙或其他支护结构,同时在建筑物内部的有关位置(柱子或隔墙相交处等,根据需要计算确定)浇筑或打下中间支承柱,然后施工地面一层的梁板楼面结构,作为地下连续墙刚度很大的支撑,随后逐层向下开挖土方和浇筑各层地下结构,直至底板封底。与此同时,由于地面一层的楼面结构已完成,为上部结构施工创造了条件,所以可以同时向上逐层进行地上结构的施工。这样地面上、下同时进行施工,直至工程结束(图7-6)。

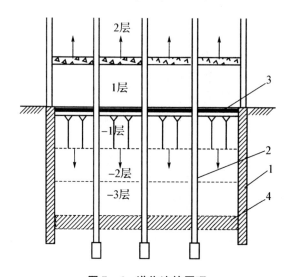

图7-6　逆作法的原理
1—地下连续墙;2—中间支撑柱;3—地面层楼面结构;4—底板

与传统施工方法比较,用"逆筑法"施工多层地下室有下述优点:

(1)缩短工程施工的总工期。

(2)基坑变形小,相邻建筑物等沉降少。

(3)使底板设计趋向合理。

(4)可节省支护结构的支撑。

逆筑法适用范围:适用于建筑群密集、相邻建筑物较近、地下水位较高、地下室埋深较大和施工场地狭窄的多高层建筑工程。如地铁站、地下车库、地下厂房、地下储存、地下变电站及地下商业街等。

7.5.2　技术管理的组织体系

按照建立管理组织体系的任务、目标和精干、高效的原则,建筑工程项目管理的技术组织体系的建立,既要与企业的机构设置相协调,又要视工程任务的大小和施工的难易程度区别对待。

（1）一般小型工程，在项目经理的领导下，设置技术管理人员和若干专业工长负责技术工作，他们接受企业各级技术负责人和职能部门的业务领导，这与传统的技术组织体系的设置没有区别。

（2）大中型施工项目的组织结构形式以矩阵式为宜，其技术组织体系的设置也服从于矩阵制，即在项目管理组织中设置总工程师（或主任工程师），受企业总工程师领导。项目总工程师下设项目技术部（组），同时受企业技术部（科）的领导。

在项目技术部（组）内，设若干专业工程技术人员，分别掌握不同的技术业务。在项目技术部（组）的领导下，在现场设置 2 号主管及专业工长指挥现场施工。这种技术管理组织体系的结构，可用图 7 - 7 来表示。

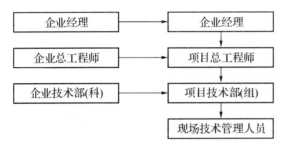

图 7 - 7　大中型项目施工技术管理组织体系图

（3）某些大型项目实行工程指挥部管理方式，在指挥部内设立技术管理系统。该系统由总工程师（或项目技术经理）负责，接受项目经理领导。下设技术管理部门，负责项目建设全部技术管理工作，业务上指导有关承包单位的技术部门。

7.5.3　主要技术管理制度

（1）图纸学习和会审制度。制定、执行图纸会审制度的目的是领会设计意图，明确技术要求，发现设计文件中的差错与问题，提出修改与洽商意见，避免技术事故或产生经济与质量问题。

（2）施工组织设计管理制度。按企业的施工组织设计管理制度制定出施工项目的管理细则，着重于单位工程施工组织设计及分部、分项工程施工方案的编制与实施。

（3）技术交底制度。施工项目技术系统一方面要接受企业技术负责人的技术交底，另一方面又要在项目内进行层层交底，故需编制制度，以保证技术责任制落实，技术管理体系正常运转，技术工作按标准和要求运行。

（4）施工项目材料、设备检验制度。保证项目所用材料、构件、零配件和设备的质量，进而保证工程质量。

（5）工程质量检查及验收制度。加强工程施工质量的控制，避免质量差错造成永久隐患，并为质量等级评定提供数据和情况，为工程积累技术资料和档案。

（6）工程技术资料管理制度。工程技术资料是根据有关管理规定，在施工过程中形成的应归档保存的各种图纸、表格、文字、音像材料的总称，是工程施工及竣工交付使用的必备条件，也是对工程进行检查、维护、管理、使用、改建和扩建的依据。

（7）工程施工技术资料管理制度。工程施工技术资料是施工单位根据有关管理规定，在施工过程中形成的应当归档保存的各种图纸、表格、文字、音像材料等技术文件材料的总称，是工程施工及竣工交付使用的必备条件，也是对工程进行检查、维护、管理、使用、改建和扩建的依据。制定该制度的目的是为了加强对工程施工技术资料的统一管理，提高工程质量的管理水平。它必须贯彻国家和地区有关技术标准、技术规程和规定，以及企业的有关技术管理制度。

（8）其他技术管理制度。除以上几项主要的技术管理制度外，施工项目经理部还必须根据需要，制定其他技术管理制度，保证有关技术工作正常进行，例如：土建与水电专业施工协作技术规定、工程测量管理办法、技术革新和合理化建议管理办法、计量管理办法、环境保护工作办法、工程质量奖惩办法和技术发明奖励办法等。

7.5.4　施工技术档案管理

施工技术档案包括：施工管理档案、大型临时设施档案、工程技术档案等方面。

（1）施工管理档案，包括技术经验总结；重大质量、安全事故及处理措施报告；新材料、新结构、新工艺的试验研究资料及总结；有关技术管理总结及重要技术决定，施工日志等。

（2）大型临时设施档案，包括暂设房屋、库房、操作棚、围墙、临时水电管线设置情况等的平面布置图，和上述设施的施工用图及数据。

（3）工程技术档案，是在工程竣工验收中同时移交给建设单位的档案，是为了给工程的使用、维护和改扩建等提供依据。当工程一旦出现质量问题时，也可追溯施工过程中的每个环节，为查清原因提供依据。所以工程技术档案必须本着真实、准确，与工程进度同步的原则，并严格按照归档的要求，做到字迹工整、清洁，技术档案表格内容全面、格式统一、利于装订。工程技术档案包括以下内容：

①施工图纸、有关设计及洽商变更资料。包括：原设计图、竣工图、图纸会审记录、洽商变更记录、地质勘探资料等。

②材料质量证明及试验资料。原材料、成品、半成品、构配件和设备质量合格证明或试验检验单；主体结构重要部位试件、试块、焊件等试验检验记录。

③隐蔽工程验收记录（包括暖、卫、电及设备安装工程等）。

④工程质量检查评定记录和质量事故分析、处理报告记录。

⑤设备安装及采暖、卫生、电气、通风等的施工记录，试验记录及调试、试压、试运转记录。

⑥永久性水准点位置，施工测量记录及房屋沉陷观测记录。

⑦施工单位及设计单位提出的房屋及设备使用注意事项方面的文字资料。工程技术档案按照质量保证资料、施工检查记录资料、管理资料、竣工签证资料、竣工图及音像图片等进行分类管理。

应用案例 7 - 6

1. 背景

某施工单位作为总承包商,承接一写字楼工程,地上 18 层,地下 2 层。钢筋混凝土框架—剪力墙结构高层建筑。合同规定该工程的开工日期为 2011 年 7 月 1 日,竣工日期为 2012 年 9 月 25 日。施工单位向监理单位报送了该工程的施工组织设计。施工过程中发生如下事件:

事件一:施工单位向监理单位报送了该工程的施工组织设计中明确了质量、进度、成本、安全四项管理目标,建设单位认为不妥。

事件二:施工单位向监理单位报送的该工程的施工组织设计中,施工现场平面布置图包括了:①工程施工场地状况;②拟建建(构)筑物的位置、轮廓尺寸、层数等;③工程施工现场的加工设施、存贮设施、办公和生活用房等的位置和面积等内容。监理单位认为内容不全。

2. 问题

(1) 事件一中,该工程施工管理目标应补充哪些内容?

(2) 一般工程的施工顺序有哪些内容?

(3) 施工方法的确定原则有哪些内容?

(4) 事件二中,施工现场平面布置图应补充哪些内容?

3. 案例分析

(1) 应补充环保、节能、绿色施工等管理目标。

(2) 一般工程的施工顺序:"先准备、后开工";"先地下、后地上";"先主体、后围护";"先结构、后装饰";"先土建、后设备"。

(3) 施工方法的确定原则:遵循先进性、可行性和经济性兼顾的原则。

(4) 应补充:①布置在工程施工现场的垂直运输设施、供电设施、供水供热设施、排水排污设施和临时施工道路等;②施工现场必备的安全、消防、保卫和环境保护等设施;③相邻的地上、地下既有建(构)筑物及相关环境。

7.6　建筑工程项目资金管理

工程项目资金管理是指对项目建设资金的预测、筹集、支出、调配等活动进行的管理。资金管理是整个基本建设项目管理的核心。如果资金管理得当,则会有效地保障资金供给,保证基本建设项目建设的顺利进行,取得预期或高于预期的成效;反之,若资金管理不善,则会影响基本建设项目的进展,造成损失和浪费,影响基本建设项目目标的实现,甚至会造成整个基本建设项目的失败。项目资金管理的主要环节有:资金收入预测、资金支出预测、资金收支对比、资金筹措、资金使用管理。

7.6.1 项目资金管理的原则

1. 计划管理原则

资金管理必须实行计划管理,根据预定的计划,以项目建设为中心,以提高资金效益为出发点,通过编制来源计划、使用计划,保证资金供给,控制资金的管理与使用,保证实现预定的项目效益目标。

按计划管理的要求,首先,在资金的供应上要科学、合理,既能保证项目建设的需要,又能维持资金的正常周转,提高资金的使用效率。其次,在资金的占用比例上要相互协调,防止一种资金占用过多而造成闲置,另一种资金数量过少而影响项目进度。最后,在资金供应时间上要与项目建设的需要相互衔接,保持收支平衡。

2. 依法管理原则

资金管理必须遵守国家有关财经方面的法律、法规,严守财经纪律。必须按照专项资金管理的规定,坚持专款专用、严禁挪用,杜绝贪污浪费现象的发生。

3. 封闭管理原则

投入基本建设项目的资金,都属于指定了专项用途的专项资金,在管理使用上必须按指定的用途,实行封闭管理。具体包括如下几项:

(1) 专款专用:不能以任何理由挪作他用。

(2) 按实列报:项目竣工后应严格进行决算审计,以经过审计后的支出数作为实际支出数列报。

(3) 单独核算:必须按项目分别核算,严格划清资金使用界限,各类专款也不得混淆挪用。

(4) 及时报账:每年度结束时,要及时报送项目本年度资金使用情况和项目进度等;项目建成后,要及时办理项目决算审计及完工结账手续。

7.6.2 项目资金收入预测

一般情况下,施工企业根据合同工期和合同进度,编制工程项目进度计划,随着工程进展,企业将不断得到工程价款。对项目收入进行预测,就是根据合同规定和进度计划可能完成的工程,按照工程价款结算办法,按时间测算出各段时间可能收到的款项。整个预测的过程如图 7-8 所示。

图 7-8 项目资金收入预测程序图

项目资金收入测算时,应注意的几个问题如下:

(1) 由于资金工作是一项综合性的工作,必须采用科学的做法,组织有关人员共同负责完成。

(2) 一定按照施工进度计划组织施工,确保合同工期完成任务;否则,就会对资金收入预测造成较大的误差。

（3）及时收集结算工程价款所需的有关资料、记录、签证等，尽量缩短结算至收款的时间，力争按期收到价款。

（4）严格按照合同规定的结算方法测算每月实际收到的工程进度款数据，并要考虑资金的时间价值。

（5）如合同规定收取的价款由多种货币组成，在测算每月的收入时要按货币种类分别进行计算，收入曲线也应按货币种类分别绘制。

按照上述原则测算的收入，形成了资金收入在时间、数量上的总体概念，为项目的资金筹措、加快资金周转、合理安排使用，提供了科学依据。

7.6.3　项目资金支出预测

项目资金支出预测依据项目成本费用控制计划、项目施工组织设计和材料、物资的储备计划测算出来。随着工程的实施，对每月预计的人工费、材料费、施工机械使用费、物资储运费、临时设施费、其他直接费和施工管理费等各项支出做进一步的测算，使整个项目的支出在时间和数量上有一个总体概念，以满足资金管理上的需要。整个预测的过程如图 7-9 所示。

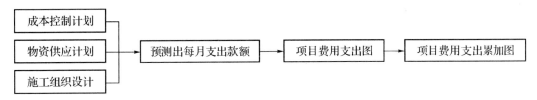

图 7-9　项目资金支出预测程序图

进行项目资金支出测算时应注意如下两个问题：

（1）从实际出发，使资金支出预测更符合实际情况。资金支出预测在投标报价中就已经开始做了，但不够具体。因此，要根据项目实际情况，将原报价中估计的不确定因素加以调整，使其符合实际情况。

（2）必须重视资金的支出时间价值。资金支出的测算是从筹措资金和合理安排调度资金的角度考虑的，一定要反映出资金支出的时间价值，以及合同实施过程中不同阶段的资金需要。

**应用案例 7-7**

港珠澳大桥的技术创新和资金管理

港珠澳大桥是一座连接香港、珠海和澳门的巨大桥梁，在促进香港、澳门和珠江三角洲西岸地区经济上的进一步发展具重要的战略意义。港珠澳大桥全长为 49.968 km，主体工程"海中桥隧"长 35.578 km，设计时速为 100 km。港珠澳大桥主体建造工程于 2009 年12 月 15 日开工建设，一期计划于 2017 年年底完成，大桥投资超 1 000 多亿元，约需 8 年建成，设计年限 120 年（图 7-10）。

图 7-10　港珠澳大桥

1. 技术创新

拱北隧道为港珠澳大桥珠海连接线的关键性工程,双向六车道,设计时速 80 km/h,为国内第一座采用顶管暗挖法实施的公路隧道。口岸暗挖段采用 255 m"曲线管幕＋水平冻结工法",是世界首座采用该工法施工的双层公路隧道,其管幕长度和冻结规模均将创造新的纪录。

拱北隧道是项目的关键性控制工程,堪称"隧道施工技术博物馆",地下不同种类的岩土达 16 种之多,地质复杂多变,下穿全国第一大陆路口岸——拱北口岸(日均客流超 35 万人次、车流超 1 万车次,口岸内建筑物密集且安全级别高),有专家比喻是在豆腐脑上动手术,技术难度前所未有。更有人比喻港珠澳大桥工程所遇到的技术问题,需要像登陆月球一样注重系统性和科学性。由于特殊的地理位置和地质环境,拱北隧道口岸段设计为曲线双层隧道,几乎所有传统隧道施工工法均无法采用。项目建设、设计、施工单位经过三年的调查研究和方案比选,最终决定采取业界首创的"曲线管幕＋冻结法"施工。即先从口岸两端施工现场开挖工作井,然后通过工作井的顶管机顶入钢管,形成高宽各为 24 m 和 21 m 的管幕群,再通过冷冻法将管幕周围的土层温度降至零摄氏度以下。在确保管幕四周土体地下水封闭的情况下,分层开挖隧道。在开挖面积达 336.8 m² 的断面上由 36 根直径 1.62 m,长 255 m 的钢管组成的管幕群,是目前国内地质情况最复杂,管幕根数国内最多,世界最长、断面最大的曲线管幕群。在施工期间,共发表高水平学术论文 20 余篇,申请专利 8 项。

2. 资金管理

2008 年 4 月 8 日,经粤港澳三地政府批准,港珠澳大桥主桥项目贷款牵头行揭晓:中国银行获聘该项目唯一牵头行。这标志着港珠澳项目开工建设前最重要的环节之一的融资圆满解决。

港珠澳大桥工程包括主体工程和连接线、口岸工程两部分,估计总投资为 726 亿元人民币。口岸及连接线部分由粤港澳三地政府投资兴建,总投资约为 350 亿元;主桥部分总长 29.6 km,总投资约为 376 亿元,其中中央政府和粤港澳三地政府共同出资 157.3 亿元,银行贷款融资约为 218.7 亿元。

资金收回方式：收费收入按跨界交通车辆配额政策及最高收费方案交通流量计算,收费期限 50 年。

7.6.4　项目资金收支对比

将施工项目资金收入预测累计结果和支出预测累计结果绘制在一个坐标图上,见图 7 - 11 所示。图中曲线 A 是施工计划曲线,曲线 B 是资金预计支出曲线,曲线 C 是预计资金收入曲线。B、C 曲线之间的垂直距离是相应时间收入与支出资金数之差,也即应筹措的资金数量。图中,a、b 间的垂直距离是本施工项目应筹措资金的最大值。

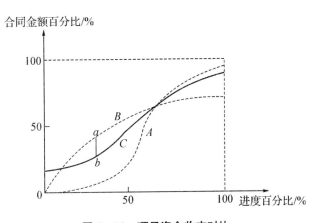

图 7 - 11　项目资金收支对比

图中还可以看出,预计支出曲线 B 和预计资金收入曲线 C 的交点,即为资金收入平衡点。在平衡点前两条曲线反映支出收入的资金差额,表示出该项目资金需要量;平衡点后反映出项目的收入大于支出的水平,这又提供了该项目筹措到的资金数量以及为何时可以归还贷款提供了可靠的依据。

7.6.5　项目资金的筹措

1. 建设项目的资金来源

(1) 财政资金。包括财政无偿拨款和拨改贷资金。

(2) 银行信贷资金。包括基本建设贷款、技术改造贷款、流动资金贷款和其他贷款等。

(3) 发行国家投资债券、建设债券、专项建设债券以及地方债券等。

(4) 在资金暂时不足的情况下,还可以采用租赁的方式解决。

(5) 企业自有资金和对外筹措资金(发行股票及企业债券,向产品用户集资)。

(6) 利用外资。包括利用外国直接投资,进行合资、合作建设以及利用外国贷款。

2. 施工过程中所需要的资金来源

(1) 预收工程备料款。

(2) 已完施工价款结算。

(3) 银行贷款。

(4) 企业自有资金。

(5) 其他项目资金的调剂占用。

3. 筹措资金的原则

（1）充分利用自有资金，其好处是：调度灵活，不需支付利息，但要考虑资金的时间价值。

（2）必须在经过收支对比后，按差额筹措资金，避免造成浪费。

（3）把利息的高低作为选择资金来源的主要标准，尽量利用低利率贷款。

7.6.6 项目资金的使用管理

工程项目资金应以保证收入、节约支出、防范风险和提高经济效益为目的。承包人应在财务部门设立项目专用账号进行项目资金收支预测统一对外收支与结算。项目经理部负责项目资金的使用管理。项目经理部应编制年、季、月度资金收支计划，上报企业主管部门审批实施。项目经理部应按企业授权，配合企业财务部门及时进行资金计收，包括如下工作：

（1）新开工项目按工程施工合同收取预付款或开办费。

（2）根据月度统计报表编制"工程进度款结算单"，于规定日期报送监理工程师审批结算。如甲方不能按期支付工程进度款且超过合同支付的最后期限，项目经理部应向甲方出具付款违约通知书，并按银行的同期贷款利率计算利息。

（3）根据工程变更记录和证明甲方违约的材料，及时计算索赔金额列入工程进度款结算单。

（4）甲方委托代购的工程设备或材料，必须签订代购合同，收取设备订货预付款或代购款。

（5）工程材料价差应按规定计算，及时请甲方确认，与进度款一起收取。

（6）工期奖、质量奖、措施奖、不可预见费及索赔款，应根据施工合同规定，与工程进度款同时收取。

（7）工程进度款应根据监理工程师认可的工程结算金额及时回收。

项目经理部按公司下达的用款计划控制资金使用，以收定支，节约开支。应按会计制度规定设立财务台账纪录资金收支情况，加强财务核算，及时盘点盈亏。

项目经理部应坚持做好项目的资金分析，进行计划收支与实际收支对比，找出差异，分析原因，改进资金管理。项目竣工后，结合成本核算与分析进行资金收支情况和经济效益总分析，上报企业财务主管部门备案。企业应根据项目的资金管理效果，对项目经理部进行奖惩。项目经理部应定期召开有监理、分包、供应、加工各单位代表参加的碰头会，协调工程进度、配合关系、业主供料及资金收付等事宜。

7.6.7 项目资金的控制与监督

首先，是投资总额的控制。基本建设项目一般周期较长、金额较大，人们往往因主、客观因素，不可能一开始就确定一个科学的、一成不变的投资控制目标。因此，资金管理部门应在投资决策阶段、设计阶段、建设施工阶段，把工程建设所发生的总费用控制在批准的额度以内，随时进行调整，以最少的投入获得最大的效益。当然，在投资控制中也不能单纯地考虑减少费用，而应正确处理好投资、质量和进度三者的关系。只有这样，才能达到提高投资效益的根本目的。

其次,是投资概算、预算、决算的控制。"三算"之间是层层控制的关系,概算控制预算,预算控制决算。设计概算是投资的最高限额,一般情况下不允许突破。施工预算是在设计概算基础上所做的必要调整和进一步具体化。竣工决算是竣工验收报告的重要组成部分,是综合反映建设成果的总结性文件,是基建管理工作的总结。因此,必须建立和健全"三算"编制、审核制度,加强竣工决算审计工作,提高"三算"质量,以达到控制投资总费用的目的。

最后,是加强资金监管力度。一方面项目部严格审批程序,具体是项目各部门提出建设资金申请;项目分管领导组织评审,有关单位参加;项目经理最后决策。另一方面,要明确经济责任,按照经济责任制规定签署"经济责任书",并监督执行,将考核结果作为责任人晋升、奖励及处罚的依据。

综合案例七

北京百度大厦工程项目资源管理

中建一局集团建设发展有限公司

1　项目概况

北京百度大厦位于北京海淀区东北旺乡上地信息产业基地北区 7 号地块(图 7 - 12)。项目总建筑面积为 91 500 m^2,其中地下两层为 325 000 m^2,地上七层为 59 000 m^2,檐口高度30.0 m。主体结构为钢筋混凝土框架—剪力墙结构,中庭大跨部分设置钢桁架。首层至 7 层主要为科研办公用房及会议用房;地下 2 层为汽车库及设备用房;地下 1 层为汽车库、自行车库、物业用房、职工餐厅等。

图 7 - 12　北京百度大厦

2　特点及难点

2.1　管理重点

为实现项目管理创效,实现业主与项目部双赢的目的,本工程始终将加强项目目标策划、风险分析与对策、综合过程控制、持续改进、资源管理等作为管理工作重点。

2.2　管理难点

(1)工程建筑造型新颖独特、结构形势复杂、多样。

（2）质量目标为"国家优质工程奖"，科技创新目标为省市级科技实验工程。

（3）工程建筑、机电系统以节约资源、经济环保、自动化、智能化为宗旨，广泛采用国际先进技术。

（4）大体积基础底板浇筑；底板各类井坑数量多、深度大，混凝土施工、防裂难度大。

2.3　施工难点

2.3.1　结构形式复杂、多变

2.3.2　组合结构施工难度大

2.3.3　多为曲面结构、装修施工难度大

2.3.4　幕墙施工难度大

2.3.5　机电功能齐全、系统复杂

2.3.6　分包单位多，总包协调能力要求高

3　管理过程及方法

3.1　管理策划

3.1.1　项目管理目标策划——项目履约目标制定

（1）质量目标：北京市结构"长城杯"金奖、北京市建筑"长城杯"金奖、创国家优质工程奖。

（2）工期目标：2007 年 11 月 1 日至 2009 年 9 月 15 日。

（3）安全目标：北京市安全文明工地，确保无重大工伤事故，杜绝死亡事故，轻伤事故频率控制在 3‰以内。

（4）科技示范目标：北京市科技示范工程。

（5）企业形象管理：中建总公司 CI 金奖。

3.1.2　计划管理策划——进度控制的超前策划

3.1.3　技术管理策划——深化设计

3.1.4　质量管理策划

3.1.5　实施工程总承包综合管理

3.1.6　资金预控管理

3.2　成本与资金管理

（1）建立项目成本控制体系。

（2）资金流量管理。

4　管理成效

4.1　优化设计创效

通过加强深化设计，项目取得了良好的成效，深化设计 11 项，取得经济效益 294.7 万元。

4.2　项目获奖情况

项目荣获 2010 年国际优秀工程奖、2009 年度北京市建筑"长城杯"金奖、2009 年北京市新技术应用示范工程、2008 年度北京市结构"长城杯"金奖、2008 年度中建总公司优秀 QC 质量管理小组成果三等奖一项、2007 年度中建总公司 CI 达标创优金质奖。

4.3　经济效益

本公司科技进步效益 258.66 万元。

本章小结

本章阐述了建设工程项目资源管理的主要内容。首先叙述了项目资源管理的概念和意义,项目资源管理的过程;然后叙述了项目人力资源管理的概念、项目人力资源计划和项目人力资源控制;叙述了项目材料资源管理计划和材料资源控制;叙述了项目机械设备管理的概念、机械设备使用计划、机械设备管理控制;最后叙述了项目资金管理的概念、资金收支预测及项目资金筹措。

练 习 题

一、单项选择题

1. 项目资源管理有五要素,(　　)属于项目资源管理的主导。
   A. 人　　　　　　　　B. 材料　　　　　　　C. 机械　　　　　　　D. 资金

2. 项目资源管理的过程是(　　)。
   ①资源处置　②资源配置　③资源控制　④资源计划
   A. ④—②—③—①　　　　　　　B. ①—④—②—③
   C. ④—③—②—①　　　　　　　D. ①—④—③—②

3. 管理人员需求计划编制的前提是一定要做好(　　)。
   A. 确定工作内容　　　　　　　B. 工作分析
   C. 编制工作说明书　　　　　　D. 制定工作规范

4. 材料分类中,把关键的少数列为(　　)类,此类材料应列为重点管理对象。
   A. A 类　　　　　　　　　　　B. B 类
   C. C 类　　　　　　　　　　　D. D 类

5. (　　)属于正常使用管理工作,它不占用机械设备的运转时间,由操作人员在机械运转间歇进行。
   A. 强制保养　　　　　　　　　B. 例行保养
   C. 零星小修　　　　　　　　　D. 大修

6. 建设工程项目的资金,从流动过程来讲,首先是(　　)。
   A. 使用　　　　　　　　　　　B. 收支对比
   C. 支出　　　　　　　　　　　D. 投入

7. 下列各项资源中,占用工程成本最多的是(　　)。
   A. 人力资源成本　　　　　　　B. 材料资源成本
   C. 机械设备成本　　　　　　　D. 技术成本

8. 关于施工一般特种作业人员应具备条件的说法,正确的是(　　)。(2014 年二建)
   A. 年满 16 周岁,且不超过国家法定退休年龄
   B. 必须为男性
   C. 连续从事本工种 10 年以上

D. 具有初中及以上文化程度

二、多项选择题

1. 项目资源管理的主要内容有(   )。

 A. 人力资源管理   B. 材料管理

 C. 机械设备管理   D. 技术管理

 E. 资金管理

2. 关于从事危险化学品特种作业人员条件的说法,正确的是(   )。(2014 年二建)

 A. 应当具备初中及以上文化程度

 B. 取得操作证后准许独立作业

 C. 技能熟练后操作证可以不复审

 D. 年满 18 周岁,且不超过国家法定退休年龄

 E. 经社区或县级以上医疗机构体检健康合格

3. 关于物资采购合同中交货日期的说法,正确的有(   )。(2014 年二建)

 A. 供货方负责送货的,以采购方收货戳记的日期为准

 B. 采购方提货的,以供货方按合同规定通知的提货日期为准

 C. 委托运输部门代运的产品,一般以供货方发运产品时承运单位签发的日期为准

 D. 供货方负责送货的,以供货方按合同规定通知的提货日期为准

 E. 采购方提供的,以采购方收货戳记的日期为准

4. 材料使用管理只要包括(   )。

 A. 材料使用及发放   B. 材料使用监督

 C. 材料的回收   D. 周转材料的管理

 E. 材料的储存和保管

5. 影响施工现场周转性材料消耗的主要因素有(   )。(2015 年二建)

 A. 第一次制造时的材料消耗量

 B. 每周转使用一次材料的损耗

 C. 周转使用次数

 D. 周转材料的最终回收及其回收折价

 E. 材料的测算方法

6. 施工机械设备的选择方法有(   )。

 A. 综合因素评分法   B. 用单位工程量成本比较

 C. 用界限使用时间来判断   D. 用折算费用法进行优选

 E. 用经济订购批量判断

7. 项目资金管理有(   )环节。

 A. 编制资金计划   B. 筹集资金

 C. 投入资金   D. 资金使用

 E. 资金核算和分析

三、简答题

1. 什么是项目资源管理?

2. 现场劳动力管理的特点表现在什么地方?

3. 劳动力管理的方法有哪些?

4. 现场材料管理的意义与任务是什么?

5. 如何做好材料的采购、保管和使用?

6. 简述机械设备管理的意义和任务。

7. 施工机械设备选择的原则是什么?

8. 项目技术管理制度有哪些?

9. 项目资金收支计划的内容有哪些?

四、案例分析题

某建筑工程项目的年合同造价为 2 160 万元,企业物资部门按概算每万元 10 t 采购水泥,由同一个水泥厂供应,合同规定水泥厂按每次催货要求时间发货。项目物资部门提出了三个方案:A1 方案,每月交货一次;A2 方案,每两个月交货一次;A3 方案,每三个月交货一次。根据历史资料得知,每次催货费用为 C 为 5 000 元;仓库保管费率 A 为储存材料费的 4%。水泥单价(含运费)为 360 元/t。

问题:

(1) 企业应为该项目采购多少水泥?

(2) 通过计算,在是哪个方案中进行优选。

(3) 何为最优采购批量? 它的计算公式是什么?

(4) 通过计算,寻求最优采购批量和供应间隔期。

8 建筑工程项目风险管理

 单元简介

古人云:"天有不测风云",意味着生存就可能会面临灾祸,提醒我们要有风险意识,要对世界事物不确定性和风险性有一定程度的认识。常言道,"风险无处不在,风险无时不有"、"风险会带来灾难,风险与机会并存",说明风险的客观性和存在的普遍性,同时揭示了风险的灾难性,但事物要发展,必须能够面对失败的威胁,不冒任何风险是不可能取得成功的。

通过本章的学习,了解风险的基本概念,熟悉建筑工程项目风险产生的原因,熟悉风险管理的主要工作过程,了解建筑工程风险识别的概念,熟悉风险因素识别的过程和方法,了解工程项目的风险结构体系,熟悉风险评估内容,掌握编制项目风险识别和评估报告的编写方法,掌握风险的影响和损失分析方法,掌握项目风险识别和评估的基本方法。

 学习要求

知识结构	学习内容	能力目标	笔记
8.1 建筑工程项目风险管理概述	1. 风险的基本概念 2. 风险的特点 3. 建筑工程项目风险的分类 4. 建筑工程项目风险管理程序	1. 了解风险的基本概念 2. 熟悉风险管理的基本过程 3. 熟悉风险的基本分类	
8.2 建筑工程项目风险识别	1. 风险识别的定义 2. 风险识别的内容 3. 风险识别的依据 4. 风险识别的步骤 5. 风险识别的方法	1. 了解建筑工程风险识别的概念 2. 熟悉风险因素识别的过程和方法	

续　表

知识结构	学习内容	能力目标	笔记
8.3　建筑工程项目风险评估	1. 风险评估的定义 2. 风险评估的目的 3. 风险评估的步骤 4. 风险评估的方法	1. 了解风险评估的定义 2. 熟悉风险评估的步骤和方法	
8.4　建筑工程项目风险响应与监控	1. 风险响应 2. 风险监控	1. 了解风险响应和风险监控的概念 2. 掌握项目风险识别和评估的基本方法	

导入案例八

　　某公司以融资租赁方式向客户提供重型卡车 30 台,用以大型水电站施工。车辆总价值 820 万元,融资租赁期限为 12 个月,客户每月应向公司缴纳 75 万元,为保证资产安全,客户提供了足额的抵押物。合同执行到第 6 个月时,客户出现支付困难,抵押物的变现需时太长,不能及时收回资金。公司及时启动了预先部署的风险防范措施,与一家信托投资公司合作,由信托公司全款买断 30 台车,客户与公司终止合同,与信托公司重新签订了 24 个月的融资租新合同。此措施缓解了客户每月的付款压力,有能力继续经营;而信托公司向客户收取了一定比例的资金回报;公司及时收回了全部资金,及时解除了风险。

8.1　建筑工程项目风险管理概述

8.1.1　风险的基本概念

　　风险源于法文(rispuer),17 世纪中叶被引入到英文(risk)。关于风险的定义很多,最基本的表达是:在给定情况下和特定时间内,可能发生的结果之间的差异。差异越大则风险越大,强调结果的差异性。另一个具有代表性的定义是:不利事件发生的不确定性。这种定义认为风险是不期望发生事件的客观不确定性,它具有消极的不良后果,它的发生具有潜在的可能性。

8.1.2　风险的特点

　　(1)客观性。风险超越于人的主观意识而存在,由客观事物内在运动规律所决定。
　　(2)普遍性。风险具有在时间、空间分布上的普遍性,无时不有,无处不在。
　　(3)随机性。风险的发生时刻、持续时间、作用的大小强弱、作用的对象等均为随机的。因此,现实当中作用风险往往表现为突发性、灾难性、出人意料。

（4）可认识性。风险虽然具有很强的随机性，但是其内在的客观规律决定了它具有某种程度的可预测性、可控制性、可认识性。

（5）动态性。同一种风险因素，在不同的时空条件下，会表现出不同的特征。也就是说，风险本身会随时间、空间条件发生演变。

8.1.3　建筑工程项目风险的分类

建筑工程项目的风险有很多种，可以从不同的角度进行分类。

1. 按风险来源划分

（1）自然风险。风险来源于建筑工程项目所在地的自然环境、地理位置、气候变化等。

（2）社会风险。风险来源于建筑工程项目所在国家的政治体制、人文素质、人口消费水平及教育水平等。

（3）经济风险。风险来源于建筑工程项目所在国家的经济发展情况、投资环境、物价变化、通货膨胀等。

（4）法律风险。风险来源于建筑工程项目所在国家的法律环境以及各种行业规章制度等。

（5）政治风险。风险来源于建筑工程项目所在国家的投资环境、政党体制、社会安定性等。

（6）技术风险。风险来源于建筑工程项目整个寿命周期内的设计内容、施工技术等。

（7）组织管理风险。风险来源于业主、施工单位、设计单位、监理单位之间的组织协调及各单位内部的组织协调。

 **应用案例 8-1**

中央电视台大火事故

位于北京市东三环的中央电视台新台址工程，由主楼（CCTV）、电视文化中心（TVCC）和其他配套设施构成。整个工程系由荷兰大都会（OMA）建筑事务所设计，于2005年5月正式动工。主楼的设计高度为 234 m，为北京最高的建筑；整个工程的钢铁用量将达到 12.5 万 t，接近"鸟巢"的 3 倍。工程预算也达到了 50 亿元人民币。

2009年1月19日，中央电视台办公室下发《关于春节期间禁放烟花爆竹的通知》，明确指出央视新址属于禁放烟花场所，春节期间院内外及周边地区禁止燃放烟花爆竹。而根据北京市规定，燃放 A 类烟花（大型礼花）必须经过市政府批准。但央视原领导徐威无视规定，擅自决定在元宵节组织部门同事燃放大型烟花。2009年2月9日晚21时许，在建的央视新台址园区文化中心发生特大火灾事故，大火持续 6 h。目击者称，中央电视台新址北配楼火势猛烈时焰高近百米，浓烟滚滚，一度将正月十五的圆月完全遮蔽。从发生火灾的大楼上掉落下来的灰烬像雪片一样落在 1 km 范围内。上千名群众在附近围观，并纷纷拿出手机拍照（图 8-1）。

图 8-1 央视大火

在救援过程中消防队员张建勇牺牲,6 名消防队员和 2 名施工人员受伤。建筑物过火、过烟面积 21 333 m²,其中过火面积 8 490 m²,造成直接经济损失 16 383 万元。

这是一起责任事故,其中 71 名事故责任人受到责任追究。央视大火案于 2010 年 5 月 10 日在北京市二中院进行一审宣判,首批 21 名被告均以危险物品肇事罪判处 3 年至 7 年不等的有期徒刑。其中,央视新址办原主任徐威获刑最重,判处其有期徒刑 7 年。

请分析这次事故中的风险来源。

2. 按风险是否可管理划分

(1) 可管理风险,是指用人的智慧、知识等可以预测、控制的风险,如施工中可能出现的疑难问题,可以在施工前做好防范措施避免风险因素的出现。

(2) 不可管理风险,是指用人的智慧、知识等无法预测和无法控制的风险,如自然环境的变化等。

风险可否管理不仅取决于风险自身,还取决于所收集资料的多少和管理者的管理技术水平等。

3. 按风险影响范围划分

(1) 局部风险。局部风险是指由于某个特定因素导致的风险,其影响范围较小。

(2) 总体风险。总体风险影响的范围较大,其风险因素往往无法控制,如政治风险、社会风险、经济风险等。

4. 按风险的后果划分

(1) 纯粹风险。纯粹风险只有两种可能后果:造成损失和不造成损失。纯粹风险总是和威胁、损失、不幸联系在一起。

(2) 投机风险。投机风险有三种可能后果:造成损失、不造成损失和获得利益。投机风险既可能带来机会、获得利益,又隐含着威胁。

纯粹风险和投机风险在一定条件下可以互相转化,项目管理者应避免投机风险转化为纯粹风险。在许多情况下,一旦发生纯粹风险,涉及风险的各有关方面均要蒙受损失,无一幸免。

5. 按风险后果的承担者划分

（1）业主方的风险

①业主方组织管理风险。风险来源于业主方管理水平低，不能按照合同及时、恰当地处理工程实施过程中发生的各类问题。

②投资环境风险。风险来源于建筑工程项目所在地政府的投资导向、有关法规政策、基础设施环境的变化等。

③市场风险。项目建成后的效益差，产品的市场占有率低，产品的销售前景不好，同类产品的竞争等带来的风险。

④融资风险。如投资估算偏差大，融资方案不恰当，资金不能及时到位等带来的风险。

⑤不可抗力风险。它包括自然灾害、战争、社会骚乱等。

（2）承包商的风险

①工程承包决策风险。如承包商做出是否承包工程项目决策时的信息影响决策的准确性；招投标的合同价过高等。

②合同的签约及履行风险。如在工程实施过程中对合同条款定义不够准确，存在不平等的条款；承包商管理水平低，造成合同未按要求执行等。

③不可抗力风险。它包括自然灾害、物价上涨等。

（3）设计单位的风险

①来自于业主方的风险。

②来自于自身的风险。

（4）监理单位的风险

①来自于业主方的风险。

②来自于承包方的风险。

③来自于自身的风险。

8.1.4　建筑工程项目风险管理程序

建筑工程项目的寿命周期全过程都会存在风险，如何对风险进行识别、预测、衡量和控制，将风险导致的各种不利后果减小到最低限度，需要科学的风险管理方法。

建筑工程项目风险管理是指风险管理主体通过风险识别、风险评价去认识项目的风险，并以此为基础，合理地使用风险回避、风险控制、风险自留、风险转移等管理方法、技术和手段对项目的风险进行有效控制，妥善处理风险事件造成的不利后果，以合理的成本保证项目总体目标实现的管理过程。

建筑工程项目风险管理程序是指对项目风险进行系统的、循环的工作过程，其包括风险识别、风险评估、风险响应以及风险监控等四个阶段。它们之间的关系如图 8-2 所示。

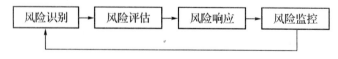

图 8-2　风险管理程序的动态循环性

8.2 建筑工程项目风险识别

8.2.1 风险识别的定义

风险识别是风险管理的首要工作、基础步骤,是指风险发生前,通过分析、归纳和整理各种信息资料,系统全面地认识风险事件并加以适当的归类,对风险的类型、产生原因、可能产生的后果做出定性估计、感性认识和经验判断。

8.2.2 风险识别的内容

风险识别的主要内容包括三个方面:识别并确定项目有哪些潜在的风险;识别引起这些风险发展的主要因素;识别风险可能引起的后果。

8.2.3 风险识别的依据

风险识别的主要依据包括以下四个方面:

1. 对项目的初步描述、项目建设的前提及假设

对项目的初步描述、项目建设的前提及假设包括项目概述、项目建议书、可行性研究报告、设计文件及其他文件。

2. 项目的计划文件

项目的计划文件包括项目计划中的项目目标、任务、范围、进度计划、费用计划、资源计划、采购计划。

3. 历史资料

历史资料包括过去建设过程中的原始记录及经验总结,如档案文件、工程总结、工程质量事故处理文件、工程验收资料、工程设计变更资料、工程索赔资料等,也可以是其他项目的历史资料。

4. 项目建设中常见的风险

项目建设中常见的风险如政治风险、经济风险、自然风险、技术风险、组织风险等。

 **应用案例 8-2**

中国铁建沙特项目巨亏警示

沙特麦加项目为全世界穆斯林朝觐专用铁路,是迄今世界上单位时间设计运能最大、运营模式最复杂、建设工期最短的轻轨铁路项目,中沙两国元首曾亲自见证签约。根据2009年2月中国铁建与沙特城乡事务部签署的合同,约定采用 EPC+O&M 总承包模式,由中国铁建负责沙特麦加轻轨项目的设计、采购、施工、系统(包括车辆)安装调试及从2010年11月13日起的3年运营和维护,合同总金额超过120亿元(图8-3)。

图 8‐3　沙特麦加铁路项目

中铁建在决策上可能存在重大失误,对沙特项目的社会、法律、国情、市场等条件没有充分了解,错误的估计了项目工程量及风险,报价过低。

由于双方国情的不同,沙特这个国家制度管理跟中国不一样,好多东西是指定的,指定由哪些公司提供设备。这个项目虽然是由中铁建总承包,但是很多控制系统是由西方公司提供的,价格就会比国内的设备高很多,中铁建对对方的价格没有把握准。

项目分包过程中,有许多非中国企业参与,而这些企业普遍按照 8 h 工作制度来推进工期,一些工人都甚至执行不了 8 h 工作制。事实上,这个项目工期原本就非常紧张。国内工程企业做工程时,许多都执行 24 h 工作制,实行三班倒,但是国外的工作习惯严重制约了工期的进展。

根据公告,截至 2010 年 10 月 31 日,沙特项目合同预计总收入 120.51 亿元,预计总成本 160.45 亿元,另发生财务费用 1.54 亿元,项目预计净亏损 41.48 亿元,其中包含 34.62亿元的已完工部分累计净亏损和 6.86 亿元的未完工部分计提的预计损失。

为妥善处理沙特麦加轻轨项目索赔事宜,上市公司中国铁建与其控股股东中国铁道建筑总公司(中铁建总公司)签订了《关于沙特麦加轻轨项目相关事项安排的协议》,将沙特项目移交给了中铁建总公司。根据这一协议,上市公司将沙特项目的最大损失锁定在了 13.85 亿元。

在这个项目中有哪些风险应该被识别出来?

8.2.4　风险识别的步骤

(1)建立风险的客观存在思想。项目管理者首先要建立风险客观存在的思想,无论项目寿命周期的哪一个阶段都会存在风险,完全没有风险的项目根本不存在,应做好风险管理的思想准备。

(2)收集项目信息,建立初步风险清单。

(3)确立各种风险事件并推测其可能产生的后果。

(4)对各种风险的重要性进行分析。

(5)进行风险事件归类。

对已确立的风险进行归类。首先,可按工程项目内部、外部进行分类;其次,按技术、非技术进行分类,或按工程项目目标分类,或按工程项目建设阶段分类,例如,可行性研究阶段常见风险事件有市场分析失误、基础数据不准确、预测结果不合理等;项目设计阶段常见风险事件有项目设计存在缺陷或遗漏、设计的原始数据不足或不可靠、设计各专业不协调等;施工阶段常见风险事件有施工单位缺乏科学合理的组织管理、施工技术落后、施工安全措施不当、材料采购失误、项目资金紧张等。

(6) 建立风险目录摘要。风险目录摘要是风险识别的最后一个步骤。通过建立风险目录摘要,可将项目可能面临的风险进行汇总并排列轻重缓急,不仅能描述风险事件,使项目所有的管理者明确自己所面临的风险,还能预测到项目中风险之间的联系和可能发生的连锁反应。风险目录摘要见表8-1所示。

表8-1 风险目录摘要

风险摘要:				编号:	日期:
项目名称:				负责人:	
序号	风险事件	风险事件描述	可能造成的后果	发生的概率	可能采取的措施
1					
2					
⋮					

8.2.5 风险识别的方法

在大多数情况下,风险并不显而易见,它往往隐藏在工程项目实施的各个环节,或被种种假象所掩盖,因此风险识别要讲究方法,一方面,可以通过感性认识和经验认识进行风险识别;另一方面,可以通过对客观事实、统计资料的归纳、整理和分析进行风险识别。

风险识别常用的方法有以下几种:

1. 专家调查法

(1) 头脑风暴法。头脑风暴法是最常用的风险识别方法,它借助于以项目管理专家组成的专家小组,利用专家们的创造性思维集思广益,通过会议方式进行项目风险因素的罗列,主持者以明确的方式向所有参与者阐明问题,专家畅所欲言,发表自己对项目风险的直观预测,然后根据风险类型进行风险分类。

(2) 德尔菲法。德尔菲法是邀请专家背对背匿名参加项目风险分析,主要通过信函方式来进行。项目风险调查员使用问卷方式征求专家对项目风险方面的意见,再将问卷意见整理、归纳,并匿名反馈给专家,以便进一步识别。这个过程经过几个来回,可以在主要的项目风险上达成一致意见。

问卷内容的制作及发放是德尔菲法的核心。问卷内容应对调查的目的和方法做出简要说明,让每一个被调查对象都能对德尔菲法进行了解;问卷问题应集中、用词得当、排列合理、问题内容描述清楚,无歧义;还应注意问卷的内容不宜过多,内容越多,调查结果的准确性越差;问卷发放的专家人数不宜太少,一般10~50人为宜,这样可以保证风险分析的全面性和客观性。

2. 财务报表分析法

财务报表能综合反映一个企业的财务状况，企业中存在的许多经济问题都能从财务报表中反映出来。财务报表有助于确定一个特定企业或特定的项目可能遭受哪些损失以及在何种情况下遭受这些损失。

财务报表分析法是通过分析资产负债表、现金流量表、损益表、营业报表以及补充记录，识别企业当前的所有资产、负债、责任和人身损失风险，将这些报表与财务预测、预算结合起来，可以发现企业或项目未来的风险。

3. 流程图法

流程图法是将项目实施的全过程，按其内在的逻辑关系或阶段顺序形成流程图，针对流程图中关键环节和薄弱环节进行调查和分析，标出各种潜在的风险或利弊因素，找出风险存在的原因，分析风险可能造成的损失和对项目全过程造成的影响。

4. 现场风险调查法

从建筑项目本身的特点可看出，不可能有两个完全相同的项目，两个不同的项目也不可能有完全相同的项目风险。因此，在项目风险识别的过程中，对项目本身的风险调查必不可少。

现场风险调查法的步骤如下：

（1）做好调查前的准备工作。确定调查的具体时间和调查所需的时间；对每个调查对象进行描述。

（2）现场调查和询问。根据调查前对潜在风险事件的罗列和调查计划，组织相关人员，通过询问进行调查或对现场情况进行实际勘察。

（3）汇总和反馈。将调查得到的信息进行汇总，并将调查时发现的情况通知有关项目管理者。

8.3　建筑工程项目风险评估

8.3.1　风险评估的定义

风险识别只是对建筑工程项目各阶段单个风险分析进行估计和量化，其并没有考虑各单个风险综合起来的总体效果，也没有考虑到这些风险是否能被项目主体所接受。风险评估就是在对各种风险进行识别的基础上，综合衡量风险对项目实现既定目标的影响程度。

8.3.2　风险评估的目的

1. 确定风险的先后顺序

对工程项目中各类风险进行评估，根据它们对项目的影响程度、风险事件的发生和造成的后果，确定风险事件的顺序。

2. 确定各风险事件的内在逻辑关系

有时看起来没有关联性的多个风险事件，常常是由一个共同的风险因素造成的。如遇上未曾预料的施工环境改变下的设计文件变更，则项目可能会造成费用超支、工期延误、管理组织难度加大等多个后果。风险评估就是从工程项目整体出发,弄清各风险事件之间的内在逻辑关系,准确地估计风险损失,制订风险应对计划,在管理中消除一个风险因素,来避免多种风险后果的发生。

3. 掌握风险间的相互转化关系

考虑各种不同风险之间相互转化的条件,研究如何才能化威胁为机会,同时也要注意机会在什么条件下会转化为威胁。

4. 进一步量化风险发生的概率和产生的后果

在风险识别的基础上,进一步量化风险发生的概率和产生的后果,降低风险识别过程中的不确定性。

8.3.3 风险评估的步骤

1. 确定风险评估标准

风险评估标准是指项目主体针对不同的风险后果所确定的可接受水平。单个风险和整体风险都要确定评估标准。评估标准可以由项目的目标量化而成,如项目目标中的工期最短、利润最大化、成本最小化和风险损失最小化等均可量化成为评估标准。

2. 确定风险水平

项目风险水平包括单个风险水平和整体风险水平。整体风险水平需要在清楚各单个风险水平高低的基础上,考虑各单个风险之间的关系和相互作用后进行。

3. 风险评估标准和风险水平相比较

将项目的单个风险水平与单个评估标准相比较,整体风险水平与整体评估标准相比较,从而确定它们是否在可接受的范围之内,进一步确定项目建设的可行性。

8.3.4 风险评估的方法

项目风险的评估往往采用定性与定量相结合的方法来进行。目前,常用的项目评估方法主要有调查打分法、蒙特卡洛模拟法、敏感性分析法等。

1. 调查打分法

调查打分法是一种常用的、易于理解的、简单的风险评估方法。它是指将识别出的项目可能遇到的所有风险因素列入项目风险调查表,将项目风险调查表交给有关专家,专家们根据经验对可能的风险因素的等级和重要性进行评估,确定出项目的主要因素。

调查打分法的步骤如下:

(1) 识别出影响待评估工程项目的所有风险因素,列出项目风险调查表。

(2) 将项目风险调查表提交给有经验的专家,请他们对项目风险表中的风险因素进行主观打分评价。

①确定每个风险因素的权数 W,取值范围为 $0.01 \sim 1.0$,由专家打分加权确定。

②确定每个风险因素的权重,即风险因素的风险等级 C,其分为五级,分别为 0.2、0.4、0.6、0.8、1.0,由专家打分加权确定。

(3) 回收项目风险调查表。把各专家打分评价后的项目风险调查表整理出来,计算出项目风险水平。将每个风险因素的权数 W 与权重 C 相乘,得出该项风险因素得分 WC。将各项风险因素得分加权平均,得出该项目风险总分,即项目风险度,风险度越大风险越大。

例如,某建筑工程项目综合风险评估见表 8 - 2 所示。

表 8 - 2 某建筑工程项目综合风险评估

主要风险因素	权数 W	风险等级 C					WC
		0.2	0.4	0.6	0.8	1.0	
地质特殊处理	0.05			√			0.03
施工技术方案不合理	0.10			√			0.06
进度计划不合理	0.10			√			0.06
业主拖欠工程款	0.05		√				0.02
施工组织不协调	0.05		√				0.02
材料供应不及时	0.10				√		0.08
设计缺陷	0.05				√		0.04
合同缺陷	0.10			√			0.06
安全事故	0.10			√			0.06
管理人员不胜任	0.05		√				0.02
施工人员流动性大	0.05			√			0.03
施工人员素质差	0.05			√			0.03
恶劣天气	0.05			√			0.03
物价上涨	0.10			√			0.06
合计	1.00						0.60

2. 蒙特卡洛模拟法

风险评估时经常面临不确定性、不明确性和可变性;而且,即使我们可以对信息进行前所未有的访问,仍无法准确预测未来。蒙特卡洛模拟法允许我们查看做出的决策的所有可能结果并评估风险影响,从而在存在不确定因素的情况下做出更好的决策。蒙特卡洛模拟法是一种计算机化的数学方法,允许人们评估定量分析和决策制定过程中的风险。

应用蒙特卡洛模拟法可以直接处理每一个风险因素的不确定性,并把这种不确定性在成本方面的影响以概率分布的形式表示出来。

3. 敏感性分析法

敏感性分析法是研究和分析由于客观条件的影响(如政治形势、通货膨胀、市场竞争等风险)使项目的投资、成本、工期等主要变量因素发生变化,导致项目的主要经济效果评价指标(如净现值、收益率、拆现率等)发生变动的敏感程度。

8.3.5 风险评价

在风险衡量过程中,建筑工程风险被量化为关于风险发生概率和损失严重性的函数,但在选择对策之前,还需要对建筑工程风险量作出相对比较,以确定建设工程风险的相对严重性。

等风险量曲线(图 8-4)中指出,在风险坐标图上,离原点位置越近则风险量越小。据此,可以将风险发生概率狆和潜在损失狇分别分为 L(小)、M(中)、H(大)3 个区间,从而将等风险量图分为 LL、ML、HL、LM、MM、HM、LH、MH、HH 9 个区域,在这 9 个不同区域中,有些区域的风险量是大致相等的,可以将风险量的大小分成 5 个等级(表 8-3):Ⅰ—可忽略风险;Ⅱ—可容许风险;Ⅲ—中度风险;Ⅳ—重大风险;Ⅴ—不容许风险。

• 风险量的区域

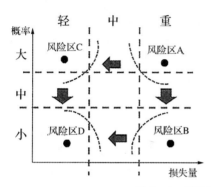

风险区A	5
风险区B	3
风险区C	3
风险区D	1

图 8-4 风险量区域

表 8-3 风险等级划分表

发生概率 p ＼ 潜在损失 q	轻度损失 (轻微伤害)	中度损失 (伤害)	重大损失 (严重伤害)
很大	Ⅲ	Ⅳ	Ⅴ
中等	Ⅱ	Ⅲ	Ⅳ
极小	Ⅰ	Ⅱ	Ⅲ

 **应用案例 8-3**

1·28 中资公司苏丹遇袭事件

2012 年 1 月 28 日,一家中国公司在苏丹南科尔多凡州的公路项目工地遭当地反政府武装袭击,20 余名中国工人被劫持。29 日,中国外交部证实了这一消息。截至 1 月 31 日,29 名被劫持中国工人依然被苏丹反政府武装控制(图 8-5)。

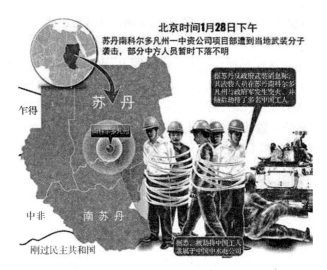

图 8-5　1·28 中资公司苏丹遇袭

随后,苏丹政府军从反政府武装手中收复了中国中水电公司在当地的公路项目工地,并找到中弹失踪的 1 名中国工人遗体。

2 月 7 日,苏丹方面在喀土穆向中方移交遇难中国工人的遗体。

中国外交部 7 日晚证实,在苏丹遭劫持的 29 名中方人员安全获救,平安抵达肯尼亚首都内罗毕。2 月 9 日下午,搭乘 29 名在苏丹获救中国工人的航班抵达首都国际机场,顺利回家。

在国外做工程和国内有哪些不同的风险呢?

8.4　建筑工程项目风险响应与监控

8.4.1　风险响应

1. 风险响应的定义

风险响应指的是针对项目风险而采取的相应对策、措施。由风险特征可知,虽然风险客观存在、无处不在,表现形式也多种多样,但风险并非不可预测和防范。在长期的工程项目管理事件中,人们已经总结出了许多应对工程项目风险的有效措施。只要工程项目管理者对项目风险有了客观、准确的识别和评估,并在此基础上采取合理的响应措施,风险是可以防范和控制的。

经过风险评估,项目整体风险有以下两种情况:一种是项目整体风险超出了项目管理者可接受的水平;另一种是项目整体风险在项目管理者可接受的水平之内。

(1)风险超过了可接受的水平,有两种措施可供选择:停止项目或全面取消项目;采取措施避免或消减风险损失,挽救项目。

(2)风险在可接受的水平,则应该制定各种各样的项目风险响应措施,去规避或控制风险。

2. 风险响应的措施

常见的风险响应措施有:风险回避、风险转移、风险分散、风险自留等。

(1) 风险回避。风险回避是指在完成项目风险分析和评估后,如果发现项目风险发生的概率很高,而且可能造成很大的损失,又没有有效的响应措施来降低风险时,应采取放弃项目、放弃原计划或改变目标等方法,使其不发生或不再发展,从而避免可能产生的潜在损失。

考虑到影响预定目标达成的诸多风险因素,结合决策者自身的风险偏好和风险承受能力,从而做出的中止、放弃某种决策方案或调整、改变某种决策方案的风险处理方式。风险回避的前提在于企业能够准确地对企业自身条件和外部形势、客观存在的风险属性和大小有准确的认识。

在面临灾难性风险时,采用风险回避的方式处置风险是比较有效的。它简单易行,对风险的预防和控制具有彻底性,而且具有一定的经济性。但有时,放弃承担风险也就意味着将放弃某些机会。因此,某些情况下,这种方法是一种比较消极的处理方式。

通常最适合采取风险回避措施的情况有两种:一是风险事件发生的概率很大且损失后果也很大;二是采用其他的风险响应措施的成本超过了其带来的效益。

(2) 风险转移。风险转移是一种常用的、十分重要的、应用范围最广且最有效的风险管理手段,是指将风险及其可能造成的损失全部或部分转移给他人。风险转移并不意味着一定是将风险转移给了他人且他人肯定会受到损失。各人的优劣势不一样,对风险的承受能力也不一样,对于自己是损失但对于别人有可能就是机会,所以在某种环境下,风险转移者和接受者会取得双赢。

一般来说,风险转移的方式可以分为非保险转移和保险转移。

非保险转移是指通过订立经济合同,将风险以及与风险有关的财务结果转移给别人。保险转移是指通过订立保险合同,将风险转移给保险公司(保险人)。在面临风险以前,可以向保险人缴纳一定的保险费,将风险转移。一旦预期风险发生并且造成了损失,则保险人必须在合同规定的责任范围之内进行经济赔偿。

由于保险存在着许多优点,所以通过保险来转移风险是最常见的风险管理方式。需要指出的是,并不是所有的风险都能够通过保险来转移,因此,可保风险必须符合一定的条件。

(3) 风险分散。风险分散就是将风险在项目各参与方之间进行合理分配。风险分配通常在任务书、责任书、合同、招标文件等文件中进行规定。风险分散旨在通过增加风险承受单位来减轻总体风险的压力,以达到共同分担风险的目的。

(4) 风险自留。风险自留也称风险承担,是指项目管理者自己非计划性或计划性地承担风险,即将风险保留在风险管理主体内部,以其内部的资源来弥补损失。保险和风险自留是企业在发生损失后两种主要的筹资方式,都是重要的风险管理手段。风险自留目前在发达国家的大型企业中较为盛行。风险自留既可以是有计划的,也可以是无计划的。

①无计划的风险自留是由于风险管理人员没有意识到项目某些风险的存在,或者不曾有意识地采取有效措施,以致风险发生后只好保留在风险管理主体内部。这样的风险自留就是无计划的和被动的。

无计划的风险自留产生的原因有:风险部位没有被发现、不足额投保、缺乏风险意识、风险识别失误、风险分析与评价失误、风险决策延误、风险决策实施延误等。在这些情况下,一旦造成损失,企业必须以其内部的资源(自有资金或者借入资金)来加以补偿。如果该组织无法筹集到足够的资金,则只能停业。因此,准确地说,无计划的风险自留不能看作风险管理的措施。

②有计划的风险自留是一种重要的风险管理手段,是主动的、有意识的、有计划的选择。它是风险管理者察觉了风险的存在,估计到了该风险造成的期望损失,决定以其内部的资源(自有资金或借入资金)来对损失加以弥补的措施。有计划的风险自留绝不可能单独运用,而应与其他风险对策结合使用。实行有计划的风险自留,应做好风险事件的工程保险和实施损失控制计划。

3. 风险响应的成果

风险响应的最后一步,是把前面已完成的工作归纳成一份风险管理规划文件。风险管理规划文件中应包括三大内容:项目风险形势估计、风险管理计划和风险响应计划。

(1)项目风险形势估计。在风险的识别阶段,项目管理者其实已经对项目风险形势做了估计。风险响应阶段的形势估计比起风险识别阶段更全面、更深入,此阶段可以对前期的风险估计进行修改。

(2)风险管理计划。风险管理计划在风险管理规划文件中起控制作用。在计划中应确定项目风险管理组织机构、领导人员和相关人员的责任和任务。其目的在于在建筑工程项目的实施过程中,对项目各部门风险管理工作内容、工作方向、策略选择起指导作用;强化有组织、有目的的风险管理思路和途径。

(3)风险响应计划。风险响应计划是风险响应措施和风险控制工作的计划和安排,项目风险管理的目标、任务、程序、责任和措施等内容的详细规划,应该细到管理者可直接按计划操作的层次。

 **应用案例 8 - 4**

放射源铱- 192 丢失事故

2014 年 5 月 7 日,天津宏迪检测公司 4 名工作人员在放射源操作和保管过程中违反相关规定,导致放射源铱- 192 丢失的重大责任事故。

5 月 7 日凌晨 4 时,天津宏迪检测公司在南京中石化五公司使用一枚铱- 192 放射源探伤作业完毕,收源时发生机械故障,而现场工作人员以为源已回收,携设备回公司。

5 月 7 日上午 8 时,王某在南京中石化第五建设公司车间门口打扫卫生时,捡到一铁链状东西,误以为是贵重物品,遂将其装入上衣口袋,并于当日中午 11 时 30 分将其丢弃在自家院子里。后因公安机关开展大规模搜查行动感到害怕,于 10 日凌晨 5 时许,用蓝色塑料袋包好后扔到其住所旁的草丛内。

5 月 8 日晚 7 时,公司请维修人员维修时,发现内部没有放射源。当晚 11 时,公司向公安局报案,并于 9 日凌晨 1 时报南京市环保局。

10日下午5时30分左右,丢失了整整有85个小时的放射源铱-192被安全放入铅罐(图8-6)。

图 8-6　寻找丢失的放射源铱-192

据南京市公安局化工园分局介绍,经警方调查,5月7日当天,天津宏迪检测公司4名工作人员在放射源操作和保管过程中违反相关规定,导致放射源铱-192丢失。10日下午2时30分,化工园公安分局依据《刑法》第一百三十六条规定,对涉嫌危险物品肇事罪的4名相关责任人予以刑事拘留。

8.4.2　风险监控

1. 风险监控的定义

风险监控就是对工程项目风险的监视和控制。

(1)风险监视。在实施风险响应计划的过程中,人们对风险的响应行动必然会对风险和风险因素的发展产生相应的影响。风险监视的目的在于通过观察风险的发展变化,评估响应措施的实施效果和偏差,改善和细化应对计划,获得反馈信息,为风险控制提供依据。风险的监控过程是一个不断认识项目风险的特征及不断修订风险管理计划和行为的过程,这个过程是一个实时的、连续的过程。

(2)风险控制。它是指根据风险监视过程中反馈的信息,在风险事件发生时实施预定的风险应对计划处理措施;当项目的情况发生变化时,重新对风险进行分析,并制定更有效的新响应措施。

2. 风险监控的步骤

(1)建立项目风险监控体系。它是指在项目建设前,在风险识别、评估和响应计划的基础上,制定出整个项目的风险监控的方针、程序、目标和管理体系。

(2)确定要监控的具体项目风险。按照项目识别和分析出的具体风险事件,根据风险后果的严重程度和风险发生概率的大小,以及项目组织的风险监控资源情况,确定出应对哪些风险进行监控。

(3)确定项目风险的监控责任。将风险监控的责任工作分配和落实到具体的人员,并确定这些人员的具体责任。

（4）确定风险监控的计划和方案。制订相应的风险监控时间计划和安排，避免错过风险监控的时机。再根据风险监控时间和安排，制定出各个具体项目风险的控制方案。

（5）实施与跟踪具体项目风险监控。在实施项目风险监控的活动时，要不断收集监控工作的信息并给出反馈，确认监控工作是否有效，项目风险的发展是否有新的变化。不断地提供反馈信息，不断地修订项目风险监控方案与计划。

（6）判断项目风险是否已经消除。判断某个项目风险是否已经解除，如已解除则该具体项目风险的控制作业就可以完成；反之，则需要进行重新识别并开始新一轮的风险监控作业。

（7）风险监控的效果评价。风险监控的效果评价是指对风险监控技术适用性及其收益情况进行的分析、检查、修正和评估，看风险管理是否以最少的成本取得了最大的安全保障。

 综合案例八

成都双流中小学灾后重建工程项目风险管理

中冶建工有限公司

1　项目概况

成都双流中小学工程分为两部分：一部分是新堂湖小学，工程建筑面积为 27 680 m^2，其中教学楼 20 372 m^2，宿舍食堂综合楼 7 308 m^2，另外 16 000 m^2 绿化面积及相关配套设施；另一部分是九江中学扩建工程，建筑面积 11 452 m^2。成都双流中小学工程项目是"5·12"大地震灾后重建工程，具有进入灾区承接工程项目里程碑的意义（图 8-7）。

图 8-7　成都双流中学

2　项目特点及难点

（1）工作量大。新堂湖小学工程项目和九江中学扩建工程工程量接近 4 万 m^2，加之战线长，工期不变，又要根据两个项目不同的特点调配人工、材料、机械等因素，调动的工作量十分繁重。

(2) 业主对项目非常重视、要求高。对工程质量要求非常高,各分部分项工程按照相关验收规范或图集验收后方可进入下道工序。合同约定只有 5 个月。

3 管理过程与方法

3.1 风险分析

3.1.1 成本方面的风险

(1) 工作内容变更。

(2) 总价包干,没有二次经营的空间。

(3) 交工时付款额度风险。

3.1.2 工期方面的风险

成都双流中小学工程项目定额工期为 2 年,而合同约定工期只有 5 个月,如工期延误,延迟 1 天需缴纳 5 万元的违约金。更重要的是,该工程是汶川"5·12"大地震后的重点工程,是几百名灾后儿童集中安置及就学的场所,如果工期延误,企业声誉将严重受损,将面对社会、舆论的压力。

3.1.3 质量方面的风险

3.1.4 政治方面的风险

由于该工程是灾后援建的重点项目,一旦出现问题,上至中央,下至地方政府以及各大媒体知道了,将会给公司乃至集团造成重大影响。

3.2 精细管理措施与风险控制

3.2.1 成本风险的解决

(1) 首先进行图纸优化。

(2) 在项目管理组织方面,精简人员 24 人,节约开支 150 万元。

(3) 严格按照招投标制度进行材料采购。

(4) 充分利用"甲方"的身份,风险转移给分包商。

3.2.2 工期风险的解决

(1) 转移工程的风险给分包商。

(2) 在经济上采取措施,设置节点奖。

(3) 调动管理人员的积极性。

(4) 积极索赔。

4 管理成效

本项目很好地贯彻了公司的管理制度,对风险进行了全面的、精细化的管理,实现了各项管理目标,项目不仅被评为成都市优质结构工程和成都市"芙蓉杯"(优质工程奖),最终还扭亏为盈,取得了较好的经济效益和社会效益。

本 章 小 结

本章主要阐述了建筑工程项目风险管理的有关知识。在风险的基本概念中介绍了风险的定义、风险因素、风险事件、风险分类和风险的基本性质等概念,分析了建筑工程项目的风险产生的原因和风险管理的主要工作内容。

介绍了建筑工程项目风险识别的过程和方法,分析了建筑工程项目风险因素和风险结构体系。

在风险评估中介绍了风险发生的可能性分析、风险的影响和损失风险、风险存在和发生的时间分析和风险事件的级别评定以及风险的起因和可控性分析。

练 习 题

一、单项选择题

1. 对于工程项目管理而言,风险是指可能出现的影响项目目标实现的( )。
   A. 确定因素　　　　B. 肯定因素　　　　C. 不确定因素　　　　D. 确定事件

2. 根据《建设工程项目管理规范》(GB/T50326—2006),对于预计后果为中度损失和发生可能性为中等的风险,应列入( )等风险。(2013 年二建)
   A. 2　　　　　　　　B. 4　　　　　　　　C. 5　　　　　　　　D. 3

风险等级 可能性 \ 后果	轻度损失	中度损失	重大损失
很大	3	4	5
中等	2	3	4
极小	1	2	3

3. 下列风险控制方法中,适用于第一类风险源控制的是( )。(2015 年二建)
   A. 提高各类设施的可靠性　　　　　　B. 设置安全监控系统
   C. 隔离危险物质　　　　　　　　　　D. 加强员工的安全意识教育

4. 在事件风险量的区域图中,若某事件经过风险评估,处于风险区 A,则应采取措施降低其概率,可使它移位至( )。
   A. 风险区 B　　　　B. 风险区 C　　　　C. 风险区 D　　　　D. 风险区 E

5. 某项目采用固定价格合同,对于承包商来说,如果估计价格上涨的风险发生可能性为中等,估计如果发生所造成的损失属于重大损失,则此种风险的等级应评为( )等风险。
   A. 2　　　　　　　　B. 3　　　　　　　　C. 4　　　　　　　　D. 5

6. 下列建设工程项目风险中,属于技术风险的是( )。
   A. 人身安全控制计划　　　　　　　　B. 施工机械操作人员的能力
   C. 防火设施的可用性　　　　　　　　D. 工程设计文件

7. 施工风险管理过程包括施工全过程的风险识别、风险评估、风险响应和( )。
   (2013 年二建)
   A. 风险转移　　　　　　　　　　　　B. 风险跟踪
   C. 风险排序　　　　　　　　　　　　D. 风险控制

8. 某企业承接了一大型水坝施工任务,但企业有该类项目施工经验的人员较少,大部分管理人员缺乏经验,这类属于建设工程风险类型中的(   )。

A. 组织风险　　　　　　　　　　　B. 经济与管理风险

C. 工程环境风险　　　　　　　　　D. 技术风险

9. 建设工程施工风险管理的工作程序中,风险响应的下一步工作是(   )。

(2014 年二建)

A. 风险评估　　　　　　　　　　　B. 风险控制

C. 风险识别　　　　　　　　　　　D. 风险预测

10. 下列工程项目风险管理工作中,属于风险识别阶段的工作是(   )。

A. 分析各种风险的损失量　　　　　B. 分析各种风险因素发生的概率

C. 确定风险因素　　　　　　　　　D. 对风险进行监控

11. 下列针对防范土方开挖过程中的塌方风险而采取的措施,属于风险转移对策的是(   )。

A. 投保建设工程一切险　　　　　　B. 设置警示牌

C. 进行专题安全教育　　　　　　　D. 设置边坡护壁

12. 某投标人在招标工程开标后发现由于自己报价失误,比正常报价少报 18%,虽然被确定为中标人,但拒绝与业主签订施工合同。该投标人所采取的风险对策是(   )。

A. 风险自留　　B. 风险规避　　　C. 风险减轻　　　D. 风险转移

二、多项选择题

1. 建设工程项目的组织风险有(   )。

A. 设计人员的能力　　　　　　　　B. 组织人员的能力

C. 安全管理人员的能力　　　　　　D. 一般技工的能力

E. 监理工程师的能力

2. 风险管理包括策划、(   )等方面的工作。

A. 组织　　　　　　　　　　　　　B. 协调

C. 归纳　　　　　　　　　　　　　D. 领导

E. 控制

3. 施工风险管理过程包括施工全过程的(   )。

A. 风险识别　　　　　　　　　　　B. 风险评估

C. 风险响应　　　　　　　　　　　D. 风险控制

E. 风险转移

4. 工程项目风险管理过程中,风险识别工作包括(   )。

A. 分析风险的损失量　　　　　　　B. 确定风险因素

C. 分析风险因素发生的概率　　　　D. 编制施工风险识别报告

E. 收集与施工风险有关的信息

5. 风险评估内容包括(   )。

A. 确定各种风险的风险量　　　　　B. 确定应对各种风险的对策

C. 确定风险因素　　　　　　　　　D. 确定风险等级

E. 确定各种风险因素的发生概率

6. 常用的风险响应对策包括(　　)。

A. 风险规避　　　　　　　　　　B. 风险减轻

C. 风险自留　　　　　　　　　　D. 风险控制

E. 风险转移

三、简答题

1. 施工项目风险的特征是什么?

2. 施工项目风险管理的程序有哪些?

3. 施工项目风险管理的内容是什么?

4. 风险因素识别的原则是什么?

5. 风险评估的目的和方法是什么?

6. 简述一般风险的应对方法。

7. 工程项目建设风险有哪些?

8. 简述工程项目风险的应对措施。

9　建筑工程项目信息管理

单元简介

　　我国从发达国家引进项目管理的概念、理论、组织、方法和手段,历时 30 多年,在工程实践中取得了不少的成绩。但是,至今多数业主和施工方的信息管理水平还相当的落后,其落后表现在对信息管理的内涵和意义的理解,以及现行的信息管理的组织、方法和手段。还应指出,我国在建筑工程项目管理中当前最薄弱的工作领域是信息管理。

　　本章主要内容是施工方的信息管理的任务和方法,信息管理系统的介绍,计算机在信息管理中的应用。

学习要求

知识结构	学习内容	能力目标	笔记
9.1　建筑工程项目信息管理概述	1. 建筑工程项目信息管理的含义和目的 2. 建筑工程项目信息管理的任务 3. 建筑工程项目信息的分类和表现形式 4. 建筑工程项目信息编码的方法	1. 理解项目信息管理的概念和意义 2. 了解信息管理的任务和分类 3. 熟悉信息编码的方法	
9.2　建筑工程项目管理信息系统的意义和功能	1. 项目管理信息系统的含义 2. 项目管理信息系统的建立 3. 项目管理信息系统的功能 4. 项目管理信息系统的意义	了解信息管理系统的含义、功能和意义	
9.3　计算机在建筑工程项目管理中的运用	1. 工程管理信息化的内涵 2. 互联网在建筑工程项目信息处理中的应用 3. 计算机在建筑工程项目管理中的运用	1. 了解管理信息化的内涵 2. 熟悉计算机在工程管理中的应用	

BIM 在南京禄口国际机场二期工程的应用

南京禄口国际机场是南京市乃至整个江苏省的门户建筑,二期工程建成后,南京禄口机场将继北京首都国际机场、广州新白云国际机场和上海浦东机场后国内第四个国际最高标准的 4F 级机场。南京禄口国际机场二期工程于 2011 年 4 月 1 日正式开工,于 2014 年竣工,总投资额 105.75 亿元,设计年旅客吞吐量 3 000 万人次、货邮吞吐量 80 万 t,新建一条 3 600 m 长、60 m 宽的第二跑道、2 条平行滑行道和 51 个机位的站坪,可起降目前世界上最大的空客 380 客机。二期工程投运,标志着禄口机场正式迈入"双跑道时代"(图 9 - 1)。

图 9 - 1　南京禄口国际机场二期工程

本工程具有复杂屋面形态带来了结构局部跨度大,结构单元超大、超长,下部支撑结构受力不均等结构设计难点,为了更好的保证工程的质量与进度,项目部采用了先进的信息化管理软件 BIM 软件。

(1)利用参数化技术手段完成复杂屋盖形体的找形。

(2)在 BIM 模型中构建结构计算单线模型,并导入专业分析软件中进行演算,完成结构设计。

(3)将结构设计数据整合到 BIM 模型中进行设计校核,并进行三维协调、修改设计。

(4)利用确定设计的 BIM 模型直接导出屋盖部分施工图。

(5)将屋盖 BIM 模型提供给施工深化单位进行深化设计;并对其深化 BIM 模型进行校核。施工单位依据 BIM 模型进行下料、加工、安装。

(6)当现场安装出现问题时,利用 BIM 模型比对现场照片,结合现场实地测量,找出问题责任方,快速解决现场问题。

(7)利用 BIM 技术的三维建模技术完成各专业间管线排布,合理规划有限空间,实现空间利用最大化。

由于在项目中大量采用信息化管理,使项目施工效率大大提高,取得了明显的效益。

9.1　建筑工程项目信息管理概述

9.1.1　建筑工程项目信息管理的含义和目的

信息指的是用口头的方式、书面的方式或电子的方式传输(传达、传递)的知识、新闻、可靠的或不可靠的情报。声音、文字、数字和图像等都是信息表达的形式。建筑工程项目的实施需要人力资源和物质资源,应认识到信息也是项目实施的重要资源之一。

信息管理指的是信息传输的合理的组织和控制。

项目信息管理是通过对各个系统、各项工作和各种数据的管理,使项目信息能方便和有效地获取、存储、存档、处理和交流。项目的信息管理的目的是通过有效的项目信息传输的组织和控制(信息管理),为项目建设的增值服务。

建筑工程项目的信息包括在项目决策过程、实施过程(设计准备、设计、施工和物资采购过程等)和运行过程中产生的信息,以及其他与项目建设有关的信息,包括项目的组织类信息、管理类信息、经济类信息、技术类信息和法规类信息。

据国际有关文献资料介绍,建筑工程项目实施过程中存在诸多问题,其中三分之二与信息交流(信息沟通)的问题有关;建筑工程项目 $10\%\sim33\%$ 的费用增加与信息交流存在的问题有关;在大型建筑工程项目中,信息交流的问题导致工程变更和工程实施的错误占工程总成本的 $3\%\sim5\%$ 。由此可见信息管理的重要性。

9.1.2　建筑工程项目信息管理的任务

1. 信息管理手册

业主方和项目参与各方都有各自的信息管理任务,为充分利用和发挥信息资源的价值、提高信息管理的效率,以及实现有序和科学的信息管理,各方都应编制各自的信息管理手册,以规范信息管理工作。信息管理手册描述和定义信息管理的任务、执行者(部门)、每项信息管理任务执行的时间和其工作成果等,主要内容包括:

(1)确定信息管理的任务(信息管理任务目录)。

(2)确定信息管理的任务分工表和管理职能分工表。

(3)确定信息的分类。

(4)确定信息的编码体系和编码。

(5)绘制信息输入输出模型(反映每一项信息处理过程的信息的提供者、信息的整理加工者、信息整理加工的要求和内容,以及经整理加工后的信息传递给信息的接收者,并用框图的形式表示)。

(6)绘制各项信息管理工作的工作流程图(如信息管理手册编制和修订的工作流程,为形成各类报表和报告,收集信息、审核信息、录入信息、加工信息、信息传输和发布的工作流程,以及工程档案管理的工作流程等)。

(7)绘制信息处理的流程图(如施工安全管理信息、施工成本控制信息、施工进度信息、施工质量信息、合同管理信息等的信息处理的流程)。

(8)确定信息处理的工作平台(如以局域网作为信息处理的工作平台,或用门户网站作为信息处理的工作平台等)及明确其使用规定。

(9) 确定各种报表和报告的格式,以及报告周期。

(10) 确定项目进展的月度报告、季度报告、年度报告和工程总报告的内容及其编制原则和方法。

(11) 确定工程档案管理制度。

(12) 确定信息管理的保密制度,以及与信息管理有关的制度。

在国际上,信息管理手册广泛应用于工程管理领域,是信息管理的核心指导文件。我国施工企业应对此引起重视,并在工程实践中加以应用。

2. 信息管理部门的工作任务

项目管理班子中各个工作部门的管理工作都与信息处理有关,都承担一定的信息管理任务,而信息管理部门是专门从事信息管理的工作部门,主要的工作任务是:

(1) 负责编制信息管理手册,在项目实施过程中进行信息管理手册的必要修改和补充,并检查和督促其执行。

(2) 负责协调和组织项目管理班子中各个工作部门的信息处理工作。

(3) 负责信息处理工作平台的建立和运行维护。

(4) 与其他工作部门协同组织收集信息、处理信息和形成各种反映项目进展和项目目标控制的报表和报告。

(5) 负责工程档案管理等。

在国际上,许多建筑工程项目都专门设立信息管理部门(或称为信息中心),以确保信息管理工作的顺利进行;也有一些大型建筑工程项目专门委托咨询公司从事项目信息动态跟踪和分析,以信息流指导物质流,从宏观和总体上对项目的实施进行控制。

9.1.3　建筑工程项目信息的分类和表现形式

1. 建筑工程项目信息的分类

业主方和项目参与各方可根据各自的项目管理的需求确定其信息管理的分类,但为了信息交流的方便和实现部分信息共享,应尽可能做一些统一分类的规定,如项目的分解结构应统一。

可以从不同的角度对建筑工程项目的信息进行分类。

(1) 按项目管理工作的对象即按项目的分解结构进行分类(如子项目 1、子项目 2 等)。

(2) 按项目实施的工作过程进行分类(如设计准备、设计、招投标和施工过程等)。

(3) 按项目管理工作的任务进行分类(如投资控制、进度控制、质量控制等)。

(4) 按信息的内容属性进行分类(如组织类信息、管理类信息、经济类信息、技术类信息等),如图 9-2 所示。

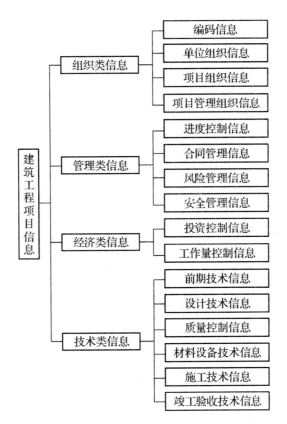

图 9-2 建筑项目的信息按内容属性的分类

2. 建筑工程项目信息的表现形式

建筑工程项目信息的表现形式见表 9-1 所示。

表 9-1 建筑工程项目信息的表现形式

表现形式	示　例
书面形式	设计图纸、说明书、任务书、施工组织设计、合同文本、概预算书、会计、统计等各类报表、工作条例、规章、制度等； 　会议纪要、谈判记录、技术交底记录、工作研讨记录等； 　个别谈话记录：如监理工程师口头提出、电话提出的工程变更要求，在事后应及时追补的工程变更文件记录、电话记录等
技术形式	由电报、录像、录音、磁盘、光盘、图片、照片等记载储存的信息
电子形式	电子邮件、Web 网页

9.1.4 建筑工程项目信息编码的方法

编码由一系列符号（如文字）和数字组成，编码是信息处理的一项重要的基础工作。一个建筑工程项目有不同类型和不同用途的信息，为了有组织地存储信息，方便信息的检索和信息的加工整理，必须对项目的信息进行编码，其编码方法如表 9-2 所示。

表 9 - 2　建筑工程项目信息的编码方法

类　别	内　容
项目的结构编码	依据项目结构图对项目结构的每一层的每一个组成部分进行编码
项目管理组织结构编码	依据项目管理的组织结构图,对每一个工作部门进行编码
项目的政府主管部门和各参与单位编码	包括政府主管部门;业主方的上级单位或部门;金融机构;工程咨询单位;设计单位;施工单位;物资供应单位;物业管理单位等
项目实施的工作项编码	应覆盖项目实施的工作任务目录的全部内容,包括:设计准备阶段的工作项;设计阶段的工作项;招投标工作项;施工和设备安装工作项;项目动用前的准备工作项等
项目的投资项编码(业主方)/成本项编码(施工方)	不是概预算定额确定的分部分项工程的编码,而是综合考虑概算、预算、标底、合同价和工程款的支付等因素,建立统一的编码,以服务于项目投资目标的动态控制
项目的进度项(进度计划的工作项)编码	综合考虑不同层次、不同深度和不同用途的进度计划工作项的需要,建立统一的编码,服务于项目进度目标的动态控制
项目进展报告和各类报表编码	包括项目管理形成的各种报告和报表的编码
合同编码	参考项目的合同结构和合同的分类,应反映合同的类型、相应的项目结构和合同签订的时间等特征
函件编码	反映发函者、收函者、函件内容所涉及的分类和时间等,以便函件的查询和整理
工程档案编码	根据有关工程档案的规定、项目的特点和项目实施单位的需求而建立

以上这些编码是因不同的用途而编制的,如项目的投资项编码(业主方)/成本项编码(施工方)服务于投资控制工作/成本控制工作;项目的进度项编码服务于进度控制工作。但是有些编码并不是针对某一项管理工作而编制的,如投资控制/成本控制、进度控制、质量控制、合同管理、编制项目进展报告等,都要使用项目的结构编码,因此就需要进行编码的组合。

9.2　建筑工程项目管理信息系统的意义和功能

9.2.1　项目管理信息系统的含义

项目管理信息系统(Project Management Information System,PMIS)是基于计算机的项目管理的信息系统,主要用于项目的目标控制。管理信息系统(Management Information System,MIS)是基于计算机的管理的信息系统,但主要用于企业的人、财、物、产、供、销的管理。项目管理信息系统与管理信息系统服务的对象和功能是不同的。

项目管理信息系统的应用,主要是用计算机的手段,进行项目管理有关数据的收集、记录、存储、过滤和把数据处理的结果提供给项目管理班子的成员。它是项目进展的跟踪和控制系统,也是信息流的跟踪系统。

9.2.2　项目管理信息系统的建立

1. 建立项目管理信息系统的目的

建立项目管理信息系统的目的是项目管理信息系统能及时、准确地提供施工管理所需要的信息,完整地保存历史信息以便预测未来,为项目经理提供决策的依据,还能发挥电子计算机的管理作用,以实现数据的共享和综合应用。

2. 建立项目管理信息系统的必要条件

首先,应建立科学的项目管理组织体系。要有完善的规章制度,采用科学、有效的方法;要有完善的经济核算基础,提供准确而完整的原始数据,使管理工作程序化,报表文件统一化。而完整、经编号的数据资料,可以方便地输入计算机,从而建立有效的管理信息系统,并为有效地利用信息创造条件。

其次,要有创新精神和信心。

最后,要有使用电子计算机的条件,既要配备机器,也要配备硬件、软件及人员,以使项目管理信息系统能在电子计算机上运行。

3. 项目管理信息系统的设计开发

设计开发项目管理信息系统的工作应包括以下三个方面:

(1) 系统分析。通过系统分析,可以确定项目管理信息系统的目标,掌握整个系统的内容。首先,要调查建立项目管理信息系统的可行性,即对项目系统的现状进行调查。其次,调查系统的信息量和信息流,确定各部门要保存的文件、输出的数据格式;分析用户的需求,确定纳入信息系统的数据流程图。最后,确定电子计算机硬件和软件的要求,然后选择最优方案,同时还要预留未来数据量的扩展余地。

(2) 系统设计。利用系统分析的结果进行系统设计,建立系统流程图,提出程序的详细技术资料,为程序设计做准备工作。系统设计分两个阶段进行:进行概要设计,包括输入、输出文件格式的设计、代码设计、信息分类、子系统模块和文件设计,确定流程图,指出方案的优缺点,判断方案的可行性,并提出方案所需要的物质条件;然后,进行详细设计,将前一阶段的成果具体化,包括输入、输出格式的详细设计,流程图的详细设计,程序说明书的编写等。

(3) 系统实施。系统实施的内容包括:程序设计与调试,系统调试,项目管理,系统评价等。程序设计是根据系统设计明确程序设计的要求,如使用何种语言、文件组织、**数据处理**等,然后绘制程序框图,再编写程序并写出操作说明书。

9.2.3　项目管理信息系统的功能

项目管理信息系统的功能是:投资控制(业主方)或成本控制(施工方);进度控制;合同管理。有些项目管理信息系统还包括质量控制和一些办公自动化的功能。

1. 投资控制的功能

投资控制的功能包括:

(1) 项目的估算、概算、预算、标底、合同价、投资使用计划和实际投资的数据计算和分析。

(2) 进行项目的估算、概算、预算、标底、合同价、投资使用计划和实际投资的动态比较（如概算和预算的比较、概算和标底的比较、概算和合同价的比较、预算和合同价的比较等），形成各种比较报表。

(3) 计划资金投入和实际资金投入的比较分析。

(4) 根据工程的进展进行投资预测等。

2. 成本控制的功能

成本控制的功能包括：

(1) 投标估算的数据计算和分析。

(2) 计划施工成本。

(3) 计算实际成本。

(4) 计划成本与实际成本的比较分析。

(5) 根据工程的进展进行施工成本预测等。

3. 进度控制的功能

进度控制的功能包括：

(1) 计算工程网络计划的时间参数，确定关键工作和关键路线。

(2) 绘制网络图和计划横道图。

(3) 编制资源需求量计划。

(4) 进度计划执行情况的比较分析。

(5) 根据工程的进展进行工程进度预测。

4. 合同管理的功能

合同管理的功能包括：

(1) 合同基本数据查询。

(2) 合同执行情况的查询和统计分析。

(3) 标准合同文本查询和合同辅助起草等。

9.2.4　项目管理信息系统的意义

20 世纪 70 年代末期和 80 年代初期，国际上已有项目管理信息系统的商品软件，项目管理信息系统现已被广泛地用于业主方和施工方的项目管理。应用项目管理信息系统的主要意义是：

(1) 实现项目管理数据的集中存储。

(2) 有利于项目管理数据的检索和查询。

(3) 提高项目管理数据处理的效率。

(4) 确保项目管理数据处理的准确性。

(5) 可方便地形成各种项目管理需要的报表。

9.3　计算机在建筑工程项目管理中的运用

9.3.1　工程管理信息化的内涵

1. 工程管理信息化的含义

信息化指的是信息资源的开发和利用，以及信息技术的开发和应用。信息化是继人类社会农业革命、城镇化和工业化的又一个新的发展时期的重要标志。

工程管理信息化指的是工程管理信息资源的开发和利用，以及信息技术在工程管理中的开发和应用。工程管理信息属于领域信息化的范畴，它和企业信息化也有联系。

我国建筑业和基本建设领域应用信息技术与工业发达国家相比，尚存在较大的数字鸿沟，它反映在信息技术在工程管理中应用的观念上，也反映在有关的知识管理上，还反映在有关技术的应用方面。

工程管理的信息资源包括：组织类工程信息、管理类工程信息、经济类工程信息、技术类工程信息和法规类信息等。在建设一个新的工程项目时，应重视开发和充分利用国内和国外同类或类似工程项目的有关信息资源。

信息技术在工程管理中的开发和应用，包括在项目决策阶段的开发管理、实施阶段的项目管理和使用阶段的设施管理中开发和应用信息技术。

2. 工程管理信息化的发展阶段

自 20 世纪 70 年代开始，信息技术经历了一个迅速发展的过程，信息技术在建设工程管理中的应用也有一个相应的发展过程：

（1）20 世纪 70 年代，主要为单项程序的应用，如工程网络计划的时间参数的计算程序，施工图预算程序等。

（2）20 世纪 80 年代，逐步扩展到区域规划、建筑 CAD 设计、工程造价计算、钢筋计算、物资台账管理、工程计划网络制定等，以及经营管理方面程序系统的应用，如项目管理信息系统、设施管理信息系统（Facility Management Information System，FMIS）等。

（3）20 世纪 90 年代，又扩展到工程量计算、大体积混凝土养护、深基坑支护、建筑物垂直度测量、施工现场的 CAD 等。这时出现了程序系统的集成，它是随着工程管理的集成而发展的。

（4）20 世纪 90 年代末期至今，基于网络平台的工程管理。

3. 工程管理信息化的意义

工程管理信息化有利于提高建筑工程项目的经济效益和社会效益，以达到为项目建设增值的目的。

工程管理信息资源的开发和信息资源的充分利用，可吸取类似项目的正反两方面的经验和教训，许多有价值的组织信息、管理信息、经济信息、技术信息和法规信息将有助于项目决策期多种可能方案的选择，有利于项目实施期的项目目标控制，也有利于项目建成后的运行。

通过信息技术在工程管理中的开发和应用能实现：

（1）信息存储数字化和存储相对集中，如图 9-3 所示。

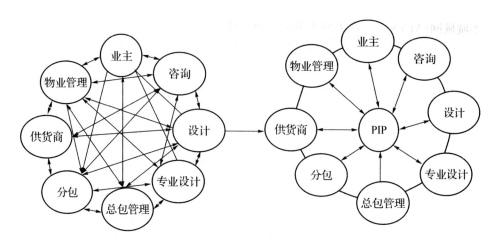

图 9‑3　信息存储数字化和存储相对集中

（2）信息处理和变换的程序化。

（3）信息传输的数字化和电子化。

（4）信息获取便捷。

（5）信息透明度提高。

（6）信息流扁平化。

信息技术在工程管理中的开发和应用的意义在于：

（1）"信息存储数字化和存储相对集中"有利于项目信息的检索和查询,有利于数据和文件版本的统一,并有利于项目的文档管理。

（2）"信息处理和变换的程序化"有利于提高数据处理的准确性,并可提高数据处理的效率。

（3）"信息传输的数字化和电子化"可提高数据传输的抗干扰能力,使数据传输不受距离限制并可提高数据传输的保真度和保密性。

（4）"信息获取便捷""信息透明度提高"以及"信息流扁平化"有利于项目参与方之间的信息交流和协同工作。

9.3.2　互联网在建筑工程项目信息处理中的应用

在当今时代,信息处理已逐步向电子化和数字化的方向发展,但建筑业和基本建设领域的信息化已明显落后于许多其他行业,建设工程项目信息处理基本上还沿用传统的方法和模式。因此,我们应采取有效措施,使信息处理由传统的方式向基于网络的信息处理平台方向发展,以充分发挥信息资源的价值,以及信息对项目目标控制的作用。

基于网络的信息处理平台由一系列硬件和软件构成,包括：

（1）数据处理设备（包括计算机、打印机、扫描仪、绘图仪等）。

（2）软件系统（包括操作系统和服务于信息处理的应用软件等）。

（3）数据通信网络（包括形成网络的有关硬件设备和相应的软件）。

数据通信网络主要有如下三种类型：

①局域网（LAN——由与各网点连接的网线构成网络,各网点对应于装备有实际网络接口的用户工作站）。

②城域网(MAN——在大城市范围内两个或多个网络的互联)。

③广域网(WAN——在数据通信中,用来连接分散在广阔地域内的大量终端和计算机的一种多态网络)。

建筑工程项目的业主方和项目参与各方往往分散在不同的地点,或不同的城市,或不同的国家,因此其信息处理应考虑充分利用远程数据通信的方式,如:

(1)通过电子邮件收集信息和发布信息。

(2)通过基于互联网的项目专用网站(Project Specific Web Site,PSWS)实现业主方内部、业主方和项目参与各方以及项目参与各方之间的信息交流、协同工作和文档管理,或通过基于互联网的项目信息门户(Project Information Portal,PIP)的为众多项目服务的公用信息平台实现业主方内部、业主方和项目参与各方,以及项目参与各方之间的信息交流、协同工作和文档管理。

(3)召开网络会议。

(4)基于互联网的远程教育与培训等。

9.3.3　计算机在建筑工程项目管理中的运用

当前,建筑工程项目管理应用软件种类很多,它们各有不同的功能和操作特点,下面简单介绍几种常用项目管理应用软件。

1. Microsoft Office Project

Microsoft Project 是 Microsoft 公司开发的项目管理系统,它是应用最普遍的项目管理软件之一,Project4.0、Project98、Project 已经在我国获得了广泛的应用。

借助 Project 和其他辅助工具,可以满足一般要求不是很高的项目管理的需求;但如果项目比较复杂,或对项目管理的要求很高,那么该软件可能很难让人满意,这主要是该软件在处理复杂项目的管理方面还存在一些不足的地方。例如,资源层次划分上的不足,费用管理方面的功能太弱等。但就其市场定位和低廉的价格来说,Project 是一款不错的项目管理软件。

软件的功能:

(1)进度计划管理。Project 为项目的进度计划管理提供了完备的工具,用户可以根据自己的习惯和项目的具体要求采用"自上而下"或"自下而上"的方式安排整个建设工程项目。

(2)资源管理。Project 为项目资源管理提供了适度、灵活的工具,用户可以方便地定义和输入资源,可以采用软件提供的各种手段观察资源的基本情况和使用状况,同时还提供了解决资源冲突的手段。

(3)费用管理。Project 为项目管理工作提供了简单的费用管理工具,可以帮助用户实现简单的费用管理。

(4)组织信息。只要用户将系统所需要的参数、条件输入后,系统就可自动将这些信息进行整理,这样用户可以看到项目的全局。同时,该系统还可以根据用户输入的信息来安排完成任务所需要的时间框架,以及设定什么时候将某种资源分配给某种任务等。

(5)信息共享。该系统具有强大的网络发布功能,可以将项目数据导出为 HTML 格式,这样就可以在 Internet 上发布该项目有关的信息。

（6）方案选择。该系统可以对不同的方案进行比较，从而为用户找出最优方案。系统能随时对项目进程进行检验，如发现问题，可以向用户提供解决方案。

（7）拓展功能。该系统可以根据用户输入的数据计算其他信息，然后向用户反映这些结果对项目其他部分以及对整个项目的影响。

（8）跟踪任务。Project 可以将用户项目执行过程中得到的实际数据输入电脑代替计划数据，并据此计算其他信息，然后向用户显示这些变动对项目其他任务及整个日程的影响，并为后面的项目管理提供有价值的依据。

2. Primavera Planner(P3)

在国内外为数众多的大型项目管理软件中，美国 Primavera 公司开发的 Primavera Project Planner(P3)普及程度和占有率是最高的。国内的大型和特大型建筑工程项目几乎都采用了 P3。目前国内广泛使用的 P3 进度计划管理软件主要是指项目级的 P3。P3 是用于项目进度计划、动态控制、资源管理和费用控制的综合进度计划管理软件，也是目前国内大型项目中应用最多的进度计划管理软件。

软件的功能：

（1）同时管理多个工程，通过各种视图、表格和其他分析、展示工具，帮助项目管理人员有效控制大型、复杂项目。

（2）可以通过开放数据库互联（ODBC）与其他系统结合进行相关数据的采集、数据存储和风险分析。

（3）P3 提供了上百种标准的报告，同时还内置报告生成器，可以生成各种自定义的图形和表格报告。但其在大型工程层次划分上的不足和相对薄弱的工程（特别是对于大型建筑工程项目）汇总功能，将其应用限制在了一个比较小的范围内。

（4）某些代码长度上的限制妨碍了该软件与项目其他系统的直接对接，后台的数据库的性能也明显影响软件的响应速度和与项目信息管理系统集成的便利性，给用户的使用带来了一些不便。这些问题在其后期的 P3e 中得到了一定程度的解决。

3. 工程项目管理系统 PKPM

工程项目管理系统 PKPM 是由中国建筑科学研究院与中国建筑业协会工程项目管理委员会共同开发的一体化施工项目管理软件。它是以工程数据库为核心，以施工管理为目标，针对施工企业的特点而开发的。其包括三大软件：

（1）标书制作及管理软件，可提供标书全套文档编辑、管理、打印功能，根据投标所需内容，可从模板素材库、施工资料库、常用图库中选取相关内容，任意组合，自动生成规范的标书及标书附件或施工组织设计。还可导入其他模块生成的各种资源图表和施工网络计划图以及施工平面图。

（2）施工平面图设计及绘制软件，提供了临时施工的水、电、办公、生活、仓储等计算功能，生成图文并茂的计算书供施工组织设计使用，还包括从已有建筑生成建筑轮廓，建筑物布置，绘制内部运输道路和围墙，绘制临时设施（水电）工程管线、仓库与材料堆场、加工厂与作业棚、起重机与轨道，标注各种图例符号等。该软件还可提供自主版权的通用图形平台，并可利用平台完成各种复杂的施工平面图。

（3）项目管理软件，是施工项目管理的核心模块，具有很高的集成性，行业上可以和设计系统集成,施工企业内部可以同施工预算、进度、成本等模块数据共享。该软件以《建设工程施工项目管理规范》为依据进行开发,软件自动读取预算数据,生成工序,确定资源、完成项目的进度、成本计划的编制,生成各类资源需求量计划、成本降低计划、施工作业计划以及质量安全责任目标,通过网络计划技术、多种优化和流水作业方案、进度报表、前锋线等手段实施进度的动态跟踪与控制,通过质量测评、预控及通病防治实施质量控制。

4. 清华思维尔项目管理软件

清华思维尔项目管理软件是将网络计划及优化技术应用于建设项目的实际管理中,以国内建设行业普遍采用的横道图以及双代号时标网络图作为项目进度管理与控制的主要工具。通过挂接各类工程定额实现对项目资源、成本的精确分析与计算。不仅能够从宏观上控制工期、成本,还能从微观上协调人力、设备、材料的具体使用。

软件的功能:

(1) 项目管理。以树形结构的层次关系组织实际项目,并允许同时打开多个项目文件进行操作。

(2) 编辑处理。可随时插入、修改、删除、添加任务,实现或取消任务间的四类逻辑关系,进行升级或降级的子网操作,以及任务查找等。

(3) 数据录入。可方便地选择在图形界面或表格界面中,完成各类任务信息的录入工作。

(4) 视图切换。可随时选择在横道图、双代号、单代号、资源曲线等视图界面间进行切换,从不同角度观察、分析实际项目。同时,在一个视图内进行数据操作时,其他视图动态适时地改变。

(5) 图形处理。能够对网络图、横道图进行放大、缩小、拉长、缩短、鹰眼、全图等显示,以及对网络图的各类属性进行编辑等操作。

(6) 数据管理与接口。实现项目数据的备份与恢复,Microsoft Project 项目数据的导入与导出,AutoCAD 图形文件输出,EMF 图形输出等操作。

(7) 图表打印。可方便地打印出施工横道图、单代号网络图、双代号网络图、资源需求曲线图、关键任务表、任务网络时间参数计算表等多种图表。

5. BIM 软件

建筑信息模型(Building Information Modeling)是以建筑工程项目的各项相关信息数据作为模型的基础,进行建筑模型的建立,通过数字信息仿真模拟建筑物所具有的真实信息。它具有可视化、协调性、模拟性、优化性和可出图性五大特点。

从 BIM 设计过程的资源、行为、交付三个基本维度,给出设计企业的实施标准的具体方法和实践内容。BIM(建筑信息模型)不是简单地将数字信息进行集成,而是一种数字信息的应用,并可以用于设计、建造、管理的数字化方法。这种方法支持建筑工程的集成管理环境,可以使建筑工程在其整个进程中显著提高效率、大量减少风险。

由于国内《建筑工程信息模型应用统一标准》还在编制阶段,这里暂时引用美国国家BIM 标准(NBIMS)对 BIM 的定义,定义由三部分组成:

(1) BIM 是一个设施(建设项目)物理和功能特性的数字表达。

(2) BIM 是一个共享的知识资源,是一个分享有关这个设施的信息,为该设施从建设到拆除的全生命周期中的所有决策提供可靠依据的过程。

(3) 在项目的不同阶段,不同利益相关方通过在 BIM 中插入、提取、更新和修改信息,以支持和反映其各自职责的协同作业。

综合案例九

广州西塔项目总承包管理信息系统的研究与应用

中国建筑股份有限公司　广州市建筑集团有限公司

1　项目概况

广州国际金融中心(广州西塔)是由中国建筑股份有限公司与广州市建筑集团有限公司联合总承包管理的一个超大型项目。该项目位于广州珠江新城核心商务区,由广州越秀城建地产投资兴建,总投资近 60 亿元人民币。项目总建筑面积 44.8 万 m²,建筑总高度 440.75 m,地下 5 层,主塔楼地上 103 层,位列全球超高层建筑第五位,是中国大陆第二高楼,华南第一高楼。工程于 2005 年破土动工,2009 年竣工(图 9-4)。

图 9-4　广州西塔

2　系统框架

西塔项目管理信息系统包括以下部分:门户网站、OA 办公平台、工程项目管理系统(包括 4D 进度管理系统、视频监控系统等)、硬件支撑平台,见图 9-5 所示。

3　信息研发过程

3.1　项目立项

2007 年 3 月,西塔主体结构施工开始时,西塔总包项目部就将"联合体项目总承包管理模式下的项目管理信息系统研发与应用"确定为项目重点攻关课题,并上报项目管委会,该项目在西塔项目第一次管委会上审批通过,项目投资预算为 100 万元人民币。

3.2　项目策划与启动

2007 年 6 月,西塔项目部成立了以项目经理为组长的信息化领导小组和工作小组。2007 年 12 月,西塔项目部选定了深圳易建科技作为软件开发商,并联合清华大学共同研发。

图 9‒5　西塔项目管理信息系统总体框架

3.3　调研与研发

3.4　项目运行

2008 年 4 月,整个系统经过测试后正式投入运行。

4　管理成效

西塔项目管理信息系统针对联合体项目总承包模式,在开发和应用上首次采用和引进一系列新的信息技术和新的管理方法,整个系统达到了国内领先水平。给西塔项目带来了巨大的社会影响和良好的经济效益。

(1)门户网站及上传的西塔项目最新信息和动态,点击率突破了 2 万人次。

(2)充分运用项目门禁系统的功能和相关数据,将劳务队和农民工的管理纳入了管理信息系统,得到了广州市建委及西塔项目业主的充分肯定。

(3)4D 进度管理系统作为西塔项目进度管理的重要手段,提高了项目施工速度。

本 章 小 结

本章介绍了项目信息管理的内容,工程项目信息包括在项目决策过程、实施过程(建设准备、设计、施工和物资采购过程中)和试运行过程中产生的信息,以及其他与项目建设有关的信息,如项目的组织类信息、管理类信息、经济类信息、技术类信息和法规类信息。

工程项目信息管理的方法包括:信息的采集与筛选,信息的处理与加工,信息的利用与扩大,网络技术。

常用的项目管理软件包括 Microsoft Project 2003 项目管理系统,Microsoft Office 企业项目管理(EPM)解决方案等。

练 习 题

一、单项选择题

1. 数据是(　　　)。
   A. 资料
   B. 信息
   C. 客观实体属性的反映
   D. 数量

2. 信息是(　　　)。
   A. 情报
   B. 对数据的解释
   C. 数据
   D. 载体

3. 按照建筑工程项目目标划分,信息的分类有(　　　)。
   A. 项目内部信息和外部信息
   B. 生产性、技术性、经济性和资源性信息
   C. 固定信息和流动信息
   D. 投资控制、进度控制、质量控制信息及合同管理信息

4. 关于建设工程信息内涵的说法,正确的是(　　　)。(2014 年二建)
   A. 信息管理是指信息的收集和整理
   B. 信息管理的目的是为有效的反映工程项目管理的实际情况
   C. 建设工程项目的信息是指工程项目部在项目运行各阶段的产生的信息
   D. 建设工程项目管理信息交流的问题会不同程度地影响项目目标实现

5. 建设工程信息流由(　　　)组成。
   A. 建设各方的数据流
   B. 建设各方的信息流
   C. 建设各方的数据流综合
   D. 建设各方各自的信息流综合

6. 建设工程文件是指(　　　)。
   A. 在工程建设过程中形成的各种形式的记录,包括监理文件
   B. 在工程建设过程中形成的各种形式的记录,包括监理文件、施工文件、设计文件
   C. 在工程建设活动中直接形成的具有保存价值的文字、图表、声像等各种形式的历史记录
   D. 在工程建设过程中形成的各种形式的信息记录,包括工程准备阶段文件、监理文件、施工文件、竣工图和竣工验收文件

7. 基于互联网的建设工程信息管理系统的特点有(　　　)等。
   A. 用户是建设单位的承包单位
   B. 用户包括政府、监理单位、材料供应商
   C. 用户是建设工程的所有参与单位
   D. 用户依靠政府建设主管部门的网站

8. 监理例会会议纪要由(　　　)根据会议记录整理。
   A. 会议主持人
   B. 记录员
   C. 项目监理部
   D. 监理员

9. 建设工程文件档案资料是由（　　）组成。

    A. 建设工程文件

    B. 建设工程监理文件

    C. 建设工程验收文件

    D. 建设工程文件、建设工程档案和建设工程资料

10. 按照《建设工程文件归档整理规范》，建设工程档案资料分为：监理文件、施工文件、竣工图、竣工验收文件和（　　）五大类。

    A. 财务文件　　　　　　　　　　　　B. 建设用地规划许可证文件

    C. 施工图设计文件　　　　　　　　　D. 工程准备阶段文件

11. 竣工验收前，监理单位应向建设单位提交（　　）。

    A. 建设工程质量检查报告　　　　　　B. 建设工程竣工验收监理评估报告

    C. 施工单位建设工程质量验收报告　　D. 建设工程竣工验收报告

12. 根据施工项目相关的信息管理工作要求，项目施工进度计划表属于（　　）。

    （2015 年二建）

    A. 公共信息　　　　　　　　　　　　B. 项目管理信息

    C. 工作总体信息　　　　　　　　　　D. 施工信息

二、多项选择题

1. 信息的特点有（　　）等。

    A. 真实性　　　　　　　　　　　　　B. 系统性

    C. 有效性　　　　　　　　　　　　　D. 不完全性

    E. 时效性

2. 信息分类编码的原则为（　　）等。

    A. 唯一性　　　　　　　　　　　　　B. 合理性

    C. 可扩充性　　　　　　　　　　　　D. 有效性

    E. 规范性

3. 建设工程项目信息工作原则有（　　）等。

    A. 适用性　　　　　　　　　　　　　B. 可扩充性

    C. 标准化　　　　　　　　　　　　　D. 时效性

    E. 定量化

4. 建设工程信息管理的基本环节包括（　　）。

    A. 信息的收集、传递　　　　　　　　B. 信息的加工、整理

    C. 数据和信息的收集、传递　　　　　D. 数据和信息的加工、整理

    E. 数据和信息的检索、存储

5. 在施工实施期，要收集的信息包括（　　）等。

    A. 施工单位人员、设备能源　　　　　B. 原材料等供应、使用、保管

    C. 设计文件图纸、概预算　　　　　　D. 项目经理管理程序

    E. 施工期气象中长期趋势

6. 下列施工文件档案资料中,属于工程质量控制资料的有( )。(2014 年二建)

    A. 施工测量放线报验表   B. 检验质量验收质量表

    C. 竣工验收证明书   D. 水泥见证检测报告

    E. 交接检查记录

7. 建设工程项目信息管理的基本任务是( )。

    A. 组织项目基本情况的信息,并系统化,编制项目手册

    B. 规定项目报告及各种资料的基本要求

    C. 按照项目实施、项目组织、项目管理工作过程建立项目管理信息系统流程,在实际工作中保证这个系统正常运行,并控制信息流

    D. 决定提供的信息和数据介质

    E. 决定分发信息的类型

8. 下列建设工程施工资料中,属于工程质量控制资料的有( )。(2015 年二建)

    A. 见证检测报告   B. 施工组织设计

    C. 交接检查记录   D. 施工测量放线报验表

    E. 检验批质量验收记录

三、简答题

1. 工程项目信息管理的含义、目的、任务有哪些?

2. 工程项目信息的内容有哪些?

3. 施工项目信息管理的任务有哪些?

4. 施工项目信息在建设的各个阶段如何收集?

5. 施工项目新编码的方法有哪些?

6. 施工资料管理的内容有哪些?

10　建筑工程项目收尾管理

单元简介

　　项目收尾管理是指对项目的收尾、试运行、竣工验收、竣工结算、竣工决算、考核评价、回访保修等进行的计划、组织、协调、控制的活动,它是建筑工程项目管理全过程的最后阶段。

　　本章介绍了收尾管理的相关概念;项目竣工验收;项目的回访与保修管理;项目管理的考核与评价;工程项目文件的归档与竣工验收;工程项目的竣工结算和竣工决算。通过本章的学习,了解建筑工程项目收尾管理的概念,熟悉建筑工程项目收尾管理的要求,了解建筑工程项目竣工验收的基本概念,熟悉建筑工程项目验收的一般规律,了解建筑工程项目竣工结算的依据,熟悉建筑工程项目竣工结算递交的程序,掌握建筑工程项目工程价款结算的方式,熟悉建筑工程项目回访保修制度,等等。

学习要求

知识结构	学习内容	能力目标	笔记
10.1　建筑工程项目竣工验收及保修回访	1. 项目收尾管理与竣工验收的概念 2. 建筑工程项目竣工验收准备 3. 建筑工程项目竣工验收 4. 工程质量保修及回访	1. 了解建筑工程项目收尾管理的概念 2. 熟悉收尾管理的要求 3. 了解竣工验收的程序 4. 了解工程的回访与保修	
10.2　建筑工程项目竣工结算与决算	1. 建筑工程项目竣工结算 2. 建筑工程项目竣工决算	1. 掌握竣工结算的方式 2. 熟悉竣工决算的编制	

导人案例（十）

　　某集团承建科研办公室项目，总建筑面积 20 000 m²，地上 20 层，地下 2 层，采用框架剪力墙结构体系。屋面防水等级二级，4 mm 厚 SBS 改性沥青防护卷材＋3 mm 厚改性沥青涂料。该办公楼完工后，施工单位向建设单位提交工程竣工报告，请建设单位组织验收。在检查该工程过程中发现较多质量问题，有混凝土强度不足、屋面局部渗漏等随即建设单位停止竣工验收。

　　问题：
　　(1) 该办公楼及竣工验收应如何组织？
　　(2) 该办公楼达到什么条件，方可竣工验收？
　　(3) 单位工程质量验收合格应符合哪些规定？
　　学习本章内容后，进行解答。

10.1　建筑工程项目竣工验收及保修回访

10.1.1　项目收尾管理与竣工验收的概念

1. 项目收尾管理的概念

　　项目收尾管理是指对项目的收尾、试运行、竣工验收、竣工结算、竣工决算、考核评价、回访保修等进行的计划、组织、协调、控制的活动。它是建筑工程项目管理全过程的最后阶段。没有这个阶段，建筑工程项目就不能顺利交工，不能生产出设计规定的合格产品，不能投入使用，也就不能最终发挥投资效益。

2. 项目收尾管理的内容

　　项目收尾管理的内容主要包括竣工收尾、验收、结算、决算、回访保修、管理考核评价等方面的管理。

　　项目收尾管理的内容如图 10-1 所示。

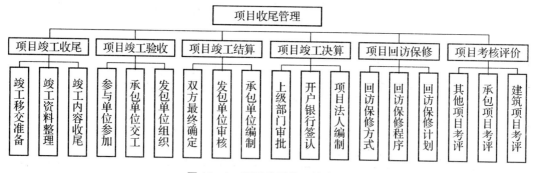

图 10-1　项目收尾管理的内容

3. 项目竣工验收的概念

　　工程项目竣工验收是指承包人按施工合同完成了项目全部任务，经检验合格，由发、承包人组织验收的过程。项目的交工主体是合同当事人的承包主体。验收主体应是合同当事人的发包主体,其他项目参与人则是项目竣工验收的相关组织。

建设项目的竣工验收主要由建设单位负责组织和进行现场检查、收集与整理资料,设计、施工、设备制造单位有提供资料及竣工图纸的责任。

10.1.2　建筑工程项目竣工验收准备

1. 建立竣工收尾工作小组

项目进入竣工验收阶段,项目经理部应建立竣工收尾工作小组,做到因事设岗、以岗定责,实现收尾的目标。该小组由项目经理、技术负责人、质量人员、计划人员、安全人员组成。

2. 落实竣工收尾计划

首先,编制一个切实可行、便于检查考核的施工项目竣工收尾计划。项目竣工收尾计划的具体内容包括:

(1) 竣工项目名称。

(2) 竣工项目收尾具体工作。

(3) 竣工项目质量、安全要求。

(4) 竣工项目进度计划安排。

(5) 竣工项目文件档案资料整理要求。

以上内容要求表格化,并由项目经理审核,报上级主管部门审批,具体见表 10 - 1 所示。项目经理应按计划要求组织实施竣工收尾工作,包括现场施工和资料整理两个部分。

表 10 - 1　工程项目竣工收尾计划表

序号	收尾工程名称	施工简要内容	收尾完工时间	作业班组	施工负责人	完成验证人
1						
2						
3						
⋮						

项目经理:　　　　　　　　技术负责人:　　　　　　　　编制人:

项目经理部要根据施工项目竣工收尾计划,检查其收尾的完成情况,要求管理人员做好验收记录,对重点内容重点检查,不使竣工验收留下隐患和遗憾而造成返工损失。

项目经理部完成各项竣工收尾计划后应向企业报告,提请有关部门进行质量验收,对照标准进行检查。各种记录应齐全、真实、准确。需要监理工程师签署的质量文件,应提交其审核签认。实行总分包的项目,承包人应对工程质量全面负责,分包人应按质量验收标准的规定对承包人负责,并将分包工程验收结果及有关资料交承包人。承包人与分包人对分包工程质量承担连带责任。承包人经过验收,确认可以竣工时,应向发包人发出竣工验收函件,报告工程竣工准备情况,具体约定交付竣工验收的方式及有关事宜。

10.1.3　建筑工程项目竣工验收

1. 竣工验收条件

施工承包人完成了合同约定的全部施工任务,施工项目具备竣工验收条件后,施工承包人向建设方提交"竣工工程申请验收报告"。竣工验收条件基本要求如下：

（1）完成工程设计合同和合同约定的各项工作内容。

（2）施工技术档案和管理资料齐全，包括主要建筑材料、设备等的进场、送检、合格报告。

（3）有勘察、设计、施工、监理、建设方五方责任主体签署的质量合格文件。

（4）有承包人签署的工程保修书。

（5）施工承包人竣工自验合格。

2. 竣工验收依据

（1）上级主管部门的各项批准文件，包括可行性研究报告、初步设计、立项及与项目相关的其他各种文件。

（2）工程设计文件，含图纸、设备技术说明和操作指导说明、设计变更等。

（3）国家颁布的现行相关规范、行业标准，如《建筑工程施工质量验收统一标准》（GB 50300—2013）。

（4）与施工相关的一切合同、协议。

（5）与施工相关的技术核定、经济签证、整改通知及回执文件等。

3. 项目竣工验收质量要求

建筑工程项目竣工验收质量要求如下：

（1）建筑工程质量应符合《建筑工程施工质量验收统一标准》和相关专业验收规范的规定。

（2）建筑工程施工应符合工程勘察、设计文件的要求。

（3）参加工程施工质量验收的各方人员应具备规定的资格。

（4）工程质量的验收均应在施工单位自行检查评定的基础上进行。

（5）隐蔽工程在隐蔽前应由施工单位通知有关单位进行验收，并应形成验收文件。

（6）涉及结构安全的试块、试件以及有关材料，应按规定进行见证取样检测。

（7）检验批的质量应按主控项目和一般项目验收。

（8）对涉及结构安全和使用功能的重要分部工程应抽样检测。

（9）承担见证取样检测及有关安全检测的单位应具有相应资质。

（10）工程的感观质量应由验收人员进行现场检查，并应共同确认。

4. 竣工验收管理程序

竣工验收管理程序：

竣工验收准备（主要包括施工单位自检、竣工验收资料准备、竣工收尾）→编制竣工验收计划→组织现场验收→进行竣工结算→移交竣工资料→办理竣工手续。

5. 竣工验收实务

（1）竣工自验（竣工预验）

①竣工自验的标准与正式验收一样，主要内容是：工程是否符合国家或地方政府主管部门规定的竣工标准和竣工规定；工程完成情况是否符合施工图纸和设计的使用要求；工程质量是否符合国家和地方政府规定的标准和要求；工程是否达到合同规定的要求和标准等。

②参加自验的人员，应由项目经理组织生产、技术、质量、合同、预算相关人员以及有关的作业队长（或施工员、工号负责人）等。

③自验的方式,应分层分段、分房间地由上述人员按照自己主管的内容逐一进行检查,在检查中要做好记录。对不符合要求的部位和项目,确定修补措施和标准,并指定专人负责,定期修理完毕。

④复验。在基层施工单位自我检查的基础上,查出的问题全部修补完毕后,项目经理应提请上级进行复验(按一般习惯,国家重点工程、省市级重点工程,都应提请总公司级的上级单位复验)。通过复验,要解决全部遗留问题,为正式验收做好充分的准备,并完成表 10-2。

表 10-2　竣工工程申请验收报告

工程名称		建筑面积	
工程地址		结构类型/层数	
建设单位		开、竣工日期	
设计单位		合同工期	
施工单位		造价	
监理单位		合同编号	
竣工条件自查情况	项目内容	施工单位自查意见	
	工程设计和合同约定的各项内容完成情况		
	工程技术档案和施工管理资料		
	工程所用建筑材料、建筑构配件、商品混凝土和设备的进场试验报告		
	涉及工程结构安全的试块、试件及有关材料的试(检)验报告		
	地基与基础、主体结构等重要分部(分项)工程质量验收报告签证情况		
	建设行政主管部门、质量监督机构或其他有关部门责令整改问题的执行情况		
	单位工程质量自评情况		
	工程质量保修书		
	工程款支付情况		

经检查,该工程已完成工程设计和合同约定的各项内容,工程质量符合有关法律、法规和工程建设强制性标准。

　　项目经理:
　　企业技术负责人:　　　　　　　　　　　　　　　　　　　　(施工单位公章)
　　法定代表人:
　　　　　　　　　　　　　　　　　　　　　　　　　　　年　　月　　日

监理单位意见:

　　　　　　　　　　　　　　　　　　　　　　　　　　　　　(公章)

　　　　　　　总监理工程师:　　　　　　　　　年　　月　　日

（2）正式验收

在自验的基础上，确认工程全部符合竣工验收的标准，即可由施工单位同建设单位、设计单位、监理单位共同开始正式验收工作。

①发出《工程竣工验收告知单》。施工单位应于正式竣工验收之日前 10 天，向建设单位发送《工程竣工验收告知单》。其格式见表 10 - 3 所示。

表 10 - 3　工程验收告知单

工程名称		结构类型根数	
建设单位		建筑面积（m²）	
地勘单位		验收部位	
施工单位		工程地址	
设计单位		验收地点	
监理单位		验收时间	
工程验收条件情况	项目内容	工程验收条件	
	完成工程设计和合同约定的情况		
	技术档案和施工管理资料		
	有关单位对幕墙、网架等特殊工程审查意见		
	消防验收合格手续		
	工程施工安全评价		
	监督站责令整改问题的执行情况		
施工单位意见： 　　已完成设计和合同约定的各项内容，工程质量符合法律、法规和工程建设强制性标准，特申请办理竣工验收手续。 　　　　　项目经理：　　　　　　　　　　　　　　　　　　年　　　月　　　日			
监理单位意见： 　　　　　总监理工程师（注册方章）　　　　　　　　　　　年　　　月　　　日			
建设单位意见： 　　　　　项目负责人：　　　　　　　　　　　　　　　　　年　　　月　　　日			

②组织验收工作。工程竣工验收工作由建设单位邀请设计单位、监理单位及有关方面参加，同施工单位一起进行检查验收。建设方按照国家规定，可以根据工程实际情况组织一次性或分阶段性竣工验收。一般情况下，建设方应在工程竣工验收确定日 7 个工作

日前,将验收时间、地点、工程基本情况、验收组成员名单书面通知该工程的工程质量监督机构。

③工程竣工验收合格,签发《工程竣工验收报告》并办理工程移交。

在建设单位验收完毕,确认工程符合竣工标准和合同条款规定要求以后,即应向施工单位签发《工程竣工验收报告》,其格式见表10-4所示。若五方责任主体对验收结论不能达成一致,应向施工承包人提出明确的整改事项和整改意见,并且五方协商提出解决问题的方法,待施工承包人整个达标后,重新组织竣工验收。

表10-4 工程竣工验收报告

单位工程名称			
建 筑 面 积		结构类型、层数	
施工单位名称			
勘察单位名称			
设计单位名称			
监理单位名称			
工程报建时间		开工日期	年　月　日
工 程 造 价			
竣工验收的程序、内容和组织			
对勘察单位的评价:			
对设计单位的评价:			
对施工单位的评价:			
对监理单位的评价:			
工程竣工验收意见:			
建设单位(公章) 项目负责人:(签名) 单位负责人:(签名)			

④办理工程档案资料移交。

⑤办理工程移交手续。

在对工程检查验收完毕后,施工单位要向建设单位逐项办理移交手续和其他固定资产移交手续,并应签认交接验收证书,还要办理工程结算手续。工程结算由施工单位提出,送建设单位审查无误后,由双方共同办理结算签认手续。工程结算手续一旦办理完毕,合同双方除施工单位承担工程保修工作以外,建设单位同施工单位双方的经济关系和法律责任即予解除。

6. 竣工验收的时效和竣工日期的规定

《建设工程施工合同(示范文本)》对项目竣工验收的时效性和竣工日期的确定做了一定的规定:

(1)发包人收到竣工验收报告后 28 天内组织有关单位验收,并在验收后 14 天内给予认可或提出修改意见,承包人按要求修改,并承担由自身原因造成的修改费用。

(2)发包人收到竣工验收报告后 28 天内不组织验收,或验收后 14 天内不提出修改意见,视为竣工验收报告已被认可。

(3)发包人收到竣工验收报告后 28 天内不组织验收,从第 29 天起承担工程保管及一切意外责任。

(4)中间交工工程的范围和竣工时间,双方在专用条款中约定。

(5)工程竣工验收通过,承包人交送竣工报告的日期为实际竣工日期,工程发包人要求修改后竣工验收的,实际竣工日期为承包人修改后提请发包人验收的日期。

7. 建筑项目的竣工资料管理

工程竣工资料是记录和反映施工全过程工程技术与管理档案资料的总称。

竣工资料的内容应包括工程技术资料、工程质量保证资料、工程检验评定资料、竣工图、规定的其他应交资料。承包人应按照竣工要求,整理、完善能反映建筑项目管理全过程实际的全套资料,并有规律地组卷。资料要真实、可靠、完整、连贯。

工程竣工资料的完善与组卷应与工程项目所在地建设主管部门、质量安全监督管理机构、建筑工程档案管理部门沟通,在其要求和指导下,并以《科学技术档案案卷构成的一般要求》(GB/T 11822—2008)为组卷基本依据进行组卷。

竣工资料移交时承包人应向发包人列出移交清单,发包人应逐项检查资料的完整性,并完备检验验证手续。

发包人将列入归档范围的竣工资料汇总后,向建筑工程档案管理部门移交备案。竣工资料的移交验收是建筑工程项目竣工验收的重要内容。资料的移交应符合国家《建设项目(工程)档案验收办法》与《建设工程文件归档规范》(GB/T 50328—2014)的规定以及工程所在地建筑工程档案管理部门的规定。

竣工资料的套数一般按工程所在地建筑工程档案管理部门的要求进行准备,但竣工图一般在工程承包合同中明确规定套数,竣工图是真实记录建筑物(含隐蔽的、地下的)、构筑物等情况的技术文件,是工程教研、维护、改建或扩建的依据,要求:

(1)绝对真实。

(2)原施工图无变更,以原施工图加盖竣工图章作为竣工图;有设计变更时,在原图上做出修改后并注明,附上设计变更单加盖竣工图章作为竣工图。

(3)结构改变、施工工艺改变及平面布置等重大改变,原图纸修改无法真实反映的,应重新绘制后,加盖竣工图章作为竣工图。

10.1.4　工程质量保修及回访

1. 工程质量保修

工程质量保修是指施工单位对房屋建筑工程竣工验收后,在保修期限内出现的质量不符合工程建设强制性标准以及合同的约定等质量缺陷,予以修复。施工单位应在保修期内,履行与建设单位约定的、符合国家有关规定的、工程质量保修书中的关于保修范围、保修期限和保修责任等义务。

(1)保修范围

对房屋建筑工程及其各个部位,保修范围主要有:地基基础工程,主体结构工程,屋面防水工程,有防水要求的卫生间、房间和外墙面的防渗漏,供热与供冷系统,电气管线、给水排水管道、设备安装和装修工程以及双方约定的其他项目。由于施工单位施工责任造成的建筑物使用功能不良或无法使用的问题,都应实行保修。

凡是由于用户使用不当或第三方造成建筑功能不良或损坏者,或是工业产品项目发生问题,或不可抗力造成的质量缺陷等,均不属保修范围,由建设单位自行组织修理。

(2)保修期限

在正常使用条件下,房屋建筑工程的保修期应从工程竣工验收合格之日起计算,其最低保修期限为:

①地基基础工程和主体结构工程,为设计文件规定的该工程的合理使用年限。

②屋面防水工程,有防水要求的卫生间、房间和外墙面的防渗漏为5年。

③供热与供冷系统,为两个采暖期、供冷期。

④电气管线、给水排水管道、设备安装为2年。

⑤装修工程为2年。

⑥住宅小区内的给水排水设施、道路等配套工程及其他项目的保修期,由建设单位和施工单位约定。

(3)保修责任

①发送工程质量保修书(房屋保修卡)。工程质量保修书由施工合同发包人和承包人双方在竣工验收前共同签署,其有效期限至保修期满。一般是在工程竣工验收的同时或之后的3~7天内,施工单位向建设单位发送《房屋建筑工程质量保修书》。保修书的主要内容包括:工程简况、房屋使用管理要求、保修范围和保修内容、保修期限、保修责任和记录等。还附有保修(施工)单位的名称、地址、电话、联系人等。工程竣工验收后,施工企业不能及时向建设单位出具工程质量保修书的,由建设行政主管部门责令改正及处罚等。

②实施保修。在保修期内发生了非使用原因的质量问题,使用人应填写《工程质量修理通知书》,通告承包人并注明质量问题及部位、联系维修方式等;施工单位接到保修责任范围内的项目进行修理的要求或通知后,应按《房屋建筑工程质量保修书》中的承诺,7日内派人检查,并会同建设单位共同鉴定,提出修理方案,将保修业务列入施工生产计划,并按约定的内容和时间承担保修责任。发生涉及结构安全或者严重影响使用功能的质量缺陷,建设单位应立即向当地建设行政主管部门报告,采取安全防范措施;由原设计单位或具有相应资质等级的设计单位提出保修方案,施工单位实施,工程质量监督机构负责监督;对于紧急抢修事故,施工单位接到保修通知后,应立即到达现场抢修。

若施工单位未按质量保修书的约定期限和责任派人保修,发包人可以另行委托他人保修,由原施工单位承担相应责任。

③验收。施工单位在修理完毕后,要在保修书上做好保修记录,并由建设单位(用户)验收签认。涉及结构安全的保修,应报当地建设行政主管部门备案。

(4)保修经济责任

保修经济责任由造成质量缺陷的责任方承担:

①由于承包人未按国家标准、规范和设计要求施工造成的质量缺陷,应由承包人修理并承担经济责任。

②因设计人造成的质量问题,可由承包人修理,由设计人承担经济责任,其费用额按合同约定,不足部分由发包人补偿。

③属于发包人供应的材料、构配件或设备不合格而明示或暗示承包人使用所造成的质量缺陷,由发包人自行承担经济责任。

④凡因地震、洪水、台风等不可抗力原因造成损坏或非施工原因造成的紧急抢修事故,施工单位不承担经济责任。

⑤不属于承包人责任,但使用人有意委托修理维护时,承包人应为使用人提供修理、维护等服务,并在协议中约定。

2. 建筑工程项目回访

(1)工程回访的要求与内容

工程回访应纳入承包人的工作计划、服务控制程序和质量管理体系文件中。

工程回访工作计划由施工单位编制,其内容有:主管回访保修业务的部门、工程回访的执行单位、回访的对象(发包人或使用人)及其工程名称、回访时间安排和主要内容以及回访工程的保修期限。工程回访一般由施工单位的领导组织生产、技术、质量、水电等有关部门人员参加。通过实地察看、召开座谈会等形式,听取建设单位、用户的意见、建议,了解建筑物使用情况和设备的运转情况等。每次回访结束后,执行单位都要认真做好回访记录。全部回访结束,要编写"回访服务报告"。施工单位应与建设单位和用户经常联系和沟通,对回访中发现的问题认真对待,及时处理和解决。

(2)工程回访类型

①例行性回访。一般以电话询问、开座谈会等形式进行,每半年或一年一次,了解日常使用情况和用户意见;保修期满前回访,对该项目进行保修总结,向用户交代维护和使用事项。

②季节性回访。根据各分项工程的不同特点,进行可能的质量问题回访,如在雨期回访屋面、外墙面的防水。

③技术性回访。技术性回访是对新材料、新工艺、新技术、新设备的技术性能和使用效果进行跟踪了解,通常采用定期和不定期两种模式相结合进行回访。

④保修期满时的回访,这种回访一般在保修期将结束前进行,主要是为了解决遗留的问题和向业主提示保修即将结束,业主应注意建筑的维修和使用。

应用案例 10 - 1

1. 背景

某施工单位承建两栋 15 层的框架结构工程。合同约定:①钢筋由建设单位供应;②工程质量保修按国务院 279 号令执行。开工前施工单位编制了单位工程施工组织设计,并通过审批。

施工过程中,发生下列事件:

事件一:建设单位按照施工单位提出的某批次钢筋使用计划按时组织钢筋进场。

事件二:因工期紧,施工单位建议采取每 5 层一次竖向分阶段组织验收的措施,得到建设单位认可。项目经理部对施工组织设计作了修改,其施工部署中劳动力计划安排为"为便于管理,选用一个装饰装修班组按栋分两个施工组织流水作业"。

事件三:分部工程验收时,监理工程师检查发现某墙体抹灰约有 1.0 m² 的空鼓区域,责令限期整改。

事件四:工程最后一次阶段验收合格,施工单位于 2010 年 9 月 18 日提交工程验收报告,建设单位于当天投入使用。建设单位以工程质量问题需要在使用中才能发现为由,将工程竣工验收时间推迟到 11 月 18 日进行,并要求《工程质量保修书》中竣工日期以 11 月 18 日为准。施工单位对竣工日期提出异议。

2. 问题

(1) 事件一中,对于建设单位供应该批次钢筋,建设单位和施工单位各应承担哪些责任?

(2) 事件二中,施工组织设计修改后,应该经由什么程序报审?

(3) 写出事件三中墙体抹灰空鼓的修补程序(至少列出 4 项)。

(4) 事件四中,施工单位对竣工日期提出异议是否合理?说明理由。写出本工程合理的竣工日期。

3. 案例分析

(1) 建设单位责任:按约定的内容提供钢筋,并向承包人提供产品合格证明,对其质量负责。发包人在钢筋到货前 24 h,以书面形式通知承包人;支付保管费;承担未通知承包人清点前发生的丢失损坏责任;承担供应的钢筋与一览表不符的有关责任;承担钢筋的检验或试验费用。

承包单位责任:承包人派人参加清点后由承包人妥善保管,发包人支付相应保管费用。因承包人原因发生丢失损坏,由承包人负责赔偿;钢筋使用前,由承包人负责检验或试验,不合格的不得使用。

(2) 单位工程施工过程中,当其施工条件、总体施工部署,重大设计变更等主要施工方法发生变化时,项目负责人或项目技术负责人应组织相关人员对单位工程施工组织设计进行修改和补充报送原审核人员审核,原审核人审批后形成《施工组织设计修改记录表》,并进行相关交底。

(3) ①铲去空鼓部分抹灰;②对基层重新处理(界面剂);③分层抹灰;④养护。

（4）竣工验收日期应是 2010 年 9 月 18 日。

建设工程未经竣工验收，发包人擅自使用后，又以使用部分质量不符合约定为由主张权利的，不予支持；但是承包人应当在建设工程的合理使用寿命内对地基基础工程和主体结构质量承担民事责任。

当事人对建设工程实际竣工日期有争议的，按照以下情形分别处理：①建设工程经竣工验收合格的，以竣工验收合格之日为竣工日期；②承包人已经提交竣工验收报告，发包人拖延验收的，以承包人提交验收报告之日为竣工日期；③建设工程未经竣工验收，发包人擅自使用的，以转移占有建设工程之日为竣工日期。

10.2　建筑工程项目竣工结算与决算

10.2.1　建筑工程项目竣工结算

1. 建筑工程项目竣工结算的定义

建筑工程项目竣工结算，是指承包人在完全按照与发包人的约定完成全部承包工作，并通过了竣工验收后与发包人进行的最终工程价款结算过程。

2. 建筑工程项目竣工结算的程序

（1）工程竣工验收报告经发包人认可后 28 天内，承包人向发包人递交竣工结算报告及完整的结算资料。双方按照协议书约定的合同价款及专用条款约定的合同价款调整内容，进行工程竣工结算。

（2）发包人收到承包人递交的竣工结算报告及结算资料后 28 天内进行核实，给予确认或者提出修改意见。发包人确认竣工结算报告后，通知经办银行向承包人支付工程竣工结算价款。承包人收到竣工结算价款后 14 天内，将竣工工程交付发包人。

（3）发包人收到竣工结算报告及结算资料后 28 天内无正当理由不支付工程竣工结算价款，从第 29 天起按承包人同期向银行贷款利率支付拖欠工程款的利息，并承担违约责任。

（4）发包人收到竣工结算报告及结算资料后 28 天内不支付工程竣工结算价款，承包人可以催告发包人支付结算价款。

发包人在收到竣工结算报告及结算资料后 56 天内仍不支付的，承包人可以与发包人协议将该工程折价，也可以由承包人申请人民法院将该工程依法拍卖，承包人就该工程折价或者拍卖的价款优先受偿。

（5）工程竣工验收报告经发包人认可后 28 天内，承包人未能向发包人递交竣工结算报告及完整的结算资料，造成工程竣工结算不能正常进行或工程竣工结算价款不能及时支付，发包人要求交付工程的承包人应交付；发包人不要求交付工程的，承包人承担保管责任。

（6）发包人和承包人对工程竣工结算价款发生争议时，按有关争议的约定处理。

3. 建筑工程项目竣工结算的编制依据

建筑工程项目竣工结算由承包人编制，发包人审查或者委托工程造价咨询单位进行

审查,最终由发包人和承包人达成一致,共同认可、确定。其主要编制依据如下:

(1) 合同文件,包括补充协议。主要参考合同及补充协议中对合同价款的确定模式,材料、人工等费用调整模式和计量模式。

(2) 中标的投标书报价单。

(3) 竣工图纸、设计变更文件、施工变更记录、技术经济签证单等。

(4) 工程计价文件、工程量清单、取费标准及有关调价办法。

(5) 三方认可的索赔资料。

(6) 工程竣工验收报告。

(7) 工程质量保修书。

4. 建筑工程项目竣工结算的价款支付

建筑工程项目竣工结算价款支付是承包人回收工程成本并获取相应利润的最后步骤。只有有效地获得支付,才能实现承包人的既定目标,包括产值目标和经济效益目标。

建筑工程项目竣工结算价款的支付遵循如下公式:

建筑工程项目竣工结算最终价款支付=合同总价+工程变更等调整数额已预付工程价款

工程价款的结算方式一般有竣工后一次结算和分段结算两种,发包人和承包人签订合同时应详细约定。

(1) 竣工后一次结算。这种方式主要用于建筑项目或者单位工程建设周期不超过一年或者承包合同价格不高于100万元的项目。

(2) 分段结算。这种结算方式主要用于建筑单位工程或项目要跨年度施工的情况,一般分不同阶段进行结算,其工程支付方式多采用逐月按形象进度预支工程款。

应用案例 10-2

1. 背景

某商业用房工程,建筑面积 15 000 m²,地下 2 层,地上 10 层,施工单位与建设单位采用《建设工程施工合同(示范文本)》(GF—2013—0201)签订了工程施工合同。合同约定:工程工期自 2014 年 7 月 1 日至 2015 年 5 月 31 日;工程承包范围为图样所示的全部土建工程、安装工程。合同造价中含安全防护费、文明施工费 120 万元。

合同履行过程中,发生了如下事件:

事件一:2014 年 11 月 12 日施工至地上二层结构时,工程所在地区发生了 7.5 级强烈地震,造成施工现场部分围墙倒塌,损失 6 万元;地下一层填充墙部分损毁,损失 10 万元;停工及修复共 30 天。施工单位就上述损失及工期延误向建设单位提出了索赔。

事件二:用于基础底板的钢筋进场时,钢材供应商提供了出厂检验报告和合格证,施工单位只进行了钢筋规格、外观检查等现场质量验证工作后,即准备用于工程。监理工程师下达了停工令。

事件三:截止 2015 年 1 月 15 日,建设单位累计预付安全防护费、文明施工费共计 50 万元。

事件四:工程竣工结算造价为 5 670 万元,其中工程款 5 510 万元,利息 70 万元,建设单位违约金90万元。工程竣工5个月后,建设单位仍没有按合同约定支付剩余款项,欠款总额1 670万元(含上述利息和建设单位违约金),随后施工单位依法行使了工程款优先受偿权。

2. 问题

(1)事件一中,施工单位的索赔是否成立?分别说明理由。

(2)事件二中,施工单位对进场的钢筋还应做哪些现场质量验证工作?

(3)事件三中,建设单位预付的安全防护费、文明施工费的金额是否合理?说明理由。

(4)事件四中,施工单位行使工程款优先受偿权可获得多少工程款?行使工程款优先受偿权的起止时间是如何规定的?

3. 案例分析

(1)事件一中,围墙倒塌损失6万元的索赔不成立。

理由:现场围墙属于施工单位设施,由施工单位承担不可抗力造成的损失。

地下一层填充墙部分损毁损失10万元的索赔成立。

理由:不可抗力发生后,工程本身的损失由建设单位承担。

停工及修复30天的索赔成立。

理由:不可抗力发生后,工期顺延。

(2)事件二中,施工单位对进场的钢筋还应做的现场质量验证工作:品种、型号、数量、外观检查,进行物理、化学性能试验。

(3)事件三中,建设单位预付的安全防护费、文明施工费的金额不合理。

理由:当合同有规定时,按合同规定比例预付;当合同无规定时,应按已完工程进度款比例或已完工程时间进度比例随当期进度款一起支付。本工程已完工程时间进度为6.5个月,占合同时间比例为59.1%,至少安全防护费、文明施工费累计支付$=120\times59.1\%=70.92$(万元)。

(4)事件四中,施工单位行使工程款优先受偿权的范围是工程款本金,不包含利息、违约金等,可获得工程款为$1\ 670-70-90=1\ 510$(万元)。

行使工程款优先受偿权的起止时间的规定:自工程竣工之日或工程合同约定的竣工之日起计算。

10.2.2 建筑工程项目竣工决算

1. 建筑工程项目竣工决算的定义

建筑工程项目竣工决算是指建筑工程项目在竣工验收、交付使用阶段,由建设单位编制的反映建设项目从筹建开始到竣工投入使用为止全过程中实际费用的经济文件。

编制建筑工程项目竣工结算的意义在于:可作为正确核定固定资产价值、办理交付使用、考核和分析投资效果的依据。

2. 建筑工程项目竣工决算的编制依据

(1)项目计划任务书和有关文件。

(2)项目总概算和单项工程综合概算书。

(3)项目设计图纸和说明书。

（4）设计交底、图纸会审资料。

（5）合同文件。

（6）项目竣工结算书。

（7）各种设计变更、技术经济签证。

（8）设备、材料调价文件及记录。

（9）竣工档案资料。

（10）相关的项目资料、财务决算及批复文件。

3. 建筑工程项目竣工决算的编制内容

竣工决算一般由竣工财务决算说明书、竣工财务决算报表、工程项目竣工图、工程造价比较分析四个部分组成。其中，竣工财务决算说明书和竣工财务决算报表又合称为竣工财务决算。

（1）竣工财务决算说明书。竣工财务决算说明书主要包括：工程项目概况；会计账务的处理、财产物资情况及债权债务的清偿情况；资金节余及结余资金的分配处理情况；主要技术经济指标的分析、计算情况；工程项目管理及决算中存在的问题、建议；需要说明的其他事项。

（2）财务决算报表。建设项目竣工决算报表要根据大、中型建设项目和小型建设项目分别制定。大、中型建设项目竣工决算报表包括：建设项目竣工财务决算审批表、竣工工程概况表、竣工财务决算表、交付使用资产总表、交付使用财产明细表。小型建设项目竣工财务决算报表包括：建设项目竣工决算审批表、竣工财务决算总表、建设项目交付使用资产明细表。

（3）工程项目竣工图。工程项目竣工图是真实地记录各种地上地下建筑物、构筑物等情况的技术文件，是工程进行交工验收、维护改建和扩建的依据，是重要技术档案。

国家规定：各项新建、扩建、改建的基本建设工程，特别是基础、地下建筑、管线、井巷、桥梁、隧道、港口、水坝以及设备安装等隐蔽部位，都要编制竣工图。为确保竣工图质量，必须在施工过程中（不能在竣工后）及时做好隐蔽工程检查记录，整理好设计变更文件。

（4）工程造价比较分析。工程造价比较分析是指对控制工程造价所采取的措施、效果及其动态的变化进行认真的比较，总结经验教训。工程造价比较分析应侧重完成的实物工程量和用于工程的材料消耗量。

4. 建筑工程项目竣工决算的编制程序

（1）收集、整理有关项目竣工决算资料和依据。

（2）清理项目账务、债务和结余物资。

（3）填写项目竣工决算报告。

（4）编制项目竣工决算说明书。

（5）报上级审查。

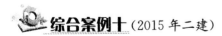

综合案例十（2015 年二建）

1. 背景

某新建办公楼工程，总建筑面积 18 600 m²，地下二层，地上四层，层高 4.5 m，筏板基础,钢筋混凝土框架结构。

在施工过程中,发生了下列事件:

事件一:工程开工后,施工单位按规定向项目监理机构报审施工组织设计。监理工程师审核时,发现"施工进度计划"部分仅有"施工进度计划表"一项内容。认为该部分内容缺项较多,要求补充其他必要内容。

事件二:某分项工程采用新技术。现行验收规范中对该新技术的质量验收标准未作出相应规定。设计单位制定了"专项验收"标准。由于该专项验收标准涉及结构安全,建设单位要求施工单位就此验收标准组织专家论证。监理单位认为程序错误,提出异议。

事件三:雨季施工期间,由于预防措施不到位。基坑发生坍塌事故,施工单位在规定时间内,按事故报告要求的内容向有关单位及时进行了上报。

事件四:工程竣工验收后,建设单位指令设计、监理等参建单位将工程建设档案资料交施工单位汇总,施工单位把汇总资料提交给城建档案管理机构进行工程档案验收。

2. 问题

(1)事件一中,还应补充的施工进度计划内容有哪些?

(2)分别指出事件二中程序的不妥之处,并写出相应的正确做法。

(3)写出事件三中事故报告要求的主要内容。

(4)分别指出事件四中的不妥之处,并写出相应的正确做法。

3. 案例分析

(1)还应补充:工程施工情况;单位工程进度计划等。

(2)不妥之处一:"设计单位制定了'专项验收'标准"。正确做法:应由建设单位组织制定验收标准。不妥之处二:"建设单位要求施工单位就此验收标准组织专家论证。"正确做法:新技术、新工艺无验收要求的,应由建设单位组织专家论证。

(3)事故报告内容:

①事故发生时间、地点、工程项目,有关单位名称。

②事故简要经过。

③事故已经造成或者可能造成的伤亡人数(包括下落不明的人数)和初步估计的直接经济损失。

④事故的初步原因。

⑤事故发生后采取的措施及事故控制情况。

⑥事故报告单位或报告人员。

⑦其他应当报告情况。

4. 不妥之处一:"竣工后,建设单位指令设计、监理等参建单位将工程建设档案资料交施工单位汇总"。正确做法:设计、监理的竣工资料,应分别单独整理,之后分别交给建设单位。不妥之处二:"施工单位把汇总资料提交给城建档案管理机构"。正确做法:应由建设单位汇总各参建单位竣工资料后,由建设单位将资料向城建档案馆移交。

本 章 小 结

　　本章主要阐述了建设工程项目收尾管理的有关知识。通过学习建设工程项目收尾管理的概念,明确建设工程项目收尾管理是建设工程项目收尾阶段各项管理工作的总称。建设工程项目收尾管理对包括建设工程项目竣工收尾、竣工验收、竣工结算、竣工决算、回访保修和考核评价等各个阶段提出了要求。

　　建设工程项目竣工验收时建设工程建设周期的最后一道程序,也是我国建设工程的一项基本法律制度。竣工验收分为预验收和正式验收。

　　建设工程价款结算方式主要有按月结算、竣工后一次结算、分段结算和承发包双方约定的其他方式结算。

　　建设工程项目回访保修制度,明确了回访保修的意义以及回访保修的程序。

练 习 题

一、单项选择题

1.(　　)应按照竣工验收相关法规向建设项目参与方发出竣工验收通知单,组织进行项目竣工验收。
　　A. 建设行政管理部门　　　　　　B. 发包人
　　C. 设计单位　　　　　　　　　　D. 施工单位

2. 建设工程项目竣工验收的主体是(　　)。
　　A. 合同当事人的发包主体　　　　B. 合同当事人的承包主体
　　C. 设计单位　　　　　　　　　　D. 监理单位

3. 项目竣工决算是由(　　)编制的项目从筹建到竣工投产或使用的全部实际支出费用的经济文件。
　　A. 建设行政管理部门　　　　　　B. 发包人
　　C. 设计单位　　　　　　　　　　D. 监理单位

4. 发包人对工程质量有异议,拒绝办理竣工决算,但该工程已实际投入使用,起质量争议的解决方法是(　　)。(2015 年二建)
　　A. 按工程保修合同执行
　　B. 就争议部分根据有资质的鉴定机构的检测结果确定方案
　　C. 按工程质量监督机构的处理决定执行后办理竣工结算
　　D. 采取诉讼的方式解决

5. 单位工程质量验收过程中,当参加验收的各方对工程质量验收出现意见分歧时,可请(　　)协调处理。
　　A. 监理机构　　　　　　　　　　B. 设计单位
　　C. 工程质量监督机构　　　　　　D. 建设单位

6. 单位工程的观感质量应由验收人员通过现场检查,并应( )确认。
    A. 监理单位   B. 施工单位
    C. 建设单位   D. 各单位验收人员共同

二、多项选择题

1. 与一般工业产品的生产相比较,建设工程竣工质量控制的特点有( )。(2014 年二建)
    A. 控制的标准化程度高
    B. 需要控制的因素多
    C. "终检"的安全性强
    D. 控制的难度大
    E. 过程控制的要求高

2. 在工程质量验收各层次中,总监理工程师可以组织或参与( )的验收。
    A. 检验批   B. 分项工程
    C. 分部工程   D. 单位工程
    E. 子单位工程

3. 建设工程项目回访工作方式由( )。
    A. 例行性回访   B. 礼节性回访
    C. 技术性回访   D. 季节性回访
    E. 专题性回访

4. 在正常使用条件下,建设工程最低保修期限正确的有( )。
    A. 基础设施工程 50 年
    B. 主体工程为设计文件规定的合理使用年限
    C. 房间和外墙面的防渗漏 5 年
    D. 电气管线 2 年
    E. 装修工程 1 年

三、简答题

1. 什么是项目的收尾管理?
2. 项目竣工验收的基本要求是什么?
3. 项目竣工收尾小组的组成人员有哪些?
4. 什么是项目竣工验收?
5. 项目竣工验收的范围和内容有哪些?
6. 项目回访保修的意义是什么?
7. 项目竣工结算的办理原则是什么?
8. 简述项目的竣工结算和竣工决算的区别。

四、案例分析题

    某商业大厦建设工程项目,建设单位通过招标选定某施工单位承担该建设工程项目的施工任务。

    该工程外墙全部为相同设计、相同材料、相同工艺和施工条件的隐框玻璃幕墙,工程东、西、北三个立面造型均比较规则,面积分别为 487 m²、645 m²、2 218 m²,南侧立面为异形曲线造型;各立面幕墙均连续。

工程竣工时,施工单位经过初验,认为已合同约定完成所有施工任务,提请建设单位组织竣工验收,并已将全部质量保证资料复印齐全供审核,该工程顺利通过建设单位、监理单位、设计单位和施工单位的四方验收。

问题:

1. 本工程幕墙工程检验批应如何划分?

2. 简述幕墙工程应进行哪些隐蔽工程验收项目?

3. 请简要说明工程竣工验收的程序。

4. 工程竣工验收备案应报送哪些资料?

参 考 文 献

[1] 吴涛. 建设工程项目管理案例选编[M]. 北京:中国建筑工业出版社,2011.

[2] 王辉. 建设工程项目管理[M]. 2版. 北京:北京大学出版社,2014.

[3] 陈俊,张国强,等. 建筑工程项目管理[M]. 2版. 北京:北京理工大学出版社,2014.

[4] 何培斌,庞业涛. 建筑工程项目管理[M]. 北京:北京理工大学出版社,2013.

[5] 刘晓丽,谷莹莹,刘文俊. 建筑工程项目管理[M]. 北京:北京理工大学出版社,2013.

[6] 王云. 建筑工程项目管理[M]. 北京:北京理工大学出版社,2012.

[7] 住建部,人社部. 一级建造师执业资格考试大纲[M]. 北京:中国建筑工业出版社,2016.

[8] 住建部,人社部. 二级建造师执业资格考试大纲[M]. 北京:中国建筑工业出版社,2016.

[9] 全国二级建造师执业资格考试用书编写委员会. 建设工程施工管理[M]. 北京:中国建筑工业出版社,2016.

[10] 全国二级建造师执业资格考试用书编写委员会. 建筑工程管理与实务[M]. 北京:中国建筑工业出版社,2016.